理科系の基礎

線形代数

高遠節夫・石村隆一・野田健夫
前田多恵・三橋秀生
安冨真一・山方竜二・山下 哲
共著

培風館

まえがき

理科系の多くの分野では，数学を用いて現象を記述して解析を行う．その解析手法として，微分積分が重要なことはいうまでもないが，一方，複数の成分をもつ量の関係を見通しよく記述し，あるいは大量のデータを体系的に取り扱う際には，本書で学ぶ線形代数に習熟している必要がある．線形代数は，古くは連立1次方程式を解く方法として生まれたが，「線形」という性質に着目し，新たな学問として発展したのは18世紀になってからである．その後現在に至るまで，自然科学現象の主要な解析手法として用いられてきた．

本書は，高等学校までの数学を前提として，理科系の科目を学ぶために必要な線形代数についての一通りの知識と技能を得ることを目的としている．ただし，学習指導要領および大学入試制度が高等学校での数学の学習を多様化したため，理科系の学部に入学する学生の数学の知識量や学力の差も広がっている．特に新学習指導要領では，数学Cがなくなり行列の項目が削除されたため，線形代数の内容としてはベクトルのみとなった．このことを考慮して，ベクトルについても高等学校の復習も入れながら，できるだけ平易に記述することを心がけた．また，本文では，内容の理解に役立つ図を多く用い，十分な例題と問を配して理解と応用力を深められるようにし，章末には難易を配慮した問題を取り上げた．

さらに，習熟すべき重要事項を公式としてまとめてある．これらの中には，通常の意味での公式だけではなく，定理や命題というべき内容のものもあるが，一貫性を保つため，すべてを公式として通し番号をつけている．

本書の章構成は以下の通りである．

1章　ベクトル
2章　行　列
3章　行列式
4章　線形変換と線形写像
5章　固有値と固有ベクトル
6章　ベクトル空間

各章の内容と学習のポイントを簡単に述べる．1章では，高等学校で学んだベクトルについて，復習を兼ねて重要事項を解説した．さらに，線形独立性は線形代数全般において用いられる重要な概念である．そこで，1章では線形独立を図形的に捉え，その意味を詳しく説明することにした．内容の一部は高等学校で既習であるので省略してもよいが，不安であれば高等学校の教科書なども参照しながら，一通り復習することが望ましい．2 章では，行列の意味と演算，および連立 1 次方程式の行列的な解法を扱っている．3 章では，行列式の定義と性質，および行列と行列式の関係を扱う．また，行列式の図形的な意味と関連して，外積について軽くふれている．4 章では，平面と空間に限定して，ベクトルをベクトルに移す線形変換と線形写像の定義と性質を解説した．5 章で扱う固有値と固有ベクトルは，1 つの線形変換の本質的な性質を明らかにするために必要な概念であり，理科系における応用も多い．6 章では，現代数学においてベクトルを抽象的な対象として扱うベクトル空間について，基本的な内容を述べた．さらに，7 章の付録では，複素数をスカラーとするベクトル空間，ジョルダンの標準形，抽象的なベクトル空間に関する事項について簡単に解説した．

本書が理科系の基礎としての線形代数の修得に役立てば幸いである．

終わりに，草稿の最初から最後まで丁寧に目を通して，貴重な意見を下さった千葉大学の汪金芳教授，東邦大学理学部で数学の授業を担当していらっしゃる本間裕子さん，および，興味深いコラムを書いて下さった片野修一郎氏に深くお礼を申し上げたい．また，本書の出版に尽力された培風館の方々にも感謝の意を表する．

なお，本書に必要な図表の作成には，TEX 総合支援ツールである数式処理上のマクロパッケージ KETpic を用いたことを付記する．

2014 年 10 月

著者らしるす

目　　次

1

ベクトル

1.1　平面のベクトル

1.1.1　ベクトルの定義

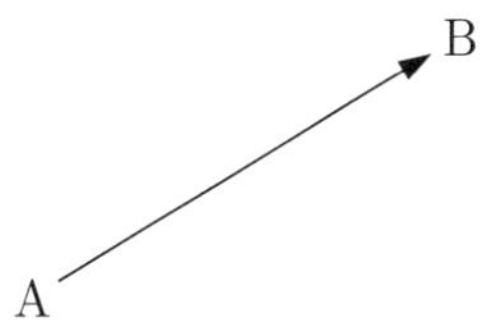

図のように，矢印のついた線分 AB を**有向線分**といい，A を**始点**，B を**終点**という．有向線分 AB を $\overrightarrow{\mathrm{AB}}$ と表し，**ベクトル**という．ベクトルを 1 文字で表す場合は，太文字 $\boldsymbol{a}, \boldsymbol{b}, \boldsymbol{c}, \cdots$ などで表すことにする．始点 A，終点 B のベクトルを $\boldsymbol{a}$ とすると，$\boldsymbol{a} = \overrightarrow{\mathrm{AB}}$ である．有向線分の向きをベクトルの**向き**といい，長さをベクトルの**大きさ**という．

2 つのベクトル $\boldsymbol{a} = \overrightarrow{\mathrm{AB}}$ と $\boldsymbol{b} = \overrightarrow{\mathrm{CD}}$ について，それらの向きが等しく，大きさも等しいとき，$\boldsymbol{a}$ と $\boldsymbol{b}$ は**等しい**といい，$\boldsymbol{a} = \boldsymbol{b}$ または $\overrightarrow{\mathrm{AB}} = \overrightarrow{\mathrm{CD}}$ と表す．

例 1.1　図の平行四辺形 ABCD において

$$\overrightarrow{\mathrm{AB}} = \overrightarrow{\mathrm{DC}}, \qquad \overrightarrow{\mathrm{BC}} = \overrightarrow{\mathrm{AD}}$$

である．

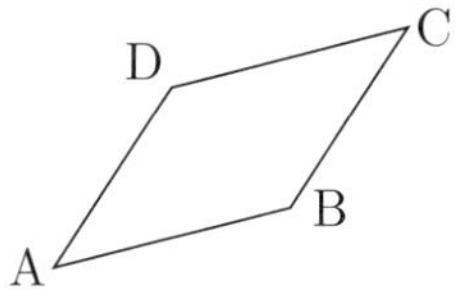

問 1.1　図の正方形 ABCD において，A, B, C, D, M を始点または終点とするベクトルのうち，等しいベクトルの組をすべて求めよ．

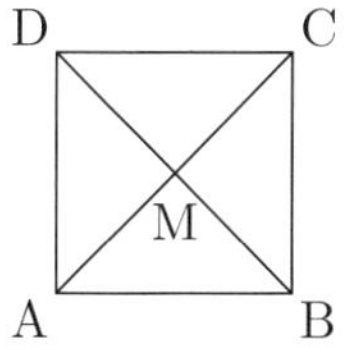

ベクトル $\boldsymbol{a} = \overrightarrow{\mathrm{AB}}$ の大きさを $|\boldsymbol{a}|$ または $|\overrightarrow{\mathrm{AB}}|$ と表す．大きさが 0 のベクトルを**零ベクトル**といい，$\boldsymbol{o}$ と表す．

大きさが 1 であるベクトルを**単位ベクトル**という．

$\boldsymbol{a} = \overrightarrow{\mathrm{AB}}$ と向きが逆で大きさが等しいベクトルを $\boldsymbol{a}$ の**逆ベクトル**という．

1.1.2 ベクトルの和・差・スカラー倍

ベクトルに対して実数をスカラーという

2つのベクトル $\boldsymbol{a}$, $\boldsymbol{b}$ と実数 m について，**和** $\boldsymbol{a}+\boldsymbol{b}$ および**スカラー倍** $m\boldsymbol{a}$ が図のように定められる.

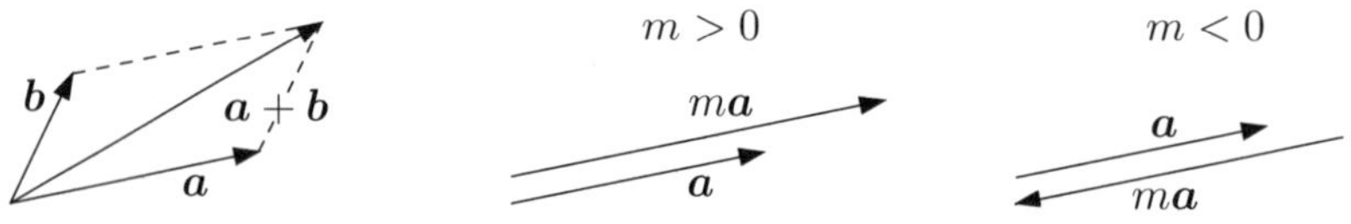

ベクトルの和とスカラー倍について，次の性質が成り立つ.

公式 1.1

$\boldsymbol{a}$, $\boldsymbol{b}$, $\boldsymbol{c}$ はベクトルで，m, n を実数とするとき

(1) $\boldsymbol{a}+\boldsymbol{b}=\boldsymbol{b}+\boldsymbol{a}$ (交換法則)

(2) $(\boldsymbol{a}+\boldsymbol{b})+\boldsymbol{c}=\boldsymbol{a}+(\boldsymbol{b}+\boldsymbol{c})$ (結合法則)

(3) $m(n\boldsymbol{a})=(mn)\boldsymbol{a}$

(4) $(m+n)\boldsymbol{a}=m\boldsymbol{a}+n\boldsymbol{a}$

(5) $m(\boldsymbol{a}+\boldsymbol{b})=m\boldsymbol{a}+m\boldsymbol{b}$

(6) $|m\boldsymbol{a}|=|m||\boldsymbol{a}|$

例 1.2 $3(\boldsymbol{a}+2\boldsymbol{b})+2\boldsymbol{a}=3\boldsymbol{a}+6\boldsymbol{b}+2\boldsymbol{a}=5\boldsymbol{a}+6\boldsymbol{b}$

例 1.3 $\boldsymbol{a}\neq\boldsymbol{o}$ のとき，$\left|\dfrac{1}{|\boldsymbol{a}|}\boldsymbol{a}\right|=\dfrac{1}{|\boldsymbol{a}|}|\boldsymbol{a}|=1$ だから，$\dfrac{1}{|\boldsymbol{a}|}\boldsymbol{a}$ は $\boldsymbol{a}$ と同じ向きの単位ベクトルである.

2つのベクトル $\boldsymbol{a}$, $\boldsymbol{b}$ について

$$\boldsymbol{a}+\boldsymbol{x}=\boldsymbol{b}$$

を満たすベクトル $\boldsymbol{x}$ を $\boldsymbol{b}$ から $\boldsymbol{a}$ を引いた**差**といい，$\boldsymbol{b}-\boldsymbol{a}$ と表す.

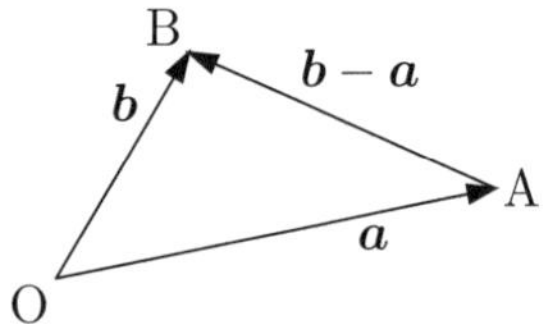

このとき，$\boldsymbol{a}=\overrightarrow{\mathrm{OA}}$, $\boldsymbol{b}=\overrightarrow{\mathrm{OB}}$ とすると $\boldsymbol{x}=\overrightarrow{\mathrm{AB}}$ となり，次の等式が成り立つ.

$$\overrightarrow{\mathrm{AB}}=\overrightarrow{\mathrm{OB}}-\overrightarrow{\mathrm{OA}} \tag{1.1}$$

問 1.2 次の各ベクトルを簡単にせよ.

(1) $5(\boldsymbol{a}+3\boldsymbol{b})+2(2\boldsymbol{a}+\boldsymbol{b})$ (2) $-(6\boldsymbol{a}+7\boldsymbol{b})-3(\boldsymbol{a}-4\boldsymbol{b})$

問 1.3 $\overrightarrow{\mathrm{AC}}+2\overrightarrow{\mathrm{BA}}$ を $\overrightarrow{\mathrm{OA}}$, $\overrightarrow{\mathrm{OB}}$, $\overrightarrow{\mathrm{OC}}$ で表せ.

1.1.3　ベクトルの成分表示

座標平面において，原点 O を始点とし点 (1, 0) を終点とするベクトル，および点 (0, 1) を終点とするベクトルをそれぞれ $\boldsymbol{e}_1$, $\boldsymbol{e}_2$ で表し，**基本ベクトル**という．

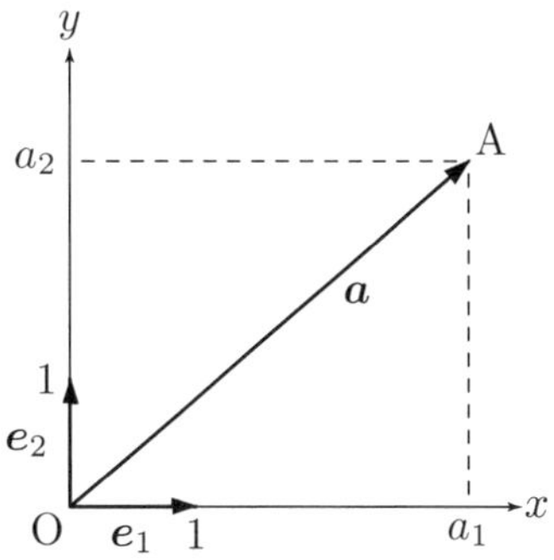

任意のベクトル $\boldsymbol{a}$ について

$$\boldsymbol{a} = \overrightarrow{\mathrm{OA}}$$

とし，終点 A の座標を $(a_1,\ a_2)$ とおくと

$$\boldsymbol{a} = a_1\boldsymbol{e}_1 + a_2\boldsymbol{e}_2 \tag{1.2}$$

である．$(a_1,\ a_2)$ を $\boldsymbol{a}$ の**成分表示**といい

$$\boldsymbol{a} = (a_1,\ a_2)$$

と表す．a_1, a_2 をそれぞれ $\boldsymbol{a}$ の**第 1 成分**，$\boldsymbol{a}$ の**第 2 成分**という．

注意　(1.2) の右辺を $\boldsymbol{e}_1$, $\boldsymbol{e}_2$ の**線形結合**といい，a_1, a_2 をそれぞれ $\boldsymbol{e}_1$ の係数，$\boldsymbol{e}_2$ の係数という．

注意　ベクトル $\overrightarrow{\mathrm{OA}}$ を点 A の**位置ベクトル**という．

平面上のベクトルの成分表示について，次の性質が成り立つ．

公式 1.2

$\boldsymbol{a} = (a_1,\ a_2)$, $\boldsymbol{b} = (b_1,\ b_2)$ で，m が実数のとき

(1)　$\boldsymbol{a} = \boldsymbol{b} \iff a_1 = b_1,\ a_2 = b_2$

(2)　$\boldsymbol{a} \pm \boldsymbol{b} = (a_1 \pm b_1,\ a_2 \pm b_2)$　　(複号同順)

(3)　$m\boldsymbol{a} = (ma_1,\ ma_2)$

(4)　$|\boldsymbol{a}| = \sqrt{{a_1}^2 + {a_2}^2}$

例 1.4　$\boldsymbol{a} = (2,\ 3)$, $\boldsymbol{b} = (1,\ -4)$ のとき

$$2\boldsymbol{a} + 3\boldsymbol{b} = 2(2,\ 3) + 3(1,\ -4) = (4,\ 6) + (3,\ -12) = (7,\ -6)$$

また

$$|\boldsymbol{a}| = \sqrt{13}, \quad |\boldsymbol{b}| = \sqrt{17}, \quad |2\boldsymbol{a} + 3\boldsymbol{b}| = \sqrt{85}$$

問 1.4　$\boldsymbol{a} = (2,\ 3)$, $\boldsymbol{b} = (1,\ -4)$, $\boldsymbol{c} = (3,\ -3)$ のとき，次のベクトルの成分表示を求めよ．また，その大きさを求めよ．

(1) $\boldsymbol{a} + \boldsymbol{b} + \boldsymbol{c}$　　(2) $3\boldsymbol{a} - 2\boldsymbol{b} + 4(\boldsymbol{b} + \boldsymbol{c})$　　(3) $\dfrac{1}{4}(\boldsymbol{a} + 3\boldsymbol{b}) - \dfrac{1}{2}\boldsymbol{c}$

1.1.4 内　　積

$\boldsymbol{o}$ でないベクトル $\boldsymbol{a}$, $\boldsymbol{b}$ について

$$\boldsymbol{a} = \overrightarrow{\mathrm{OA}}, \qquad \boldsymbol{b} = \overrightarrow{\mathrm{OB}}$$

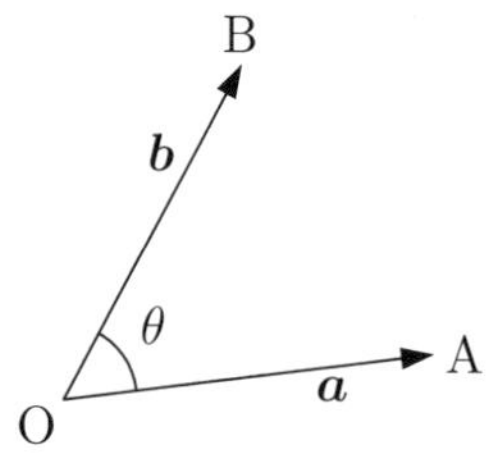

となる点 O, A, B をとる．このとき，$\angle\mathrm{AOB} = \theta$ を $\boldsymbol{a}$ と $\boldsymbol{b}$ の**なす角**という．θ は通常 $0 \leqq \theta \leqq \pi$ の範囲にとる．このとき

$$\boldsymbol{a} \cdot \boldsymbol{b} = |\boldsymbol{a}||\boldsymbol{b}| \cos\theta \tag{1.3}$$

を $\boldsymbol{a}$ と $\boldsymbol{b}$ の**内積**という．

注意　$\boldsymbol{a} = \boldsymbol{o}$ または $\boldsymbol{b} = \boldsymbol{o}$ のときは，$\boldsymbol{a} \cdot \boldsymbol{b} = 0$ と定める．

ベクトルの成分によって内積を計算する公式を求めよう．

上の図において，点 $\mathrm{O}(0,\ 0)$, $\mathrm{A}(a_1,\ a_2)$, $\mathrm{B}(b_1,\ b_2)$ とおき，$\triangle\mathrm{OAB}$ に余弦定理を適用すると

$$\mathrm{AB}^2 = \mathrm{OA}^2 + \mathrm{OB}^2 - 2\,\mathrm{OA} \times \mathrm{OB} \cos\theta$$

これから

$$\begin{aligned}\mathrm{OA} \times \mathrm{OB}\cos\theta &= \frac{1}{2}\left(\mathrm{OA}^2 + \mathrm{OB}^2 - \mathrm{AB}^2\right) \\ &= \frac{1}{2}\left(({a_1}^2 + {a_2}^2) + ({b_1}^2 + {b_2}^2) - \left\{(b_1 - a_1)^2 + (b_2 - a_2)^2\right\}\right) \\ &= a_1 b_1 + a_2 b_2\end{aligned}$$

左辺は (1.3) と一致するから，次の公式が得られる．

公式 1.3

$\boldsymbol{a} = (a_1,\ a_2)$, $\boldsymbol{b} = (b_1,\ b_2)$ のとき　$\boldsymbol{a} \cdot \boldsymbol{b} = a_1 b_1 + a_2 b_2$

定義式 (1.3) および公式 1.3 を用いると，内積についての次の性質が得られる．

公式 1.4

ベクトル $\boldsymbol{a}$, $\boldsymbol{b}$, $\boldsymbol{c}$ と実数 m について

(1) $\boldsymbol{a} \cdot \boldsymbol{a} = |\boldsymbol{a}|^2$

(2) $\boldsymbol{a} \cdot \boldsymbol{b} = \boldsymbol{b} \cdot \boldsymbol{a}$

(3) $\boldsymbol{a} \cdot (\boldsymbol{b} \pm \boldsymbol{c}) = \boldsymbol{a} \cdot \boldsymbol{b} \pm \boldsymbol{a} \cdot \boldsymbol{c}$　　(複号同順)

(4) $(m\boldsymbol{a}) \cdot \boldsymbol{b} = \boldsymbol{a} \cdot (m\boldsymbol{b}) = m(\boldsymbol{a} \cdot \boldsymbol{b})$

問 1.5 次のベクトルの内積を求めよ．

(1) $\boldsymbol{a} = (-5,\ 2),\ \boldsymbol{b} = (-2,\ 8)$ (2) $\boldsymbol{a} = (3,\ 0),\ \boldsymbol{b} = (0,\ 2)$

問 1.6 次の等式を示せ．

(1) $\left|\boldsymbol{a}+\boldsymbol{b}\right|^2 = \left|\boldsymbol{a}\right|^2 + 2\boldsymbol{a}\cdot\boldsymbol{b} + \left|\boldsymbol{b}\right|^2$

(2) $(\boldsymbol{a}+\boldsymbol{b})\cdot(\boldsymbol{a}-\boldsymbol{b}) = \left|\boldsymbol{a}\right|^2 - \left|\boldsymbol{b}\right|^2$

$\boldsymbol{o}$ でない 2 つのベクトル $\boldsymbol{a}$ と $\boldsymbol{b}$ のなす角が直角であるとき，$\boldsymbol{a}$ と $\boldsymbol{b}$ は**垂直**である，または**直交**するといい，$\boldsymbol{a} \perp \boldsymbol{b}$ と表す．また，$\boldsymbol{o}$ はすべてのベクトルと垂直であると定める．このとき，$\cos\dfrac{\pi}{2} = 0$ より次の公式が成り立つ．

公式 1.5

$$\boldsymbol{a} \perp \boldsymbol{b} \iff \boldsymbol{a}\cdot\boldsymbol{b} = 0$$

問 1.7 次の 2 つのベクトルが垂直となるときの k の値を求めよ．

(1) $\boldsymbol{a} = (-3,\ 5),\ \boldsymbol{b} = (3k+1,\ 1-k)$ (2) $\boldsymbol{c} = (k-2,\ 4),\ \boldsymbol{d} = (1,\ k+1)$

$\boldsymbol{o}$ でない 2 つのベクトル $\boldsymbol{a}$ と $\boldsymbol{b}$ の向きが等しいか，または逆であるとき，$\boldsymbol{a}$ と $\boldsymbol{b}$ は**平行**であるといい，$\boldsymbol{a} /\!/ \boldsymbol{b}$ と表す．また，$\boldsymbol{o}$ はすべてのベクトルと平行であると定める．

このとき，次の公式が成り立つ．

公式 1.6

$\boldsymbol{a} /\!/ \boldsymbol{b} \iff \boldsymbol{b} = m\boldsymbol{a}$ (または $\boldsymbol{a} = m\boldsymbol{b}$) を満たす実数 m が存在する．

[**例題 1.1**] $\boldsymbol{a} = (3,\ 2)$ と $\boldsymbol{b} = (2k-1,\ -k)$ が平行となるときの k の値を求めよ．

[**解**] $(2k-1,\ -k) = m(3,\ 2)$ を満たす実数 m が存在するから

$$2k-1 = 3m, \quad -k = 2m$$

この連立方程式を解くことにより $k = \dfrac{2}{7}$ □

問 1.8 次の 2 つのベクトルが平行となるときの k の値を求めよ．

(1) $(-3,\ 5),\ (3k+1,\ 1-k)$ (2) $(k-2,\ 4),\ (1,\ k+1)$

$\boldsymbol{o}$ でないベクトル $\boldsymbol{a}$, $\boldsymbol{b}$ について，$\boldsymbol{a} = \overrightarrow{\mathrm{OA}}$, $\boldsymbol{b} = \overrightarrow{\mathrm{OB}}$ となる点 O, A, B をとり，B から OA に垂線を下ろし交点を H とする．

$\overrightarrow{\mathrm{OH}}$ を $\boldsymbol{b}$ の $\boldsymbol{a}$ への**正射影ベクトル**という．

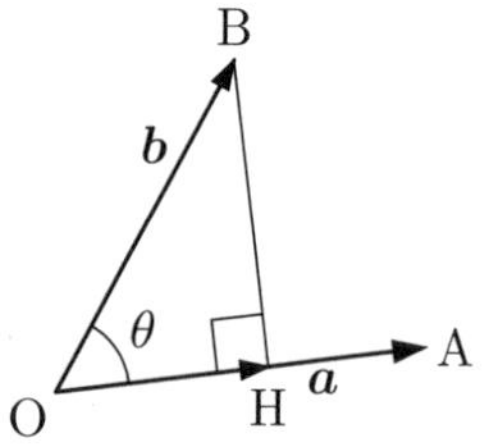

$\overrightarrow{\mathrm{OH}} = m\boldsymbol{a}$ とおくと，$\overrightarrow{\mathrm{BH}}$ と $\boldsymbol{a}$ が直交するから

$$(m\boldsymbol{a} - \boldsymbol{b}) \cdot \boldsymbol{a} = 0$$

これから，次が得られる．

$$m = \frac{\boldsymbol{a} \cdot \boldsymbol{b}}{|\boldsymbol{a}|^2}, \qquad \overrightarrow{\mathrm{OH}} = \frac{\boldsymbol{a} \cdot \boldsymbol{b}}{|\boldsymbol{a}|^2}\,\boldsymbol{a}$$

例 1.5 $\boldsymbol{a} = (3,\ 1)$, $\boldsymbol{b} = (2,\ 5)$ のとき，$\boldsymbol{b}$ の $\boldsymbol{a}$ への正射影ベクトルは

$$\frac{\boldsymbol{a} \cdot \boldsymbol{b}}{|\boldsymbol{a}|^2}\,\boldsymbol{a} = \frac{11}{10}\,\boldsymbol{a} = \left(\frac{33}{10},\ \frac{11}{10}\right)$$

問 1.9 $\boldsymbol{a} = (2,\ 3)$, $\boldsymbol{b} = (1,\ -4)$ のとき，$\boldsymbol{b}$ の $\boldsymbol{a}$ への正射影ベクトルを求めよ．

1.2 空間のベクトルと空間図形

1.2.1 空間のベクトル

平面の場合と同様に，空間のベクトルが定義される．また，1.1 節の公式は，空間の場合でも同様に成り立つ．

空間のベクトルの成分表示については，次のようになる．

座標空間において，各座標軸上に点

$$\mathrm{E}_1(1,\ 0,\ 0), \quad \mathrm{E}_2(0,\ 1,\ 0), \quad \mathrm{E}_3(0,\ 0,\ 1)$$

をとる．このとき

$$\boldsymbol{e}_1 = \overrightarrow{\mathrm{OE}_1}, \quad \boldsymbol{e}_2 = \overrightarrow{\mathrm{OE}_2}, \quad \boldsymbol{e}_3 = \overrightarrow{\mathrm{OE}_3}$$

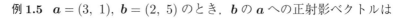

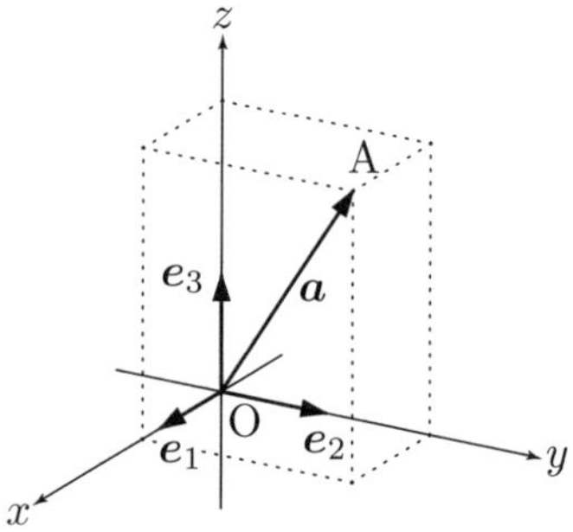

を空間における**基本ベクトル**という．

任意のベクトル $\boldsymbol{a} = \overrightarrow{\mathrm{OA}}$ について，A の座標を $(a_1,\ a_2,\ a_3)$ とおくと，$\boldsymbol{a}$ は $\boldsymbol{e}_1, \boldsymbol{e}_2, \boldsymbol{e}_3$ の**線形結合**で次のように表される．

$$\boldsymbol{a} = a_1\boldsymbol{e}_1 + a_2\boldsymbol{e}_2 + a_3\boldsymbol{e}_3 \tag{1.4}$$

$\boldsymbol{a} = (a_1,\ a_2,\ a_3)$ を $\boldsymbol{a}$ の**成分表示**という．

ベクトルの和，スカラー倍，内積などの成分表示による計算は，平面の場合と同様である．すなわち，次の公式が成り立つ．

公式 1.7

$\boldsymbol{a}=(a_1,\ a_2,\ a_3),\ \boldsymbol{b}=(b_1,\ b_2,\ b_3)$ で，m が実数のとき

(1) $\boldsymbol{a}=\boldsymbol{b} \iff a_1=b_1,\ a_2=b_2,\ a_3=b_3$

(2) $\boldsymbol{a}\pm\boldsymbol{b}=(a_1\pm b_1,\ a_2\pm b_2,\ a_3\pm b_3)$　　(複号同順)

(3) $m\boldsymbol{a}=(ma_1,\ ma_2,\ ma_3)$

(4) $|\boldsymbol{a}|=\sqrt{{a_1}^2+{a_2}^2+{a_3}^2}$

(5) $\boldsymbol{a}\cdot\boldsymbol{b}=a_1b_1+a_2b_2+a_3b_3$

例 1.6　$\boldsymbol{a}=(2,\ 0,\ 5),\ \boldsymbol{b}=(1,\ 3,\ -1)$ のとき

$$2\boldsymbol{a}+3\boldsymbol{b}=2(2,\ 0,\ 5)+3(1,\ 3,\ -1)=(7,\ 9,\ 7)$$

$$|2\boldsymbol{a}+3\boldsymbol{b}|=\sqrt{7^2+9^2+7^2}=\sqrt{179}$$

$$\boldsymbol{a}\cdot\boldsymbol{b}=2\times1+0\times3+5\times(-1)=-3$$

問 1.10　$\boldsymbol{a}=(3,\ -1,\ 1),\ \boldsymbol{b}=(-2,\ 3,\ 2)$ のとき，次のベクトル $\boldsymbol{c},\ \boldsymbol{d}$ の成分表示と大きさを求めよ．また，内積 $\boldsymbol{a}\cdot\boldsymbol{b}$ および $\boldsymbol{c}\cdot\boldsymbol{d}$ を求めよ．

(1) $\boldsymbol{c}=2\boldsymbol{a}-\boldsymbol{b}$　　　(2) $\boldsymbol{d}=4\boldsymbol{a}+3\boldsymbol{b}$

$\boldsymbol{o}$ でないベクトル $\boldsymbol{a},\ \boldsymbol{b}$ のなす角を θ とおくと，内積の定義

$$\boldsymbol{a}\cdot\boldsymbol{b}=|\boldsymbol{a}||\boldsymbol{b}|\cos\theta$$

より次が得られる．

$$\cos\theta=\frac{\boldsymbol{a}\cdot\boldsymbol{b}}{|\boldsymbol{a}||\boldsymbol{b}|} \tag{1.5}$$

問 1.11　次の各組のベクトルのなす角 θ について，$\cos\theta$ を求めよ．

(1) $\boldsymbol{a}=(-2,\ 1,\ 2),\ \boldsymbol{b}=(4,\ 1,\ -1)$　　(2) $\boldsymbol{a}=(7,\ 2,\ 1),\ \boldsymbol{b}=(5,\ 5,\ 0)$

[例題 1.2]　1 辺が a の正四面体 OABC において，OA $\perp$ BC であることを示せ．

[解]　$\overrightarrow{\mathrm{OA}}\cdot\overrightarrow{\mathrm{BC}}=\overrightarrow{\mathrm{OA}}\cdot(\overrightarrow{\mathrm{OC}}-\overrightarrow{\mathrm{OB}})=\overrightarrow{\mathrm{OA}}\cdot\overrightarrow{\mathrm{OC}}-\overrightarrow{\mathrm{OA}}\cdot\overrightarrow{\mathrm{OB}}=a^2\cos\frac{\pi}{3}-a^2\cos\frac{\pi}{3}=0$

$\overrightarrow{\mathrm{OA}}\cdot\overrightarrow{\mathrm{BC}}=0$ となるから　OA $\perp$ BC　□

問 1.12　四面体 OABC において，OA $\perp$ BC であれば，次の等式が成り立つことを示せ．

$$|\overrightarrow{\mathrm{OB}}|^2-|\overrightarrow{\mathrm{OC}}|^2=|\overrightarrow{\mathrm{AB}}|^2-|\overrightarrow{\mathrm{AC}}|^2$$

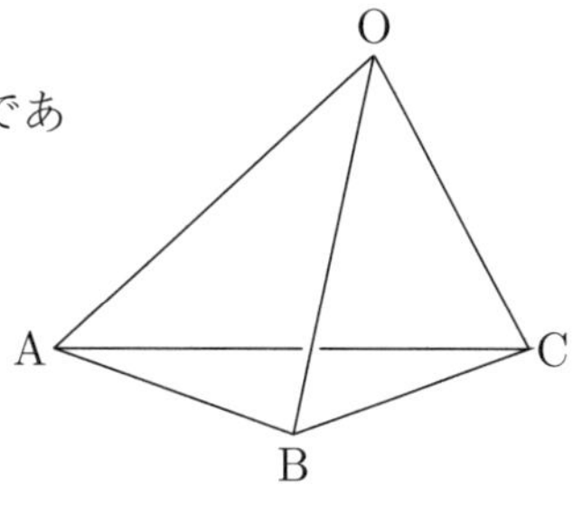

1.2.2 直線の方程式

空間における直線の方程式をベクトルを用いて求めよう．

直線 ℓ は，定点 $\mathrm{A}(a_1,\ a_2,\ a_3)$ を通り，$\boldsymbol{o}$ でないベクトル $\boldsymbol{v}$ に平行であるとする．

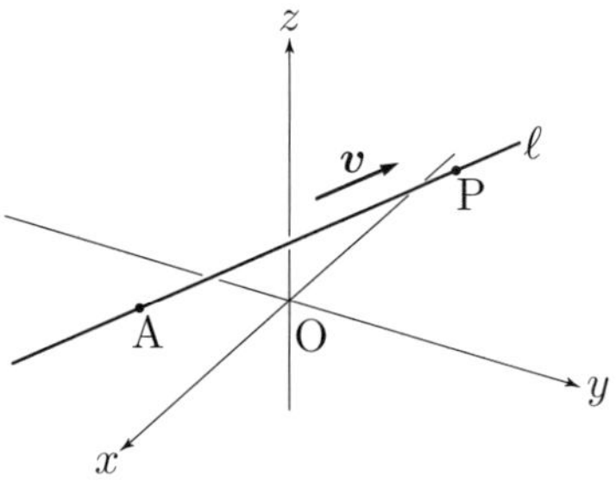

このとき，ℓ 上の任意の点を P とおくと，$\overrightarrow{\mathrm{AP}} \parallel \boldsymbol{v}$ となるから

$$\overrightarrow{\mathrm{AP}} = t\boldsymbol{v} \quad (t \text{ は実数})$$

と表される．$\overrightarrow{\mathrm{AP}} = \overrightarrow{\mathrm{OP}} - \overrightarrow{\mathrm{OA}}$ を用いると

$$\overrightarrow{\mathrm{OP}} - \overrightarrow{\mathrm{OA}} = t\boldsymbol{v} \quad (t \text{ は実数})$$

したがって，点 A, P の位置ベクトル $\overrightarrow{\mathrm{OA}}$, $\overrightarrow{\mathrm{OP}}$ をそれぞれ $\boldsymbol{a}$, $\boldsymbol{p}$ とおくと

$$\boldsymbol{p} = \boldsymbol{a} + t\boldsymbol{v} \quad (t \text{ は実数}) \tag{1.6}$$

が成り立つ．

平面における直線についても同様である

(1.6) を直線 ℓ の**ベクトル方程式**といい，$\boldsymbol{v}$ を ℓ の**方向ベクトル**という．

点 A, P の座標をそれぞれ $(a_1,\ a_2,\ a_3)$, $(x,\ y,\ z)$ とし，$\boldsymbol{v} = (v_1,\ v_2,\ v_3)$ とおくと，(1.6) より

$$(x,\ y,\ z) = (a_1,\ a_2,\ a_3) + t(v_1,\ v_2,\ v_3)$$

成分を比較することにより，次が得られる．

$$x = a_1 + tv_1, \quad y = a_2 + tv_2, \quad z = a_3 + tv_3 \quad (t \text{ は実数}) \tag{1.7}$$

パラメータともいう

(1.7) を直線 ℓ の**媒介変数** t による方程式という．

[例題 1.3] 2 点 A(5, −2, 6), B(2, 3, 4) を通る直線 AB の媒介変数による方程式を求めよ．

[解] $\overrightarrow{\mathrm{AB}} = \overrightarrow{\mathrm{OB}} - \overrightarrow{\mathrm{OA}} = (-3,\ 5,\ -2)$ は直線 AB の方向ベクトルの 1 つであり，直線 AB は点 A を通るから，(1.7) より

$$x = 5 - 3t, \quad y = -2 + 5t, \quad z = 6 - 2t \quad (t \text{ は媒介変数})$$

□

注意 B を通ることを用いて，$x = 2 - 3t$, $y = 3 + 5t$, $z = 4 - 2t$ としてもよい．

問 1.13 次の直線について，媒介変数による方程式を求めよ．

(1) 点 (1, 0, 4) を通り，方向ベクトルが (2, 6, 3) である直線

(2) 点 (2, 7, 3) を通り，方向ベクトルが (0, 1, 1) である直線

(3) 2 点 (−1, 3, −2), (6, 2, 2) を通る直線

1.2.3　平面の方程式

空間における平面の方程式をベクトルを用いて求めよう．

平面 α に対し，α 上の定点 $\mathrm{A}(a_1,\ a_2,\ a_3)$ と，α に垂直な $\boldsymbol{o}$ でないベクトル $\boldsymbol{n}$ をとる．

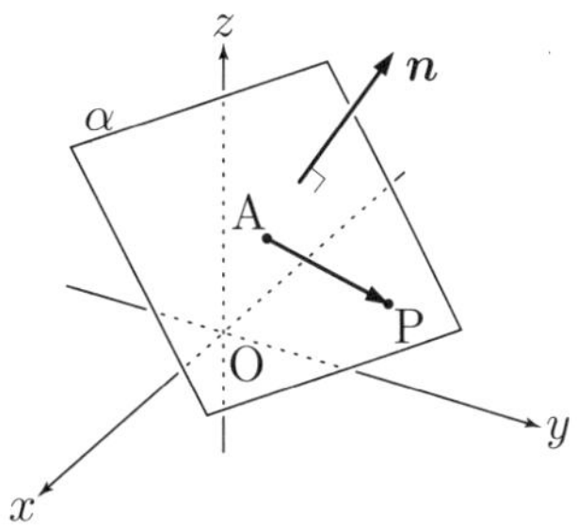

このとき，α 上の任意の点を P とおくと，$\overrightarrow{\mathrm{AP}} \perp \boldsymbol{n}$, すなわち，$\overrightarrow{\mathrm{AP}}$ と $\boldsymbol{n}$ の内積は 0 となるから

$$\boldsymbol{n}\cdot\overrightarrow{\mathrm{AP}} = 0$$

が成り立つ．$\overrightarrow{\mathrm{AP}} = \overrightarrow{\mathrm{OP}} - \overrightarrow{\mathrm{OA}}$ を用いると

$$\boldsymbol{n}\cdot(\overrightarrow{\mathrm{OP}} - \overrightarrow{\mathrm{OA}}) = 0$$

したがって，点 A, P の位置ベクトル $\overrightarrow{\mathrm{OA}}, \overrightarrow{\mathrm{OP}}$ をそれぞれ $\boldsymbol{a}, \boldsymbol{p}$ とおくと

$$\boldsymbol{n}\cdot(\boldsymbol{p}-\boldsymbol{a}) = 0 \tag{1.8}$$

が成り立つ．

(1.8) を平面 α の**ベクトル方程式**といい，$\boldsymbol{n}$ を α の**法線ベクトル**という．

点 A, P の座標をそれぞれ $(a_1,\ a_2,\ a_3)$, $(x,\ y,\ z)$ とし，$\boldsymbol{n} = (n_1,\ n_2,\ n_3)$ とおくと

$$\boldsymbol{p}-\boldsymbol{a} = (x-a_1,\ y-a_2,\ z-a_3)$$

したがって，(1.8) より次が得られる．

$$n_1(x-a_1) + n_2(y-a_2) + n_3(z-a_3) = 0 \tag{1.9}$$

[例題 1.4]　点 $(4,\ -7,\ -1)$ を通り，ベクトル $(2,\ 3,\ -5)$ を法線ベクトルとする平面の方程式を求めよ．

[解]　(1.9) より

$$2(x-4) + 3(y+7) - 5(z+1) = 0$$

展開して整理すると

$$2x + 3y - 5z + 8 = 0$$

□

問 1.14　次の平面の方程式を求めよ．

(1)　点 $(1,\ 0,\ 4)$ を通り，$(2,\ 6,\ 3)$ を法線ベクトルとする平面

(2)　点 $(2,\ 7,\ 3)$ を通り，直線 $x = 1,\ y = 2 + 4t,\ z = 3t$ に垂直な平面

問 1.15　平面 $ax + by + cz + d = 0$ の法線ベクトルの 1 つは $(a,\ b,\ c)$ である．このことを用いて，点 $(5,\ -1,\ 0)$ を通り，平面 $-3x + y - 2z + 1 = 0$ と平行な平面の方程式を求めよ．

1.3 線形独立と線形従属

1.3.1 2つのベクトルの場合

平面または空間の2つのベクトル $\boldsymbol{a}$, $\boldsymbol{b}$ が次の性質を満たすとする.

$$\boldsymbol{a} \neq \boldsymbol{o},\ \boldsymbol{b} \neq \boldsymbol{o},\ \boldsymbol{a} \text{ と } \boldsymbol{b} \text{ は平行でない} \tag{1.10}$$

このとき

m, m', n, n' は実数

$$m\boldsymbol{a} + n\boldsymbol{b} = m'\boldsymbol{a} + n'\boldsymbol{b} \quad \text{ならば} \quad m = m',\ n = n' \tag{1.11}$$

が成り立つことを示そう.

$$m\boldsymbol{a} + n\boldsymbol{b} = m'\boldsymbol{a} + n'\boldsymbol{b}$$

であって, $n \neq n'$ と仮定すると

$$(n - n')\boldsymbol{b} = -(m - m')\boldsymbol{a} \quad \text{より} \quad \boldsymbol{b} = -\frac{m - m'}{n - n'}\boldsymbol{a}$$

これから, $\boldsymbol{a}$ と $\boldsymbol{b}$ は平行となり, (1.10) に反する.

したがって, $n = n'$ である. $m = m'$ であることも同様に証明される.

[例題 1.5] (1.10) を満たす2つのベクトル $\boldsymbol{a}$, $\boldsymbol{b}$ について, $(3x+1)\boldsymbol{a} + 2y\boldsymbol{b} = 5\boldsymbol{a} - \boldsymbol{b}$ が成り立つとき, x, y の値を求めよ.

[解] (1.11) より

$$3x + 1 = 5, \qquad 2y = -1$$

この連立方程式を解いて $x = \dfrac{4}{3}$, $y = -\dfrac{1}{2}$ □

問 1.16 (1.10) を満たす2つのベクトル $\boldsymbol{a}$, $\boldsymbol{b}$ について, 次の等式が成り立つとき, x, y の値を求めよ.

(1) $(2x - y)\boldsymbol{a} + (x + 3y)\boldsymbol{b} = 4\boldsymbol{a} - \boldsymbol{b}$

(2) $5x\boldsymbol{a} + 2y\boldsymbol{b} = (3y + 2)\boldsymbol{a} + (x + 1)\boldsymbol{b}$

逆に, ベクトル $\boldsymbol{a}$, $\boldsymbol{b}$ が (1.11) を満たしていれば, (1.10) であることを示そう.

$\boldsymbol{a} = \boldsymbol{o}$ とすると, (1.11) が満たされない. 例えば

$$1\boldsymbol{o} + n\boldsymbol{b} = 2\boldsymbol{o} + n\boldsymbol{b}$$

が成り立つからである. したがって, $\boldsymbol{a} \neq \boldsymbol{o}$ となり, $\boldsymbol{b}$ についても同様である.

次に, $\boldsymbol{a} \mathbin{/\!/} \boldsymbol{b}$ と仮定すると, $\boldsymbol{b} = m\boldsymbol{a}$ (m は実数) と表されるから

$$m\boldsymbol{a} - \boldsymbol{b} = \boldsymbol{o} = 0\,\boldsymbol{a} + 0\,\boldsymbol{b}$$

これは，(1.11) に反する．よって，(1.10) が成り立つ．

(1.11) を変形すると

$$(m-m')\boldsymbol{a}+(n-n')\boldsymbol{b}=\boldsymbol{o} \quad \text{ならば} \quad m-m'=0,\ n-n'=0$$

$m-m'$, $n-n'$ をあらためて m, n と書くと

$$m\boldsymbol{a}+n\boldsymbol{b}=\boldsymbol{o} \quad \text{ならば} \quad m=0,\ n=0 \tag{1.12}$$

以上より，次が得られる．

公式 1.8

$\boldsymbol{a}$, $\boldsymbol{b}$ について，次の条件は同値である．

(1) $\boldsymbol{a} \neq \boldsymbol{o}$, $\boldsymbol{b} \neq \boldsymbol{o}$ で，$\boldsymbol{a}$ と $\boldsymbol{b}$ は平行でない ($\boldsymbol{b}=m\boldsymbol{a}$ とは表されない)

(2) $m\boldsymbol{a}+n\boldsymbol{b}=m'\boldsymbol{a}+n'\boldsymbol{b}$ ならば $m=m'$, $n=n'$

(3) $m\boldsymbol{a}+n\boldsymbol{b}=\boldsymbol{o}$ ならば $m=0$, $n=0$

このとき，$\boldsymbol{a}$, $\boldsymbol{b}$ は**線形独立**といい，そうでないとき，**線形従属**という．

基本ベクトルの場合と同様に，$m\boldsymbol{a}+n\boldsymbol{b}$ を $\boldsymbol{a}$, $\boldsymbol{b}$ の線形結合という

注意　線形独立を**一次独立**，線形従属を**一次従属**ともいう．

[例題 1.6]　△OAB において，辺 OA, OB の中点をそれぞれ M, N とし，線分 AN と線分 BM の交点を G とする．$\overrightarrow{\mathrm{OG}}$ を $\overrightarrow{\mathrm{OA}}$ と $\overrightarrow{\mathrm{OB}}$ の線形結合で表せ．

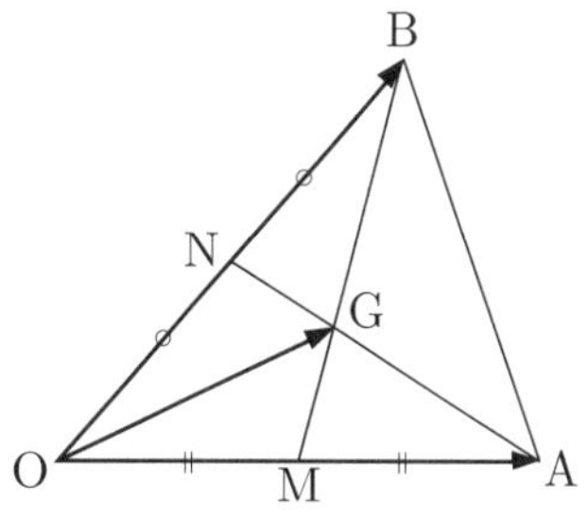

[解]　$\overrightarrow{\mathrm{OA}}=\boldsymbol{a}$, $\overrightarrow{\mathrm{OB}}=\boldsymbol{b}$ とおくと

$$\overrightarrow{\mathrm{OM}}=\frac{1}{2}\boldsymbol{a}, \qquad \overrightarrow{\mathrm{ON}}=\frac{1}{2}\boldsymbol{b}$$

直線 AN, BM のベクトル方程式はそれぞれ

$$\boldsymbol{p}=\boldsymbol{a}+t\left(\frac{1}{2}\boldsymbol{b}-\boldsymbol{a}\right)=(1-t)\boldsymbol{a}+\frac{1}{2}t\,\boldsymbol{b}$$

$$\boldsymbol{p}=\boldsymbol{b}+s\left(\frac{1}{2}\boldsymbol{a}-\boldsymbol{b}\right)=\frac{1}{2}s\,\boldsymbol{a}+(1-s)\boldsymbol{b}$$

であり，交点 G においては

$$\overrightarrow{\mathrm{OG}}=(1-t)\boldsymbol{a}+\frac{1}{2}t\boldsymbol{b}=\frac{1}{2}s\boldsymbol{a}+(1-s)\boldsymbol{b}$$

$\boldsymbol{a}$, $\boldsymbol{b}$ は線形独立だから

$$1-t=\frac{1}{2}s, \qquad \frac{1}{2}t=1-s$$

これを解いて　$t=\dfrac{2}{3}$, $s=\dfrac{2}{3}$

よって　$\overrightarrow{\mathrm{OG}}=\dfrac{1}{3}\boldsymbol{a}+\dfrac{1}{3}\boldsymbol{b}=\dfrac{1}{3}\overrightarrow{\mathrm{OA}}+\dfrac{1}{3}\overrightarrow{\mathrm{OB}}$　□

問 1.17 四辺形 OACB において，$\overrightarrow{\mathrm{OC}} = \frac{1}{3}\overrightarrow{\mathrm{OA}} + \overrightarrow{\mathrm{OB}}$ であるとき，線分 OC, AB の交点 P の位置ベクトルを $\overrightarrow{\mathrm{OA}}$, $\overrightarrow{\mathrm{OB}}$ で表せ.

1.3.2 3 つのベクトルの場合

3 つのベクトル $\boldsymbol{a}$, $\boldsymbol{b}$, $\boldsymbol{c}$ についても

l, m, n は実数

$$l\boldsymbol{a} + m\boldsymbol{b} + n\boldsymbol{c} = \boldsymbol{o} \quad \text{ならば} \quad l = 0,\ m = 0,\ n = 0 \tag{1.13}$$

であるとき，**線形独立**といい，そうでないとき，**線形従属**という.

2 つのベクトルの場合と同様に，(1.13) は次の条件と同値である.

$$l\boldsymbol{a} + m\boldsymbol{b} + n\boldsymbol{c} = l'\boldsymbol{a} + m'\boldsymbol{b} + n'\boldsymbol{c} \quad \text{ならば} \quad l = l',\ m = m',\ n = n' \tag{1.14}$$

$\boldsymbol{a}$, $\boldsymbol{b}$, $\boldsymbol{c}$ が線形独立であれば，そのうちの任意の 2 つのベクトルは線形独立である．例えば，$\boldsymbol{a}$, $\boldsymbol{b}$ について，$l\boldsymbol{a} + m\boldsymbol{b} = \boldsymbol{o}$ とすると

$$l\boldsymbol{a} + m\boldsymbol{b} + 0\boldsymbol{c} = \boldsymbol{o}$$

したがって，(1.13) より $l = 0$, $m = 0$ が導かれるからである.

$\boldsymbol{a}$, $\boldsymbol{b}$, $\boldsymbol{c}$ が平面のベクトルであれば，常に線形従属になることを示そう.

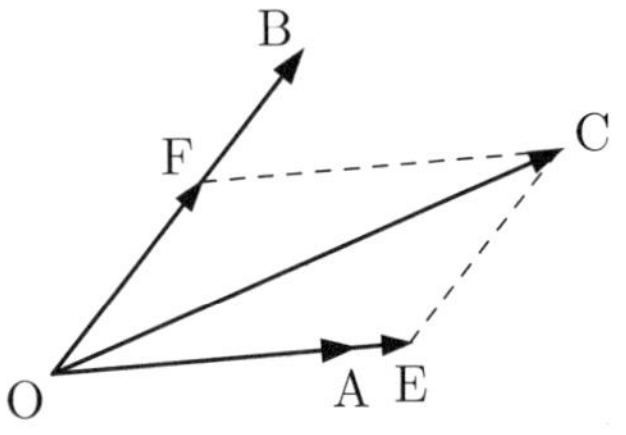

$\boldsymbol{a} = \overrightarrow{\mathrm{OA}}$, $\boldsymbol{b} = \overrightarrow{\mathrm{OB}}$, $\boldsymbol{c} = \overrightarrow{\mathrm{OC}}$ とおく．例えば，$\boldsymbol{a}$ と $\boldsymbol{b}$ は線形独立とすると，直線 OA 上に点 E，直線 OB 上に点 F をとり，平行四辺形 OECF を作ることができる．このとき，適当な実数 l, m により

$$\overrightarrow{\mathrm{OC}} = \overrightarrow{\mathrm{OE}} + \overrightarrow{\mathrm{OF}} = l\overrightarrow{\mathrm{OA}} + m\overrightarrow{\mathrm{OB}}$$
$$\text{すなわち} \quad \boldsymbol{c} = l\boldsymbol{a} + m\boldsymbol{b} \tag{1.15}$$

と表される．変形すると

$$l\boldsymbol{a} + m\boldsymbol{b} + (-1)\boldsymbol{c} = \boldsymbol{o}$$

となるから，(1.13) が成り立たず，$\boldsymbol{a}$, $\boldsymbol{b}$, $\boldsymbol{c}$ は線形従属である.

$\boldsymbol{a}$, $\boldsymbol{b}$, $\boldsymbol{c}$ が空間のベクトルの場合，$\boldsymbol{a} = \overrightarrow{\mathrm{OA}}$ と $\boldsymbol{b} = \overrightarrow{\mathrm{OB}}$ は線形独立で $\boldsymbol{c} = \overrightarrow{\mathrm{OC}}$ が (1.15) で表されるベクトルであるときは，点 C は平面 OAB 上にあるから線形従属である．一方，$\boldsymbol{c} = \overrightarrow{\mathrm{OC}}$ が (1.15) のように表されないときは，点 C は平面 OAB 上になく，$\boldsymbol{a}$, $\boldsymbol{b}$, $\boldsymbol{c}$ は線形独立であることが導かれる.

例 1.7　四面体 OABC において，点 O, A, B, C は 1 つの平面上にないから，$\boldsymbol{a} = \overrightarrow{\mathrm{OA}}$, $\boldsymbol{b} = \overrightarrow{\mathrm{OB}}$, $\boldsymbol{c} = \overrightarrow{\mathrm{OC}}$ は線形独立である．また，平面 ABC 上の任意の点 P について，$\overrightarrow{\mathrm{OP}}$ は次のように表される．

$$\overrightarrow{\mathrm{OA}} + l\overrightarrow{\mathrm{AB}} + m\overrightarrow{\mathrm{AC}} = \boldsymbol{a} + l(\boldsymbol{b} - \boldsymbol{a}) + m(\boldsymbol{c} - \boldsymbol{a})$$

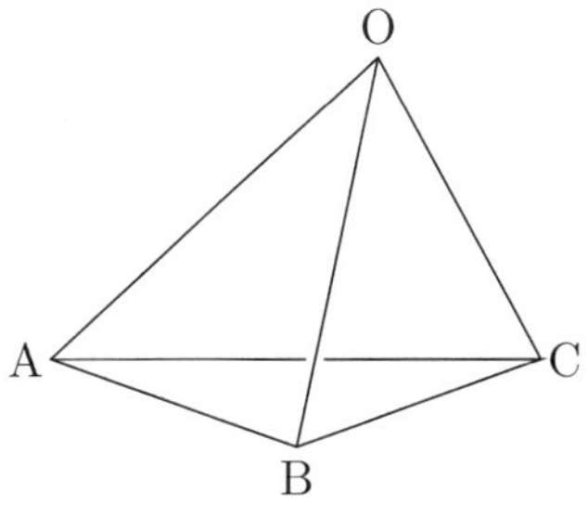

問 1.18　例 1.7 において，O を通り $\boldsymbol{a} + \boldsymbol{b} + \boldsymbol{c}$ に平行な直線と平面 ABC の交点を E とおくとき，E の位置ベクトル $\overrightarrow{\mathrm{OE}}$ を求めよ．

章末問題 1

— A —

1.1 $m>0,\ n>0$ とし，線分 AB を $m:n$ に内分する点を P とする．$\overrightarrow{\mathrm{OA}}=\boldsymbol{a},\ \overrightarrow{\mathrm{OB}}=\boldsymbol{b}$ とおくとき，次の問いに答えよ．

(1) $\overrightarrow{\mathrm{AP}}$ を $\overrightarrow{\mathrm{AB}}$ で表せ．

(2) P の位置ベクトル $\overrightarrow{\mathrm{OP}}=\boldsymbol{p}$ は $\boldsymbol{p}=\dfrac{n\boldsymbol{a}+m\boldsymbol{b}}{m+n}$ のように表されることを示せ．

1.2 $\mathrm{A}(2,\ -1,\ 1),\ \mathrm{B}(-2,\ 3,\ 4),\ \mathrm{C}(3,\ 2,\ 2)$ とし，線分 AB の中点を M，線分 BC を $2:1$ に内分する点を E とするとき，次のベクトルの成分表示を求めよ．

(1) $\overrightarrow{\mathrm{OM}}$　(2) $\overrightarrow{\mathrm{OE}}$　(3) $\overrightarrow{\mathrm{ME}}$

1.3 空間において，点 $\mathrm{A}(a,\ b,\ c)$ を中心とする半径 r の球面上の任意の点を $\mathrm{P}(x,\ y,\ z)$ とするとき，次の問いに答えよ．

(1) 次の等式 (球のベクトル方程式) が成り立つことを示せ．

$$(\overrightarrow{\mathrm{OP}}-\overrightarrow{\mathrm{OA}})\cdot(\overrightarrow{\mathrm{OP}}-\overrightarrow{\mathrm{OA}})=r^2$$

(2) 次の等式 (球の方程式) が成り立つことを示せ．

$$(x-a)^2+(y-b)^2+(z-c)^2=r^2$$

1.4 ベクトル $\boldsymbol{a},\ \boldsymbol{b},\ \boldsymbol{c}$ は線形独立であるとき，次の等式が成り立つように $x,\ y,\ z$ の値を定めよ．

(1) $x(\boldsymbol{a}+2\boldsymbol{b})+y(3\boldsymbol{a}+\boldsymbol{b})=2\boldsymbol{a}-\boldsymbol{b}$

(2) $x(\boldsymbol{a}-\boldsymbol{b})+y(\boldsymbol{b}-\boldsymbol{c})+z(\boldsymbol{c}-\boldsymbol{a})=\boldsymbol{o},\quad x+y+z=3$

1.5 図の直方体 OABC-DEFG において，$\overrightarrow{\mathrm{OA}}=\boldsymbol{a},\ \overrightarrow{\mathrm{OC}}=\boldsymbol{b},\ \overrightarrow{\mathrm{OD}}=\boldsymbol{c}$ とおくとき，次の問いに答えよ．

(1) $\overrightarrow{\mathrm{OB}},\ \overrightarrow{\mathrm{OG}}$ を $\boldsymbol{a},\ \boldsymbol{b},\ \boldsymbol{c}$ で表せ．

(2) 直線 CE と平面 OBG の交点を P とするとき，$\overrightarrow{\mathrm{OP}}$ を $\boldsymbol{a},\ \boldsymbol{b},\ \boldsymbol{c}$ で表せ．

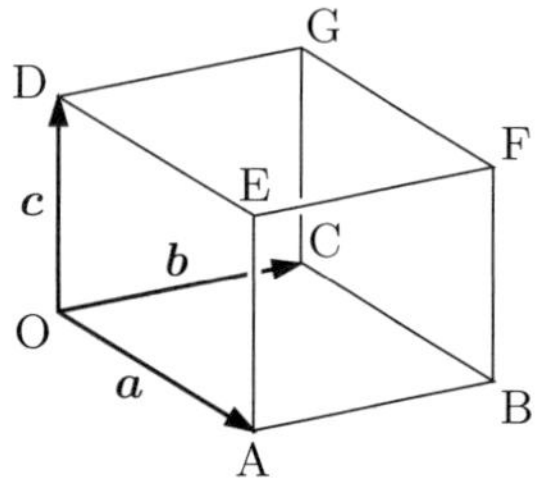

— B —

1.6 空間内の点 $\mathrm{P}_0(x_0,\ y_0,\ z_0)$ と平面 $\alpha: ax+by+cz+d=0$ について，次の問いに答えよ．

(1) 平面 α に垂直な単位ベクトル $\boldsymbol{n}$ を 1 つあげよ．

(2) P_0 を通り，$\boldsymbol{n}$ を方向ベクトルとする直線 ℓ の媒介変数 t による方程式を求めよ．

(3) (2) において，直線 ℓ と平面 α の交点 H における t の値を求めよ．

(4) 線分 $\mathrm{P}_0\mathrm{H}$ の長さ (点 P_0 と平面 α の距離) h は，次の式で求められることを示せ．

$$h=\frac{|ax_0+by_0+cz_0+d|}{\sqrt{a^2+b^2+c^2}}$$

1.7 次の点と平面の距離を求めよ．

(1) 点 $(1,\ 4,\ 2)$ と平面 $2x+3y+z-3=0$　(2) 点 $(2,\ 1,\ 2)$ と平面 $4y-z-2=0$

1.8 四面体 OABC において，線分 OA, AB, BC の中点をそれぞれ L, M, N とし，線分 AN, CM の交点を G とする．また，線分 OB の 3 等分点のうち O に近い点を E，線分 OC の 3 等分点のうち O に近い点を F とする．$\overrightarrow{\mathrm{OA}}=\boldsymbol{a},\ \overrightarrow{\mathrm{OB}}=\boldsymbol{b},\ \overrightarrow{\mathrm{OC}}=\boldsymbol{c}$ とおくとき，次の問いに答えよ．

(1) $\overrightarrow{\mathrm{OG}}$ を $\boldsymbol{a},\ \boldsymbol{b},\ \boldsymbol{c}$ で表せ．

(2) 直線 OG と平面 LEF の交点を P とするとき，$\overrightarrow{\mathrm{OP}}$ を $\boldsymbol{a},\ \boldsymbol{b},\ \boldsymbol{c}$ で表せ．

2

行　　列

2.1　行列の定義と基本演算

2.1.1　行列の定義

$m \times n$ 個の数 a_{ij} $(1 \leqq i \leqq m,\ 1 \leqq j \leqq n)$ を，次のように長方形状に並べたものを**行列**という．行列は (　) で囲んで表す．行列を 1 文字で表す場合は，A, B, C などの大文字を用いることにする．

$$A = \begin{pmatrix} a_{11} & a_{12} & \cdots & a_{1n} \\ a_{21} & a_{22} & \cdots & a_{2n} \\ \vdots & \vdots & \cdots & \vdots \\ a_{m1} & a_{m2} & \cdots & a_{mn} \end{pmatrix}$$

行列の個々の数をその行列の**成分**という．行列 A において成分の横の並びを**行**といい，上から順に第 1 行，第 2 行，$\cdots$，第 m 行という．同様に，成分の縦の並びを**列**といい，左から順に第 1 列，第 2 列，$\cdots$，第 n 列という．

$$\begin{array}{c} \\ \text{第 1 行} \\ \text{第 2 行} \\ \vdots \\ \text{第 } m \text{ 行} \end{array} \begin{array}{c} \begin{array}{cccc} \text{第 1 列} & \text{第 2 列} & \cdots & \text{第 } n \text{ 列} \end{array} \\ \begin{pmatrix} a_{11} & a_{12} & \cdots & a_{1n} \\ a_{21} & a_{22} & \cdots & a_{2n} \\ \vdots & \vdots & \cdots & \vdots \\ a_{m1} & a_{m2} & \cdots & a_{mn} \end{pmatrix} \end{array}$$

行数が m で列数が n の行列を $\boldsymbol{m}$ **行** $\boldsymbol{n}$ **列の行列**，または $\boldsymbol{m \times n}$ **型行列**という．簡単に $\boldsymbol{m \times n}$ **行列**と表すことも多い．行列 A の i 行 j 列にある成分を a_{ij} と表し，A の $\boldsymbol{(i,\ j)}$ **成分**という．この行列 A を $\left(a_{ij}\right)_{1\leqq i\leqq m,\ 1\leqq j\leqq n}$ あるいは単に $\left(a_{ij}\right)$ と表すこともある．

例 2.1　$A = \begin{pmatrix} -2 & 1 & 5 \\ 0 & 4 & -3 \end{pmatrix}$ は 2×3 行列で，$(1,\ 3)$ 成分は 5 である．

$1 \times n$ 行列を (n 次) **行ベクトル**，$m \times 1$ 行列を (m 次) **列ベクトル**という．また，1×1 行列 $\bigl(a_{11}\bigr)$ は単に a_{11} と表す．

$$(a_1\ a_2\ \cdots\ a_n), \qquad \begin{pmatrix} b_1 \\ b_2 \\ \vdots \\ b_m \end{pmatrix}$$

2 つの行列は，行数が等しく，列数も等しいとき，**同じ型**であるという．2 つの $m \times n$ 行列 $A = \bigl(a_{ij}\bigr)$，$B = \bigl(b_{ij}\bigr)$ について

$$a_{ij} = b_{ij} \quad (1 \leqq i \leqq m,\ 1 \leqq j \leqq n)$$

が成り立つとき，行列 A と B は**等しい**といい，$A = B$ と表す．

例 2.2 $A = \begin{pmatrix} 3 & 1 \\ 5 & 4 \end{pmatrix}$，$B = \begin{pmatrix} 3 & 1 \\ 5 & 4 \end{pmatrix}$，$C = \begin{pmatrix} 1 & 1 \\ 5 & 0 \end{pmatrix}$，$D = \begin{pmatrix} 1 & -2 & 0 \\ 0 & 3 & 2 \end{pmatrix}$

A，B，C は同じ型であり，$A = B$，$A \neq C$ である．A と D のように型が異なる場合は，$A \neq D$ である．

成分がすべて 0 である行列を**零行列**といい，O で表す．

行数と列数が等しい行列を**正方行列**という．n 行 n 列の正方行列を $\boldsymbol{n}$ **次正方行列**という．n 次正方行列 $A = \bigl(a_{ij}\bigr)$ において a_{11}，a_{22}，$\cdots$，a_{nn} を**対角成分**という．対角成分以外の成分がすべて 0 である行列を**対角行列**という．すべての対角成分が 1 であるような対角行列を**単位行列**といい，E と表す．

$$A = \begin{pmatrix} a_{11} & a_{12} & \cdots & a_{1n} \\ a_{21} & a_{22} & \cdots & a_{2n} \\ \vdots & \vdots & \ddots & \vdots \\ a_{n1} & a_{n2} & \cdots & a_{nn} \end{pmatrix}$$

例 2.3 $\begin{pmatrix} 4 & 0 \\ 0 & -3 \end{pmatrix}$，$\begin{pmatrix} 6 & 0 & 0 \\ 0 & -3 & 0 \\ 0 & 0 & 1 \end{pmatrix}$ は対角行列で，$\begin{pmatrix} 1 & 0 & 0 \\ 0 & 1 & 0 \\ 0 & 0 & 1 \end{pmatrix}$ は単位行列である．

2.1.2 行列の和・差・スカラー倍

同じ型の行列 $A = \bigl(a_{ij}\bigr)$，$B = \bigl(b_{ij}\bigr)$ に対し，$a_{ij} + b_{ij}$ を $(i,\ j)$ 成分とする行列を A と B の**和**といい，$A + B$ と表す．A，B が $m \times n$ 行列のとき

$$A + B = \begin{pmatrix} a_{11}+b_{11} & a_{12}+b_{12} & \cdots & a_{1n}+b_{1n} \\ a_{21}+b_{21} & a_{22}+b_{22} & \cdots & a_{2n}+b_{2n} \\ \vdots & \vdots & \cdots & \vdots \\ a_{m1}+b_{m1} & a_{m2}+b_{m2} & \cdots & a_{mn}+b_{mn} \end{pmatrix}$$

例 2.4 $\begin{pmatrix} 1 & -2 \\ 2 & 1 \end{pmatrix} + \begin{pmatrix} 2 & 1 \\ 0 & -4 \end{pmatrix} = \begin{pmatrix} 1+2 & -2+1 \\ 2+0 & 1+(-4) \end{pmatrix} = \begin{pmatrix} 3 & -1 \\ 2 & -3 \end{pmatrix}$

問 2.1　次の計算をせよ．

(1) $\begin{pmatrix} 2 & 3 \\ 1 & 5 \end{pmatrix} + \begin{pmatrix} 1 & 2 \\ 2 & 3 \end{pmatrix}$　　(2) $\begin{pmatrix} 2 & 4 & 2 \\ 1 & 4 & 0 \end{pmatrix} + \begin{pmatrix} 2 & 4 & 3 \\ 3 & -2 & 3 \end{pmatrix}$

(3) $\begin{pmatrix} -3 & 6 \\ 0 & 4 \\ 8 & -5 \end{pmatrix} + \begin{pmatrix} 3 & -10 \\ 2 & -9 \\ 1 & 3 \end{pmatrix}$　　(4) $\begin{pmatrix} a-1 & 3 \\ c & 4 \end{pmatrix} + \begin{pmatrix} 2a & -b+1 \\ -4c & -5 \end{pmatrix}$

$A+B$ の成分は A の成分と B の成分の和だから，行列の和についても，普通の数の和と同様に，交換法則や結合法則が成り立つ．

公式 2.1

A, B, C が同じ型の行列のとき

(1) $A+B=B+A$　　(交換法則)

(2) $(A+B)+C=A+(B+C)$　　(結合法則)

結合法則により，同じ型の行列の和は，計算する順序に関係なく定まるから，$(A+B)+C$ や $A+(B+C)$ を単に $A+B+C$ と表すことができる．また，行列 A と零行列 O が同じ型のとき，明らかに次の等式が成り立つ．

$$A+O=O+A=A$$

A, B を同じ型の行列とするとき，$A+X=B$ を満たす X を B から A を引いた**差**といい，$B-A$ と表す．$B-A$ の各成分は，対応する B の成分と A の成分の差である．

$$B-A=\begin{pmatrix} b_{11}-a_{11} & b_{12}-a_{12} & \cdots & b_{1n}-a_{1n} \\ b_{21}-a_{21} & b_{22}-a_{22} & \cdots & b_{2n}-a_{2n} \\ \vdots & \vdots & \cdots & \vdots \\ b_{m1}-a_{m1} & b_{m2}-a_{m2} & \cdots & b_{mn}-a_{mn} \end{pmatrix}$$

例 2.5　$\begin{pmatrix} 1 & -2 \\ 2 & 1 \end{pmatrix} - \begin{pmatrix} 2 & 1 \\ 0 & -4 \end{pmatrix} = \begin{pmatrix} 1-2 & -2-1 \\ 2-0 & 1-(-4) \end{pmatrix} = \begin{pmatrix} -1 & -3 \\ 2 & 5 \end{pmatrix}$

問 2.2　次の計算をせよ．

(1) $\begin{pmatrix} 5 & -2 & 8 \\ -1 & 6 & 0 \end{pmatrix} - \begin{pmatrix} 1 & 2 & 4 \\ -3 & 5 & -8 \end{pmatrix}$　　(2) $\begin{pmatrix} 1 & 2 \\ 3 & 4 \\ 5 & 6 \end{pmatrix} - \begin{pmatrix} 6 & 5 \\ 4 & 3 \\ 2 & 1 \end{pmatrix}$

$O-A$ を $-A$ と表す．$A=\big(a_{ij}\big)$ のとき，$-A=\big(-a_{ij}\big)$ である．

k を任意の数，$A=\big(a_{ij}\big)$ について，行列 $\big(ka_{ij}\big)$ を A の k 倍，または，k による A の**スカラー倍**といい，kA と表す．

例 2.6　$A=\begin{pmatrix}1 & 3\\ -2 & 0\end{pmatrix}$ のとき　$3A=\begin{pmatrix}3\times 1 & 3\times 3\\ 3\times(-2) & 3\times 0\end{pmatrix}=\begin{pmatrix}3 & 9\\ -6 & 0\end{pmatrix}$

スカラー倍の定義から次の等式が成り立つ．

$$0A=O,\quad 1A=A,\quad (-1)A=-A$$

また，行列のスカラー倍について，次の性質が成り立つ．

公式 2.2

A, B を同じ型の行列，k, l を任意の数とするとき

(1)　$k(A+B)=kA+kB$

(2)　$(k\pm l)A=kA\pm lA$　　(複号同順)

(3)　$(kl)A=k(lA)$

[証明]　(1) $A=\left(a_{ij}\right)$, $B=\left(b_{ij}\right)$ のとき，$k(A+B)$ の $(i,\ j)$ 成分は $k(a_{ij}+b_{ij})$ である．一方，$kA+kB$ の $(i,\ j)$ 成分は $ka_{ij}+kb_{ij}$ だから，$k(A+B)$ と $kA+kB$ の任意の $(i,\ j)$ 成分は等しい．

(2) と (3) も同様にして示すことができる．　□

[例題 2.1]　$A=\begin{pmatrix}1 & -4 & 3\\ 5 & 0 & -1\end{pmatrix}$, $B=\begin{pmatrix}2 & 2 & 0\\ 6 & -1 & 4\end{pmatrix}$ のとき，$2X+B=3(2A+B)$ を満たす行列 X を求めよ．

[解]　$X=\dfrac{1}{2}\{3(2A+B)-B\}=3A+B=3\begin{pmatrix}1 & -4 & 3\\ 5 & 0 & -1\end{pmatrix}+\begin{pmatrix}2 & 2 & 0\\ 6 & -1 & 4\end{pmatrix}$

$$=\begin{pmatrix}3 & -12 & 9\\ 15 & 0 & -3\end{pmatrix}+\begin{pmatrix}2 & 2 & 0\\ 6 & -1 & 4\end{pmatrix}=\begin{pmatrix}5 & -10 & 9\\ 21 & -1 & 1\end{pmatrix}$$　□

問 2.3　$A=\begin{pmatrix}2 & 6\\ 3 & -2\\ 2 & 1\end{pmatrix}$, $B=\begin{pmatrix}-1 & 4\\ 5 & 1\\ -3 & 0\end{pmatrix}$ のとき，次の行列を求めよ．

(1)　$A-3B$　　(2)　$A+5B-3A+2B$

(3)　$2(A+B)-3(A-B)$　　(4)　$\dfrac{1}{4}(A-2B)+\left(\dfrac{1}{2}A+3B\right)$

2.2　行 列 の 積

2 次正方行列 $A=\begin{pmatrix}a_{11} & a_{12}\\ a_{21} & a_{22}\end{pmatrix}$ と $B=\begin{pmatrix}b_{11} & b_{12}\\ b_{21} & b_{22}\end{pmatrix}$ の積 AB は

$$AB=\begin{pmatrix}a_{11}b_{11}+a_{12}b_{21} & a_{11}b_{12}+a_{12}b_{22}\\ a_{21}b_{11}+a_{22}b_{21} & a_{21}b_{12}+a_{22}b_{22}\end{pmatrix}$$

と定められる．すなわち，積 AB の $(i,\ j)$ 成分は，A の第 i 行 $(a_{i1}\ a_{i2})$ と B の第 j 列 $\begin{pmatrix} b_{1j} \\ b_{2j} \end{pmatrix}$ の第 1 成分 a_{i1}, b_{1j} の積と第 2 成分 a_{i2}, b_{2j} の積をとり，それらを合計することで求められる．

例 2.7 $A = \begin{pmatrix} 2 & 1 \\ -1 & 5 \end{pmatrix}$, $B = \begin{pmatrix} 7 & 3 \\ 4 & -2 \end{pmatrix}$ のとき

$$AB = \begin{pmatrix} 2 & 1 \\ -1 & 5 \end{pmatrix}\begin{pmatrix} 7 & 3 \\ 4 & -2 \end{pmatrix} = \begin{pmatrix} 14+4 & 6-2 \\ -7+20 & -3-10 \end{pmatrix} = \begin{pmatrix} 18 & 4 \\ 13 & -13 \end{pmatrix}$$

$$BA = \begin{pmatrix} 7 & 3 \\ 4 & -2 \end{pmatrix}\begin{pmatrix} 2 & 1 \\ -1 & 5 \end{pmatrix} = \begin{pmatrix} 14-3 & 7+15 \\ 8+2 & 4-10 \end{pmatrix} = \begin{pmatrix} 11 & 22 \\ 10 & -6 \end{pmatrix}$$

注意 行列の積は交換法則を満たさない．すなわち，一般には $AB \neq BA$ である．

問 2.4 次の行列の積を計算をせよ．

(1) $\begin{pmatrix} 0 & 1 \\ 1 & 0 \end{pmatrix}\begin{pmatrix} 3 & -2 \\ 5 & 1 \end{pmatrix}$　　(2) $\begin{pmatrix} 4 & 7 \\ -2 & 1 \end{pmatrix}\begin{pmatrix} 5 & 3 \\ 1 & 6 \end{pmatrix}$

一般的な行列の積も，2 次正方行列の場合と同様に定められる．行列 A, B はそれぞれ $m \times l$ 型，$l \times n$ 型とする．

$$A = \begin{pmatrix} a_{11} & \cdots & a_{1j} & \cdots & a_{1l} \\ \vdots & \vdots & \vdots & \vdots & \vdots \\ a_{i1} & \cdots & a_{ij} & \cdots & a_{il} \\ \vdots & \vdots & \vdots & \vdots & \vdots \\ a_{m1} & \cdots & a_{mj} & \cdots & a_{ml} \end{pmatrix}, \qquad B = \begin{pmatrix} b_{11} & \cdots & b_{1j} & \cdots & b_{1n} \\ \vdots & \vdots & \vdots & \vdots & \vdots \\ b_{i1} & \cdots & b_{ij} & \cdots & b_{in} \\ \vdots & \vdots & \vdots & \vdots & \vdots \\ b_{l1} & \cdots & b_{lj} & \cdots & b_{ln} \end{pmatrix}$$

このとき，A と B との**積** AB の $(i,\ j)$ 成分 c_{ij} は

$$A \text{ の第 } i \text{ 行 } (a_{i1}\ a_{i2}\ \cdots\ a_{il}) \quad \text{と} \quad B \text{ の第 } j \text{ 列 } \begin{pmatrix} b_{1j} \\ b_{2j} \\ \vdots \\ b_{lj} \end{pmatrix}$$

の対応する成分どうしの積をとり，それらを合計したものと定める．

$$c_{ij} = a_{i1}b_{1j} + a_{i2}b_{2j} + \cdots + a_{il}b_{lj} = \sum_{k=1}^{l} a_{ik}b_{kj} \quad (1 \leqq i \leqq m,\ 1 \leqq j \leqq n)$$

A が $m \times k$ 型，B が $l \times n$ 型とするとき，$k = l$ の場合に積 AB は定義され，AB は $m \times n$ 行列となる．

一方，$k \neq l$ の場合，積 AB は定義されない．

例 2.8 $$\begin{pmatrix} a_{11} & a_{12} \\ a_{21} & a_{22} \\ a_{31} & a_{32} \end{pmatrix}\begin{pmatrix} b_{11} & b_{12} \\ b_{21} & b_{22} \end{pmatrix} = \begin{pmatrix} a_{11}b_{11} + a_{12}b_{21} & a_{11}b_{12} + a_{12}b_{22} \\ a_{21}b_{11} + a_{22}b_{21} & a_{21}b_{12} + a_{22}b_{22} \\ a_{31}b_{11} + a_{32}b_{21} & a_{31}b_{12} + a_{32}b_{22} \end{pmatrix}$$

$$\begin{pmatrix} 1 & 2 & 3 \\ 4 & 5 & 6 \end{pmatrix}\begin{pmatrix} 5 & 2 \\ 4 & 1 \\ 3 & 0 \end{pmatrix} = \begin{pmatrix} 5+8+9 & 2+2+0 \\ 20+20+18 & 8+5+0 \end{pmatrix} = \begin{pmatrix} 22 & 4 \\ 58 & 13 \end{pmatrix}$$

連立 1 次方程式 $\left\{ \begin{array}{l} 4x + \ \ y = 8 \\ 3x - 5y = 7 \end{array} \right.$ は $\begin{pmatrix} 4 & 1 \\ 3 & -5 \end{pmatrix}\begin{pmatrix} x \\ y \end{pmatrix} = \begin{pmatrix} 8 \\ 7 \end{pmatrix}$ と表される.

問 2.5　次の行列の積を計算をせよ.

(1) $(1\ \ 2\ \ 3)\begin{pmatrix} 3 \\ -2 \\ 1 \end{pmatrix}$　　(2) $\begin{pmatrix} 3 \\ -2 \\ 1 \end{pmatrix}(1\ \ 2\ \ 3)$

(3) $\begin{pmatrix} 1 & 2 \\ -4 & 5 \end{pmatrix}\begin{pmatrix} 4 \\ -3 \end{pmatrix}$　　(4) $\begin{pmatrix} 4 & 1 & 1 \\ 2 & -5 & 3 \end{pmatrix}\begin{pmatrix} 2 & -1 & 1 \\ 3 & 4 & -2 \\ 1 & 3 & 4 \end{pmatrix}$

問 2.6　次の連立 1 次方程式を行列を用いて表せ.

(1) $\left\{ \begin{array}{l} 5x - 6y = -1 \\ 4x - 7y = 2 \end{array} \right.$　　(2) $\left\{ \begin{array}{r} x + 2y - \ \ z = 1 \\ 3x + 4y - 2z = 0 \\ 4x + \ \ y + 5z = -3 \end{array} \right.$

$m \times n$ 行列 $A = \left(a_{ij}\right)$ の各 j 列 $(j = 1,\ 2,\ \cdots,\ n)$ を列ベクトル $\boldsymbol{a}_j$ とおき

$$A = \begin{array}{c} \begin{matrix} \boldsymbol{a}_1 & \boldsymbol{a}_2 & \cdots & \boldsymbol{a}_n \end{matrix} \\ \begin{pmatrix} a_{11} & a_{12} & \cdots & a_{1n} \\ a_{21} & a_{22} & \cdots & a_{2n} \\ \vdots & \vdots & \cdots & \vdots \\ a_{m1} & a_{m2} & \cdots & a_{mn} \end{pmatrix} \end{array} = \left(\boldsymbol{a}_1\ \boldsymbol{a}_2\ \cdots\ \boldsymbol{a}_n\right)$$

の形で表すとき，これを A の**列ベクトル分割**という．同様に $m \times n$ 行列 $B = \left(b_{ij}\right)$ の各 i 行 $(i = 1,\ 2,\ \cdots,\ m)$ を行ベクトル $\boldsymbol{b}_i$ とおき

$$B = \begin{matrix} \boldsymbol{b}_1 \\ \boldsymbol{b}_2 \\ \vdots \\ \boldsymbol{b}_m \end{matrix} \begin{pmatrix} b_{11} & b_{12} & \cdots & b_{1n} \\ b_{21} & b_{22} & \cdots & b_{2n} \\ \vdots & \vdots & \cdots & \vdots \\ b_{m1} & b_{m2} & \cdots & b_{mn} \end{pmatrix} = \begin{pmatrix} \boldsymbol{b}_1 \\ \boldsymbol{b}_2 \\ \vdots \\ \boldsymbol{b}_m \end{pmatrix}$$

の形で表すとき，これを B の**行ベクトル分割**という．

行または列ベクトル分割された行列の計算では，あたかも各ベクトルを通常の数であるかのように扱うことができる．

例 2.9　$l \times m$ 行列 $A = \left(a_{ij}\right)$ と $m \times n$ 行列 $B = \left(b_{ij}\right)$ の積について

$$\left(\boldsymbol{a}_1\ \boldsymbol{a}_2\ \cdots\ \boldsymbol{a}_m\right)\begin{pmatrix} \boldsymbol{b}_1 \\ \boldsymbol{b}_2 \\ \vdots \\ \boldsymbol{b}_m \end{pmatrix} = \boldsymbol{a}_1\boldsymbol{b}_1 + \boldsymbol{a}_2\boldsymbol{b}_2 + \cdots + \boldsymbol{a}_m\boldsymbol{b}_m$$

が成り立つ．実際，A, B を 2 次正方行列とすれば

$$\boldsymbol{a}_k\boldsymbol{b}_k = \begin{pmatrix} a_{1k} \\ a_{2k} \end{pmatrix}\begin{pmatrix} b_{k1} & b_{k2} \end{pmatrix} = \begin{pmatrix} a_{1k}b_{k1} & a_{1k}b_{k2} \\ a_{2k}b_{k1} & a_{2k}b_{k2} \end{pmatrix} \quad (k = 1,\ 2)$$

よって

$$\boldsymbol{a}_1\boldsymbol{b}_1 + \boldsymbol{a}_2\boldsymbol{b}_2 = \begin{pmatrix} a_{11}b_{11} + a_{12}b_{21} & a_{11}b_{12} + a_{12}b_{22} \\ a_{21}b_{11} + a_{22}b_{21} & a_{21}b_{12} + a_{22}b_{22} \end{pmatrix} = AB$$

である．一般の場合も同様である．

問 2.7　2 次正方行列 $A = \left(a_{ij}\right)$ と $B = \left(b_{ij}\right)$ の積について，以下を示せ．

(1)　$A\left(\boldsymbol{b}_1\ \boldsymbol{b}_2\right) = \left(A\boldsymbol{b}_1\ A\boldsymbol{b}_2\right)$

(2)　$\begin{pmatrix} \boldsymbol{a}_1 \\ \boldsymbol{a}_2 \end{pmatrix}\begin{pmatrix} \boldsymbol{b}_1 & \boldsymbol{b}_2 \end{pmatrix} = \begin{pmatrix} \boldsymbol{a}_1\boldsymbol{b}_1 & \boldsymbol{a}_1\boldsymbol{b}_2 \\ \boldsymbol{a}_2\boldsymbol{b}_1 & \boldsymbol{a}_2\boldsymbol{b}_2 \end{pmatrix}$

$A,\ B,\ C$ を行列，k を任意の数とするとき，次の演算法則が成り立つ．ただし，行列の和や積は定義されているものとする．

公式 2.3

(1)　$k(AB) = (kA)B = A(kB)$

(2)　$(AB)C = A(BC)$　(結合法則)

(3)　$A(B + C) = AB + AC,\ \ (A + B)C = AC + BC$　(分配法則)

［証明］　(2) を示す．任意の $(i,\ j)$ 成分が左辺と右辺で同じであることを示せばよい．$A = \left(a_{ij}\right)$ を $m \times k$ 行列，$B = \left(b_{ij}\right)$ を $k \times l$ 行列，$C = \left(c_{ij}\right)$ を $l \times n$ 行列とする．さらに $AB = \left(x_{ij}\right),\ BC = \left(y_{ij}\right)$ とおくと

$$x_{ij} = \sum_{r=1}^{k} a_{ir}b_{rj}, \qquad y_{ij} = \sum_{r=1}^{l} b_{ir}c_{rj}$$

よって，$(AB)C$ の $(i,\ j)$ 成分は

$$\sum_{s=1}^{l} x_{is}c_{sj} = \sum_{s=1}^{l}\left(\sum_{r=1}^{k} a_{ir}b_{rs}\right)c_{sj} = \sum_{s=1}^{l}\sum_{r=1}^{k} a_{ir}b_{rs}c_{sj}$$

$A(BC)$ の $(i,\ j)$ 成分は

$$\sum_{s=1}^{k} a_{is}y_{sj} = \sum_{s=1}^{k} a_{is}\left(\sum_{r=1}^{l} b_{sr}c_{rj}\right) = \sum_{s=1}^{k}\sum_{r=1}^{l} a_{is}b_{sr}c_{rj}$$

したがって $(AB)C$ と $A(BC)$ の $(i,\ j)$ 成分は等しいから，(2) が成り立つ．
(1) と (3) も同様に示される．　□

結合法則により，行列の積は，計算する順序に関係なく定まるから，$(AB)C$ や $A(BC)$ を単に ABC と表すことができる．

O を零行列とし，A, B を，OA と BO が定義される行列とする．O の成分はすべて 0 だから，OA と BO の成分はすべて 0 である．よって

$$OA = O, \qquad BO = O$$

が成り立つ．また，E を l 次単位行列とし，A, B を EA と BE が定義される行列とする．$E = \left(e_{ij}\right)$ とすると，$e_{ii} = 1$ $(i = 1, \cdots, l)$ で，それ以外は 0 だから，EA の (i, j) 成分は $\displaystyle\sum_{k=1}^{l} e_{ik}a_{kj} = a_{ij}$ である．同様に，BE の (i, j) 成分は b_{ij} となる．よって

$$EA = A, \qquad BE = B$$

が成り立つ．また，正方行列 A に対して A の累乗を次式で定義する．

$$A^0 = E, \ \ A^1 = A, \ \ A^2 = AA, \ \ A^3 = A^2A, \ \ \cdots, \ \ A^n = A^{n-1}A$$

[例題 2.2] $A = \begin{pmatrix} 4 & -3 \\ 2 & -1 \end{pmatrix}$ であるとき，A^2 と A^3 を求めよ．

[解] $A^2 = \begin{pmatrix} 4 & -3 \\ 2 & -1 \end{pmatrix}\begin{pmatrix} 4 & -3 \\ 2 & -1 \end{pmatrix} = \begin{pmatrix} 10 & -9 \\ 6 & -5 \end{pmatrix}$

$A^3 = A^2A = \begin{pmatrix} 10 & -9 \\ 6 & -5 \end{pmatrix}\begin{pmatrix} 4 & -3 \\ 2 & -1 \end{pmatrix} = \begin{pmatrix} 22 & -21 \\ 14 & -13 \end{pmatrix}$ □

問 2.8 次の行列を A とするとき，A^2, A^3, A^4 を求めよ．

(1) $\begin{pmatrix} 1 & 3 \\ -2 & -1 \end{pmatrix}$　　(2) $\begin{pmatrix} 0 & 1 \\ -1 & 0 \end{pmatrix}$　　(3) $\begin{pmatrix} 0 & 1 & 2 \\ 0 & 0 & 1 \\ 0 & 0 & 0 \end{pmatrix}$

行列 A, B が $A \neq O$, $B \neq O$ で $AB = O$ を満たすとき，**零因子**という．

例 2.10 $\begin{pmatrix} 9 & -3 \\ -3 & 1 \end{pmatrix}\begin{pmatrix} 1 & 2 \\ 3 & 6 \end{pmatrix} = \begin{pmatrix} 0 & 0 \\ 0 & 0 \end{pmatrix}$ だから $\begin{pmatrix} 9 & -3 \\ -3 & 1 \end{pmatrix}$, $\begin{pmatrix} 1 & 2 \\ 3 & 6 \end{pmatrix}$ は零因子である．

問 2.9 $A = \begin{pmatrix} 2 & -1 \\ 8 & -4 \end{pmatrix}$, $B = \begin{pmatrix} 1 & 1 \\ 2 & 2 \end{pmatrix}$ とするとき，A, B は零因子であることを示せ．

2.3 転置行列

A を $m \times n$ 行列とするとき，A の行と列を入れ換えてできる $n \times m$ 行列を A の**転置行列**といい，${}^tA$ と表す．

"t" は transpose の略

例 2.11 $A = \begin{pmatrix} a_{11} & a_{12} & a_{13} \\ a_{21} & a_{22} & a_{23} \end{pmatrix}$ のとき ${}^tA = \begin{pmatrix} a_{11} & a_{21} \\ a_{12} & a_{22} \\ a_{13} & a_{23} \end{pmatrix}$

上の例からわかるように，A の $(i,\ j)$ 成分と ${}^tA$ の $(j,\ i)$ 成分は等しい．

問 2.10 次の行列の転置行列を求めよ．

(1) $A = \begin{pmatrix} 1 & 2 & 3 \\ -4 & -5 & 0 \end{pmatrix}$ (2) $B = \begin{pmatrix} 5 & 3 & 1 \\ 0 & 2 & 4 \\ 1 & -1 & 1 \end{pmatrix}$ (3) $C = \begin{pmatrix} 2 \\ 1 \\ 0 \end{pmatrix}$

転置行列について，次の性質が成り立つ．ただし，行列の和，積は計算できるものとする．

公式 2.4

(1) ${}^t({}^tA) = A$

(2) ${}^t(kA) = k\,{}^tA$ （k は任意の数）

(3) A, B の型が等しいとき ${}^t(A+B) = {}^tA + {}^tB$

(4) 積 AB が定義されるとき ${}^t(AB) = {}^tB\,{}^tA$

［証明］ ここでは (4) を示す．$A = \left(a_{ij}\right)$ を $m \times l$ 行列，$B = \left(b_{ij}\right)$ を $l \times n$ 行列とする．さらに $AB = \left(x_{ij}\right)$ とおくと

$$x_{ij} = \sum_{r=1}^{l} a_{ir} b_{rj}$$

よって，${}^t(AB)$ の $(i,\ j)$ 成分は

$$x_{ji} = \sum_{r=1}^{l} a_{jr} b_{ri}$$

となる．また，${}^tA$ の $(i,\ j)$ 成分を a'_{ij}，${}^tB$ の $(i,\ j)$ 成分を b'_{ij} とおくと，$a'_{ij} = a_{ji}$，$b'_{ij} = b_{ji}$ だから，${}^tB\,{}^tA$ の $(i,\ j)$ 成分は

$$\sum_{r=1}^{l} b'_{ir} a'_{rj} = \sum_{r=1}^{l} b_{ri} a_{jr} = \sum_{r=1}^{l} a_{jr} b_{ri}$$

したがって，${}^t(AB)$ と ${}^tB\,{}^tA$ の $(i,\ j)$ 成分は等しいから，(4) が成り立つ． □

注意 一般には ${}^t(AB) \neq {}^tA\,{}^tB$ である．

問 2.11　$A = \begin{pmatrix} 2 & 4 \\ -1 & 3 \end{pmatrix}$，$B = \begin{pmatrix} 5 & -3 \\ 6 & 1 \end{pmatrix}$ とするとき，${}^t(AB)$，${}^t(BA)$，${}^tA\,{}^tB$，${}^tB\,{}^tA$ を求めよ．

正方行列 $A = \bigl(a_{ij}\bigr)$ について，A の対角成分の和

$$a_{11} + a_{22} + \cdots + a_{nn} = \sum_{k=1}^{n} a_{kk}$$

を行列 A の**トレース**といい，$\mathrm{tr}\ A$ と表す．

"tr" は trace の略

例 2.12　$A = \begin{pmatrix} 3 & -1 & 4 \\ 0 & -2 & 5 \\ 4 & 6 & 1 \end{pmatrix}$ のとき　$\mathrm{tr}\ A = 3 + (-2) + 1 = 2$

行列のトレースについて，次の性質が成り立つ．

公式 2.5

(1)　$\mathrm{tr}\,(A+B) = \mathrm{tr}\ A + \mathrm{tr}\ B$

(2)　$\mathrm{tr}\,(\lambda A) = \lambda\ \mathrm{tr}\ A$　　(λ は実数)

(3)　$\mathrm{tr}\ {}^tA = \mathrm{tr}\ A$

(4)　$\mathrm{tr}\,(AB) = \mathrm{tr}\,(BA)$

［証明］　(3)　A と転置行列 ${}^tA$ の対角成分は同じだから，トレースも等しい．

(4)　AB の $(i,\ i)$ 成分は $\displaystyle\sum_{k=1}^{n} a_{ik}b_{ki}$ だから，$\mathrm{tr}\,(AB) = \displaystyle\sum_{i=1}^{n}\sum_{k=1}^{n} a_{ik}b_{ki}$ である．同様に，$\mathrm{tr}\,(BA) = \displaystyle\sum_{i=1}^{n}\sum_{k=1}^{n} b_{ik}a_{ki} = \sum_{k=1}^{n}\sum_{i=1}^{n} a_{ki}b_{ik}$ だから

$$\mathrm{tr}\,(AB) = \mathrm{tr}\,(BA)$$

□

問 2.12　問 2.11 の A，B について，$\mathrm{tr}\,(AB)$ と $\mathrm{tr}\,(BA)$ が等しいことを確かめよ．

正方行列 A が

$${}^tA = A$$

を満たすとき，A を**対称行列**という．また

$${}^tA = -A$$

を満たすとき，A を**交代行列**という．

A の $(i,\ j)$ 成分が a_{ij} であるとき，${}^tA$ の $(i,\ j)$ 成分は a_{ji} だから

$$\begin{aligned} A\ \text{が対称行列} &\iff a_{ji} = a_{ij} \\ A\ \text{が交代行列} &\iff a_{ji} = -a_{ij} \end{aligned} \qquad (2.1)$$

例 2.13 $\begin{pmatrix} 3 & 2 \\ 2 & 5 \end{pmatrix}$, $\begin{pmatrix} 1 & 2 & 4 \\ 2 & -5 & -6 \\ 4 & -6 & 8 \end{pmatrix}$ は対称行列で $\begin{pmatrix} 0 & 1 & -1 \\ -1 & 0 & -3 \\ 1 & 3 & 0 \end{pmatrix}$ は交代行列である.

対角行列は対称行列である．また，(2.1) より交代行列は $a_{ii} = -a_{ii}$ を満たすから，$a_{ii} = 0$ である．すなわち，交代行列の対角成分はすべて 0 である．

[例題 2.3] a, b を任意の数とするとき，次を示せ.

(1) A, B を同じ型の対称行列とするとき，$a\,A + b\,B$ は対称行列である.

(2) A, B を同じ型の交代行列とするとき，$a\,A + b\,B$ は交代行列である.

[解] (1) ${}^t(a\,A + b\,B) = a\,{}^tA + b\,{}^tB = a\,A + b\,B$

よって，$a\,A + b\,B$ は対称行列である.

(2) ${}^t(a\,A + b\,B) = a\,{}^tA + b\,{}^tB = a\,(-A) + b\,(-B) = -(a\,A + b\,B)$

よって，$a\,A + b\,B$ は交代行列である. □

問 2.13 A を正方行列とするとき，次を示せ.

(1) $A + {}^tA$ は対称行列である.

(2) $A - {}^tA$ は交代行列である.

(3) $A\,{}^tA$ は対称行列である.

2.4 逆行列

A を n 次正方行列とする．A に対し，n 次正方行列 X が

$$AX = E,\ XA = E \quad (E \text{ は } n \text{ 次単位行列}) \tag{2.2}$$

を同時に満たすとき，X を A の**逆行列**といい，A^{-1} で表す.

A の逆行列が存在するとき，A は**正則**であるという.

注意 A^{-1} が存在するならば，A^{-1} はただ一つに定まる.

例 2.14 $A = \begin{pmatrix} 3 & 5 \\ 1 & 2 \end{pmatrix}$, $X = \begin{pmatrix} 2 & -5 \\ -1 & 3 \end{pmatrix}$ とすると

$$AX = \begin{pmatrix} 3 & 5 \\ 1 & 2 \end{pmatrix}\begin{pmatrix} 2 & -5 \\ -1 & 3 \end{pmatrix} = \begin{pmatrix} 1 & 0 \\ 0 & 1 \end{pmatrix} = E$$

$$XA = \begin{pmatrix} 2 & -5 \\ -1 & 3 \end{pmatrix}\begin{pmatrix} 3 & 5 \\ 1 & 2 \end{pmatrix} = \begin{pmatrix} 1 & 0 \\ 0 & 1 \end{pmatrix} = E$$

が成り立つから，A は正則で，$A^{-1} = \begin{pmatrix} 2 & -5 \\ -1 & 3 \end{pmatrix}$ である.

2 次正方行列の逆行列は，次の公式で与えられる．

公式 2.6

2 次正方行列 $A=\begin{pmatrix} a & b \\ c & d \end{pmatrix}$ において　A が正則 $\Longleftrightarrow ad-bc \neq 0$

A が正則であるとき，A の逆行列は

$$A^{-1}=\frac{1}{ad-bc}\begin{pmatrix} d & -b \\ -c & a \end{pmatrix}$$

［証明］ 行列 $X=\begin{pmatrix} x & y \\ z & w \end{pmatrix}$ が $AX=E$ を満たすとする．このとき

$$AX=\begin{pmatrix} ax+bz & ay+bw \\ cx+dz & cy+dw \end{pmatrix}=\begin{pmatrix} 1 & 0 \\ 0 & 1 \end{pmatrix} \tag{2.3}$$

(2.3) より，次の連立方程式を得る．

$$\begin{cases} ax+bz=1 & \cdots ① \\ cx+dz=0 & \cdots ② \end{cases} \qquad \begin{cases} ay+bw=0 & \cdots ③ \\ cy+dw=1 & \cdots ④ \end{cases}$$

①$\times d-$②$\times b$ と ①$\times c-$②$\times a$，③$\times d-$④$\times b$ と ③$\times c-$④$\times a$ より

$$\begin{cases} (ad-bc)x=d \\ (ad-bc)z=-c \end{cases} \qquad \begin{cases} (ad-bc)y=-b \\ (ad-bc)w=a \end{cases} \tag{2.4}$$

(1)　$ad-bc \neq 0$ のとき，(2.4) より

$$x=\frac{d}{ad-bc},\quad y=\frac{-b}{ad-bc},\quad z=\frac{-c}{ad-bc},\quad w=\frac{a}{ad-bc}$$

$$\text{よって}\quad X=\frac{1}{ad-bc}\begin{pmatrix} d & -b \\ -c & a \end{pmatrix} \tag{2.5}$$

このとき，X が $AX=XA=E$ を満たすことは容易に確かめられる．

(2)　$ad-bc=0$ のとき，(2.4) から　$a=b=c=d=0$

このとき，$A=O$ となり，(2.3) は成り立たず，A の逆行列は存在しない．

(1), (2) より

$$A \text{ は正則} \Longleftrightarrow ad-bc \neq 0$$

さらに，A が正則ならば，逆行列は (2.5) で与えられる．　□

例 2.15　$A=\begin{pmatrix} 6 & 4 \\ 5 & 3 \end{pmatrix}$ のとき，$6\cdot 3-4\cdot 5=-2 \neq 0$ だから，A は正則で

$$A^{-1}=-\frac{1}{2}\begin{pmatrix} 3 & -4 \\ -5 & 6 \end{pmatrix}$$

問 2.14　次の行列は正則かどうか調べよ．また，正則の場合は逆行列を求めよ．

(1) $\begin{pmatrix} 1 & 2 \\ 3 & 4 \end{pmatrix}$　　(2) $\begin{pmatrix} 3 & -6 \\ 2 & -4 \end{pmatrix}$　　(3) $\begin{pmatrix} 1 & 0 \\ 0 & 1 \end{pmatrix}$

逆行列と正則行列の定義から，次の性質が得られる．

公式 2.7

A, B は同じ型の正則行列で，n は正の整数のとき

(1) A^{-1} は正則で $(A^{-1})^{-1} = A$

(2) ${}^tA$ は正則で $({}^tA)^{-1} = {}^t(A^{-1})$

(3) AB は正則で $(AB)^{-1} = B^{-1}A^{-1}$

(4) A^n は正則で $(A^n)^{-1} = (A^{-1})^n$

［証明］ (1) $A^{-1}A = E,\ AA^{-1} = E$ だから $A = (A^{-1})^{-1}$

(2) ${}^tA\,{}^t(A^{-1}) = {}^t(A^{-1}A) = {}^tE = E,\ {}^t(A^{-1})\,{}^tA = {}^t(A\,A^{-1}) = {}^tE = E$

よって，${}^tA$ は正則で $({}^tA)^{-1} = {}^t(A^{-1})$

(3) $(AB)(B^{-1}A^{-1}) = A(BB^{-1})A^{-1} = AEA^{-1} = AA^{-1} = E$

同様に，$(B^{-1}A^{-1})(AB) = E$ だから，AB は正則で $(AB)^{-1} = B^{-1}A^{-1}$

(4) (3) で $B = A$ としたものを繰り返し用いればよい． □

注意 一般には $(AB)^{-1} \neq A^{-1}B^{-1}$ である．

問 2.15 $A = \begin{pmatrix} 7 & 4 \\ 5 & 3 \end{pmatrix}$，$B = \begin{pmatrix} 0 & -1 \\ 1 & 1 \end{pmatrix}$ のとき，次の行列を求めよ．

(1) $(AB)^{-1}$　　(2) $B^{-1}A^{-1}$　　(3) $({}^tA)^{-1}$

2.5 連立 1 次方程式と行列

2.5.1 消去法と拡大係数行列

行列を用いた連立 1 次方程式の解法を求めよう．そのために，まず連立方程式 (2.6) の解法を調べよう．

$$\begin{cases} 3x + 2y + z = 3 & ① \\ 2x + 3y - z = 7 & ② \\ x + y - 3z = -1 & ③ \end{cases} \tag{2.6}$$

(2.6) の ①，③ を交換する．

$$\begin{cases} x + y - 3z = -1 & ④ \\ 2x + 3y - z = 7 & ⑤ \\ 3x + 2y + z = 3 & ⑥ \end{cases} \tag{2.7}$$

(2.7) で，⑤+④×(−2), ⑥+④×(−3) により ⑤，⑥ から x を消去する．

$$\begin{cases} x + y - 3z = -1 & ⑦ \\ y + 5z = 9 & ⑧ \\ -y + 10z = 6 & ⑨ \end{cases} \tag{2.8}$$

(2.8) で，⑨+⑧ により ⑨ から y を消去する．

$$\begin{cases} x + y - 3z = -1 & ⑩ \\ y + 5z = 9 & ⑪ \\ 15z = 15 & ⑫ \end{cases} \tag{2.9}$$

(2.9) で，⑫ × $\dfrac{1}{15}$ により (2.10) が得られる．

$$\begin{cases} x+\ y-\ 3z=-1 & ⑬ \\ \quad\ \ y+\ 5z=9 & ⑭ \\ \qquad\quad\ \ z=1 & ⑮ \end{cases} \qquad (2.10)$$

(2.10) から，$x=-2$, $y=4$, $z=1$ が得られる．そして，この解は，連立方程式 (2.6) から (2.10) すべての解であることが容易に確かめられる．(2.6) から (2.10) への変形で行った操作は次の 3 つである．

(ｉ) ある方程式に 0 でない数を掛ける．

(ii) ある方程式を何倍かしたものを他の方程式に加える．

(iii) 2 つの方程式を交換する．

ガウス，Gauss (1777-1855)

このような解法を**ガウスの消去法**，または単に**消去法**という．

消去法を，行列を用いて実行する方法を説明しよう．(2.6) の左辺の係数を並べた行列を A とし，A の右端に右辺の列ベクトルを付加した行列を A' とする．

$$A=\begin{pmatrix} 3 & 2 & 1 \\ 2 & 3 & -1 \\ 1 & 1 & -3 \end{pmatrix}, \qquad A'=\left(\begin{array}{ccc|c} 3 & 2 & 1 & 3 \\ 2 & 3 & -1 & 7 \\ 1 & 1 & -3 & -1 \end{array}\right)$$

A を (2.2) の**係数行列**といい，A' を (2.2) の**拡大係数行列**という．

拡大係数行列は，連立 1 次方程式の行列による表現である．そして，消去法における 3 つの操作は，拡大係数行列において，行に次の 3 つの操作 (Ⅰ), (Ⅱ), (Ⅲ) を行うことと同じである．

(Ⅰ) ある行に 0 でない数を掛ける．

(Ⅱ) ある行を何倍かしたものを他の行に加える．

(Ⅲ) 2 つの行を交換する．

これらの操作を行列に対する**行基本変形**という．

右の行列は (2.10) の拡大係数行列である．このように，拡大係数行列に行基本変形を行って，次のような形に変形できれば，解を z, y, x の順に容易に求めることができる．

$$\begin{pmatrix} 1 & 1 & -3 & -1 \\ 0 & 1 & 5 & 9 \\ 0 & 0 & 1 & 1 \end{pmatrix}$$

$$\begin{pmatrix} 1 & * & * & * \\ 0 & 1 & * & * \\ 0 & 0 & 1 & * \end{pmatrix} \quad (\text{ただし} * \text{は適当な数})$$

また，右の行列は (2.10) の係数行列であるが，このように各行において対角成分より左側の成分がすべて 0 であるような行列のことを**上三角行列**という．

$$\begin{pmatrix} 1 & 1 & -3 \\ 0 & 1 & 5 \\ 0 & 0 & 1 \end{pmatrix}$$

下三角行列も同様に定義される．

[例題 2.4] 次の連立 1 次方程式を消去法を用いて解け.

$$\begin{cases} 2x-3y-\ \ z=1 \\ \ \ x-2y-3z=-5 \\ 3x+4y-\ \ z=11 \end{cases}$$

[解] 拡大係数行列に行基本変形を行って，次のように変形する.

$$\begin{pmatrix} 2 & -3 & -1 & 1 \\ 1 & -2 & -3 & -5 \\ 3 & 4 & -1 & 11 \end{pmatrix} \xrightarrow{1\text{ 行},\ 2\text{ 行を交換}} \begin{pmatrix} 1 & -2 & -3 & -5 \\ 2 & -3 & -1 & 1 \\ 3 & 4 & -1 & 11 \end{pmatrix}$$

$$\xrightarrow[3\text{ 行}-1\text{ 行}\times 3]{2\text{ 行}-1\text{ 行}\times 2} \begin{pmatrix} 1 & -2 & -3 & -5 \\ 0 & 1 & 5 & 11 \\ 0 & 10 & 8 & 26 \end{pmatrix}$$

$$\xrightarrow{3\text{ 行}-2\text{ 行}\times 10} \begin{pmatrix} 1 & -2 & -3 & -5 \\ 0 & 1 & 5 & 11 \\ 0 & 0 & -42 & -84 \end{pmatrix} \xrightarrow{3\text{ 行}\times\left(-\frac{1}{42}\right)} \begin{pmatrix} 1 & -2 & -3 & -5 \\ 0 & 1 & 5 & 11 \\ 0 & 0 & 1 & 2 \end{pmatrix}$$

変形後の行列を方程式で表すと

$$\begin{cases} x-2y-3z=-5 & ① \\ \qquad\ \ y+5z=11 & ② \\ \qquad\qquad\ \ z=2 & ③ \end{cases}$$

①, ②, ③より, $x=3$, $y=1$, $z=2$ が得られる. □

問 2.16 次の連立 1 次方程式を消去法を用いて解け.

(1) $\begin{cases} 2x+5y=-7 \\ \ \ x-3y=13 \end{cases}$ (2) $\begin{cases} 3x-2y-6z=5 \\ 4x+3y+\ \ z=6 \\ -x+4y+2z=5 \end{cases}$

[例題 2.5] 次の連立 1 次方程式を消去法を用いて解け.

(1) $\begin{cases} \ \ x+3y+\ \ z=-1 \\ 2x+5y+6z=4 \\ \ \ x+\ \ y+9z=11 \end{cases}$ (2) $\begin{cases} x-\ \ y+3z=2 \\ 2x-2y+6z=4 \\ -3x+3y-9z=-6 \end{cases}$

[解] (1) $\begin{pmatrix} 1 & 3 & 1 & -1 \\ 2 & 5 & 6 & 4 \\ 1 & 1 & 9 & 11 \end{pmatrix} \to \begin{pmatrix} 1 & 3 & 1 & -1 \\ 0 & -1 & 4 & 6 \\ 0 & -2 & 8 & 12 \end{pmatrix} \to \begin{pmatrix} 1 & 3 & 1 & -1 \\ 0 & 1 & -4 & -6 \\ 0 & 0 & 0 & 0 \end{pmatrix}$

最後の行列を連立方程式で表すと右式となるが，第 3 式は，どんな x, y, z に対しても成り立つ. $z=t$ とおけば，求める解は以下の通りである.

$$\begin{cases} x+3y+\ \ z=-1 \\ \qquad\ \ y-4z=-6 \\ 0x+0y+0z=0 \end{cases}$$

$$\begin{cases} x=-13t+17 \\ y=4t-6 \\ z=t \end{cases} \qquad (t\text{ は任意の数})$$

t は任意の数だから，解は無数に存在する.

(2) $\begin{pmatrix} 1 & -1 & 3 & 2 \\ 2 & -2 & 6 & 4 \\ -3 & 3 & -9 & -6 \end{pmatrix} \to \begin{pmatrix} 1 & -1 & 3 & 2 \\ 0 & 0 & 0 & 0 \\ 0 & 0 & 0 & 0 \end{pmatrix}$

最後の行列を連立方程式で表すと右式となるが，第 2 式，第 3 式は，どんな x, y, z に対しても成り立つ．$y = s,\ z = t$ とおけば，求める解は以下の通りである．

$$\begin{cases} x - \ \ y + 3z = 2 \\ 0x + 0y + 0z = 0 \\ 0x + 0y + 0z = 0 \end{cases}$$

$$x = s - 3t + 2 \quad (s,\ t \text{ は任意の数})$$

s, t は任意の数だから，解は無数に存在する． □

問 2.17 次の連立 1 次方程式を消去法を用いて解け．

(1) $\begin{cases} 2x - 3y = 3 \\ -6x + 9y = -9 \end{cases}$ (2) $\begin{cases} x - \ \ y - 3z = -1 \\ 2x + 2y + 2z = 10 \\ -x + 3y + 7z = 7 \end{cases}$

[例題 2.6] 次の連立 1 次方程式を消去法を用いて解け．

$$\begin{cases} x + 3y + \ \ z = -1 \\ 2x + 5y + 6z = 4 \\ x + \ \ y + 9z = 12 \end{cases}$$

[解] $\begin{pmatrix} 1 & 3 & 1 & -1 \\ 2 & 5 & 6 & 4 \\ 1 & 1 & -9 & 12 \end{pmatrix} \to \begin{pmatrix} 1 & 3 & 1 & -1 \\ 0 & -1 & 4 & 6 \\ 0 & -2 & 8 & 13 \end{pmatrix} \to \begin{pmatrix} 1 & 3 & 1 & -1 \\ 0 & 1 & -4 & -6 \\ 0 & 0 & 0 & 1 \end{pmatrix}$

最後の行列を連立方程式で表すと右のようになる．第 3 式はどのような x, y, z に対しても成り立たないから，この連立方程式に解は存在しない． □

$$\begin{cases} x + 3y + \ \ z = -1 \\ \qquad y - 4z = -6 \\ 0x + 0y + 0z = 1 \end{cases}$$

問 2.18 次の連立 1 次方程式が解をもたないことを消去法で確認せよ．

$$\begin{cases} x - 3y + \ \ \ z = 3 \\ x + 7y - 11z = 2 \\ -2x + \ \ y + \ 4z = 1 \end{cases}$$

2.5.2 逆行列と連立 1 次方程式

行基本変形を用いた逆行列の計算法を 2 次正方行列の場合で説明しよう．

$$A = \begin{pmatrix} a & b \\ c & d \end{pmatrix} \text{ について } X = \begin{pmatrix} x & y \\ z & w \end{pmatrix} \text{ が } AX = E \text{ を満たす}$$

とする．

このとき，次の 2 つの連立方程式が成り立つ．

$$(\mathrm{i})\ \begin{cases} ax+bz=1 \\ cx+dz=0 \end{cases} \qquad (\mathrm{ii})\ \begin{cases} ay+bw=0 \\ cy+dw=1 \end{cases}$$

(i) と (ii) を拡大係数行列で表すと，右のようになる．(i) と (ii) を同時に解くために，これらの行列の 3 列目をまとめた (2.11) に行基本変形を行うことにする．

$$\begin{pmatrix} a & b & 1 \\ c & d & 0 \end{pmatrix} \qquad \begin{pmatrix} a & b & 0 \\ c & d & 1 \end{pmatrix}$$

この行列に対し行基本変形を行って，(2.12) のように A を単位行列にできたとする．このとき

(i) の解は $x=\alpha,\ z=\gamma$

(ii) の解は $y=\beta,\ w=\delta$

となり，$X=\begin{pmatrix} \alpha & \beta \\ \gamma & \delta \end{pmatrix}$ は $AX=E$ を満たす．

$$\overset{\quad A \qquad\quad E}{\left(\begin{array}{cc|cc} a & b & 1 & 0 \\ c & d & 0 & 1 \end{array}\right)} \tag{2.11}$$

$$\left(\begin{array}{cc|cc} 1 & 0 & \alpha & \beta \\ 0 & 1 & \gamma & \delta \end{array}\right) \tag{2.12}$$

δ はギリシャ文字でデルタ (delta) と読む

$$\overset{\quad X \qquad\quad E}{\left(\begin{array}{cc|cc} \alpha & \beta & 1 & 0 \\ \gamma & \delta & 0 & 1 \end{array}\right)} \tag{2.13}$$

さらに，$Y=\begin{pmatrix} x' & y' \\ z' & w' \end{pmatrix}$ が $XY=E$ を満たすとすると，(2.11) と同様にして，(2.13) に行基本変形を行って (2.14) の形にできれば，$x'=a',\ y'=b',\ z'=c',\ w'=d'$ が解である．

$$\left(\begin{array}{cc|cc} 1 & 0 & a' & b' \\ 0 & 1 & c' & d' \end{array}\right) \tag{2.14}$$

(2.13) を (2.14) にする行基本変形は (2.11) を (2.12) にする行基本変形の逆操作になっている．この逆操作により，E の部分は A になるから

$$a'=a, \quad b'=b, \quad c'=c, \quad d'=d$$

したがって，$Y=A$ となり，$XA=E$ も成り立つ．

以上より，$\begin{pmatrix} \alpha & \beta \\ \gamma & \delta \end{pmatrix}$ は A の逆行列である．

一般の n 次正方行列についても同様であり，n 次正方行列 A について，次の公式が成り立つ．

公式 2.8

A と E を並べた行列 $(A\ E)$ に行基本変形を行って A の部分を E にできたとする．このとき，右側の部分が A の逆行列になる．

$$(A\ E) \xrightarrow{\text{行基本変形}} (E\ A^{-1})$$

[**例題 2.7**]　行列 $\begin{pmatrix} 1 & -3 & 2 \\ -2 & 4 & -3 \\ 2 & -3 & 3 \end{pmatrix}$ の逆行列を求めよ．

[解]　$\left(\begin{array}{ccc|ccc} 1 & -3 & 2 & 1 & 0 & 0 \\ -2 & 4 & -3 & 0 & 1 & 0 \\ 2 & -3 & 3 & 0 & 0 & 1 \end{array}\right)$

$$\xrightarrow[3\text{行}-1\text{行}\times 2]{2\text{行}+1\text{行}\times 2} \left(\begin{array}{ccc|ccc} 1 & -3 & 2 & 1 & 0 & 0 \\ 0 & -2 & 1 & 2 & 1 & 0 \\ 0 & 3 & -1 & -2 & 0 & 1 \end{array}\right)$$

$$\xrightarrow{3\text{行}+2\text{行}\times \frac{3}{2}} \left(\begin{array}{ccc|ccc} 1 & -3 & 2 & 1 & 0 & 0 \\ 0 & -2 & 1 & 2 & 1 & 0 \\ 0 & 0 & \dfrac{1}{2} & 1 & \dfrac{3}{2} & 1 \end{array}\right)$$

$$\xrightarrow[3\text{行}\times 2]{2\text{行}\times\left(-\frac{1}{2}\right)} \left(\begin{array}{ccc|ccc} 1 & -3 & 2 & 1 & 0 & 0 \\ 0 & 1 & -\dfrac{1}{2} & -1 & -\dfrac{1}{2} & 0 \\ 0 & 0 & 1 & 2 & 3 & 2 \end{array}\right)$$

$$\xrightarrow{2\text{行}+3\text{行}\times \frac{1}{2}} \left(\begin{array}{ccc|ccc} 1 & -3 & 2 & 1 & 0 & 0 \\ 0 & 1 & 0 & 0 & 1 & 1 \\ 0 & 0 & 1 & 2 & 3 & 2 \end{array}\right)$$

$$\xrightarrow{1\text{行}-3\text{行}\times 2} \left(\begin{array}{ccc|ccc} 1 & -3 & 0 & -3 & -6 & -4 \\ 0 & 1 & 0 & 0 & 1 & 1 \\ 0 & 0 & 1 & 2 & 3 & 2 \end{array}\right)$$

$$\xrightarrow{1\text{行}+2\text{行}\times 3} \left(\begin{array}{ccc|ccc} 1 & 0 & 0 & -3 & -3 & -1 \\ 0 & 1 & 0 & 0 & 1 & 1 \\ 0 & 0 & 1 & 2 & 3 & 2 \end{array}\right)$$

したがって

$$\begin{pmatrix} 1 & -3 & 2 \\ -2 & 4 & -3 \\ 2 & -3 & 3 \end{pmatrix}^{-1} = \begin{pmatrix} -3 & -3 & -1 \\ 0 & 1 & 1 \\ 2 & 3 & 2 \end{pmatrix}$$ □

問 2.19　次の行列の逆行列を求めよ．

(1) $\begin{pmatrix} 4 & 1 \\ 3 & 2 \end{pmatrix}$　　(2) $\begin{pmatrix} 3 & -2 & 4 \\ 1 & 2 & 5 \\ -1 & 3 & 2 \end{pmatrix}$　　(3) $\begin{pmatrix} 1 & 2 & 3 \\ 0 & 1 & 2 \\ 0 & 0 & 1 \end{pmatrix}$

逆行列を用いて連立 1 次方程式を解くことができる．連立 1 次方程式

$$\begin{cases} a_{11}x + a_{12}y + a_{13}z = b_1 \\ a_{21}x + a_{22}y + a_{23}z = b_2 \\ a_{31}x + a_{32}y + a_{33}z = b_3 \end{cases} \tag{2.15}$$

に対し，$A = \begin{pmatrix} a_{11} & a_{12} & a_{13} \\ a_{21} & a_{22} & a_{23} \\ a_{31} & a_{32} & a_{33} \end{pmatrix}$，$\boldsymbol{x} = \begin{pmatrix} x \\ y \\ z \end{pmatrix}$，$\boldsymbol{b} = \begin{pmatrix} b_1 \\ b_2 \\ b_3 \end{pmatrix}$ とすると，(2.15)

は $A\boldsymbol{x} = \boldsymbol{b}$ と表すことができる．A が正則行列の場合は，両辺に左から A^{-1} を掛けることで解が求められる．

$$A^{-1}A\boldsymbol{x} = A^{-1}\boldsymbol{b} \quad \text{ゆえに} \quad \boldsymbol{x} = A^{-1}\boldsymbol{b} \tag{2.16}$$

［例題 **2.8**］ 次の連立 1 次方程式を逆行列を用いて解け．

$$\begin{cases} x - 3y + 2z = 4 \\ -2x + 4y - 3z = 2 \\ 2x - 3y + 3z = -1 \end{cases}$$

［解］ 行列で表すと，$\begin{pmatrix} 1 & -3 & 2 \\ -2 & 4 & -3 \\ 2 & -3 & 3 \end{pmatrix}\begin{pmatrix} x \\ y \\ z \end{pmatrix} = \begin{pmatrix} 4 \\ 2 \\ -1 \end{pmatrix}$ である．例題 2.7 より

$$\begin{pmatrix} 1 & -3 & 2 \\ -2 & 4 & -3 \\ 2 & -3 & 3 \end{pmatrix}^{-1} = \begin{pmatrix} -3 & -3 & -1 \\ 0 & 1 & 1 \\ 2 & 3 & 2 \end{pmatrix}$$

したがって，(2.16) を用いて

$$\begin{pmatrix} x \\ y \\ z \end{pmatrix} = \begin{pmatrix} -3 & -3 & -1 \\ 0 & 1 & 1 \\ 2 & 3 & 2 \end{pmatrix}\begin{pmatrix} 4 \\ 2 \\ -1 \end{pmatrix} = \begin{pmatrix} -17 \\ 1 \\ 12 \end{pmatrix}$$

以上より　$x = -17,\ y = 1,\ z = 12$ □

問 2.20　次の連立 1 次方程式を逆行列を用いて解け．

(1) $\begin{cases} x - 3y + 2z = 1 \\ -2x + 4y - 3z = -1 \\ 2x - 3y + 3z = 2 \end{cases}$　　(2) $\begin{cases} 3x - 2y + 4z = 2 \\ x + 2y + 5z = 0 \\ -x + 3y + 2z = 2 \end{cases}$

2.5.3 行列の階数

正方とは限らない一般の行列 A の行基本変形を考えよう．

$$A = \begin{pmatrix} a_{11} & a_{12} & \cdots & a_{1n} \\ a_{21} & a_{22} & \cdots & a_{2n} \\ \vdots & \vdots & \cdots & \vdots \\ a_{m1} & a_{m2} & \cdots & a_{mn} \end{pmatrix} \tag{2.17}$$

行列の各行で，左から順に成分を見ていって 0 でない最初の成分を**ピボット**という．各行のピボットのうち最も左側に位置するものが第 k_1 列にあったとする．必要ならば行を交換し，行列の第 1 行のピボットが第 k_1 列となるようにする．

$$\begin{array}{c} \qquad\qquad\qquad\quad 第\, k_1\, 列 \ \cdots \ 第\, n\, 列 \\ \begin{pmatrix} 0 & \cdots & 0 & a_1 & \cdots & * \\ 0 & \cdots & 0 & * & \cdots & * \\ \vdots & \cdots & \vdots & \vdots & \cdots & \vdots \\ 0 & \cdots & 0 & * & \cdots & * \end{pmatrix} \end{array} \quad (a_1 \neq 0) \qquad (2.18)$$

(2.18) から行基本変形を繰り返し行って，第 1 行以外の第 k_1 列の成分がすべて 0 になるように変形することができる．

$$\begin{array}{c} \qquad\qquad\qquad\quad 第\, k_1\, 列 \ \cdots \ 第\, n\, 列 \\ \begin{pmatrix} 0 & \cdots & 0 & a_1 & \cdots & * \\ 0 & \cdots & 0 & 0 & \cdots & * \\ \vdots & \cdots & \vdots & \vdots & \cdots & \vdots \\ 0 & \cdots & 0 & 0 & \cdots & * \end{pmatrix} \end{array} \qquad (2.19)$$

次に，(2.19) の第 2 行以下からなる部分に対し，(2.17) から (2.19) への変形と同様な行基本変形を行い，さらに 3 行目以下の部分についても同様の変形を行うと，ピボットの位置が下の行に行くほど右になり，ある行ですべての成分が 0 であれば，それ以降の行でもすべての成分が 0 であるような行列に変形することができる．

$$\begin{array}{c} \qquad\qquad 第\, k_1\, 列 \ \cdots \ 第\, k_2\, 列 \ \cdots \ 第\, k_3\, 列 \ \cdots \ 第\, n\, 列 \\ \begin{pmatrix} 0 & \cdots & a_1 & \cdots & * & \cdots & * & \cdots & * \\ 0 & \cdots & 0 & \cdots & a_2 & \cdots & * & \cdots & * \\ 0 & \cdots & 0 & \cdots & 0 & \cdots & a_3 & \cdots & * \\ \vdots & \cdots & \vdots & \cdots & \vdots & \cdots & \vdots & \cdots & \vdots \end{pmatrix} \end{array}$$

このような形の行列を**階段行列**という．A を階段行列にする行基本変形は 1 通りとは限らないから，A から得られる階段行列は 1 通りとは限らない．しかし，階段行列の 0 でない成分が 1 つ以上ある行の個数 r は行基本変形の仕方によらないことが知られている．r の値を行列 A の**階数**といい，$\operatorname{rank} A$ と表す．

階数 (rank)

[例題 2.9]　$A = \begin{pmatrix} 2 & -1 & 1 \\ 4 & 5 & 9 \\ -1 & 4 & 3 \end{pmatrix}$ に行基本変形を行って階段行列にせよ．

また，$\operatorname{rank} A$ を求めよ．

[解]　$\begin{pmatrix} 2 & -1 & 1 \\ 4 & 5 & 9 \\ 1 & -4 & -3 \end{pmatrix} \xrightarrow{1\,行,\ 3\,行を交換} \begin{pmatrix} 1 & -4 & -3 \\ 4 & 5 & 9 \\ 2 & -1 & 1 \end{pmatrix}$

$$\xrightarrow[3\,行 - 1\,行 \times 2]{2\,行 - 1\,行 \times 4} \begin{pmatrix} 1 & -4 & -3 \\ 0 & 21 & 21 \\ 0 & 7 & 7 \end{pmatrix} \xrightarrow{3\,行 - 2\,行 \times \frac{1}{3}} \begin{pmatrix} 1 & -4 & -3 \\ 0 & 21 & 21 \\ 0 & 0 & 0 \end{pmatrix}$$

また　$\operatorname{rank} A = 2$　□

問 2.21　次の行列の階数を求めよ．

(1) $\begin{pmatrix} 3 & 4 & 5 \\ 1 & 3 & 5 \\ -1 & 2 & -3 \end{pmatrix}$　　(2) $\begin{pmatrix} 1 & -3 & 8 & -1 \\ 4 & 3 & -1 & -1 \\ 3 & 1 & 2 & -1 \end{pmatrix}$

n 次正方行列 A が正則であるかどうかは階数を用いて調べることができる．

$\mathrm{rank}\,A = n$ の場合

A を行基本変形を用いて階段行列に変形すると，対角成分 a_1，a_2，$\cdots$，a_n がすべて 0 でない上三角行列になる．

$$A \longrightarrow \begin{pmatrix} a_1 & * & \cdots & * \\ 0 & a_2 & \cdots & * \\ \vdots & \vdots & \ddots & \vdots \\ 0 & 0 & \cdots & a_n \end{pmatrix}$$

さらに，(1) すべての対角成分を 1 にし，(2) 対角成分の上側の成分を 0 にすることにより，単位行列まで変形することができる．

$$\longrightarrow \begin{pmatrix} 1 & * & \cdots & * \\ 0 & 1 & \cdots & * \\ \vdots & \vdots & \ddots & \vdots \\ 0 & 0 & \cdots & 1 \end{pmatrix} \longrightarrow \begin{pmatrix} 1 & 0 & \cdots & 0 \\ 0 & 1 & \cdots & 0 \\ \vdots & \vdots & \ddots & \vdots \\ 0 & 0 & \cdots & 1 \end{pmatrix}$$

したがって，公式 2.8 より A は正則である．

$\mathrm{rank}\,A < n$ の場合

$AX = E$ となる X を求める．$X = \begin{pmatrix} \boldsymbol{x}_1 & \boldsymbol{x}_2 & \cdots & \boldsymbol{x}_n \end{pmatrix}$，$E = \begin{pmatrix} \boldsymbol{e}_1 & \boldsymbol{e}_2 & \cdots & \boldsymbol{e}_n \end{pmatrix}$ と表せば，$AX = E$ は n 個の連立方程式

$$A\boldsymbol{x}_1 = \boldsymbol{e}_1, \quad A\boldsymbol{x}_2 = \boldsymbol{e}_2, \quad \cdots, \quad A\boldsymbol{x}_n = \boldsymbol{e}_n$$

となる．これらを解くため，(2.11) と同様に $\begin{pmatrix} A & E \end{pmatrix}$ に行基本変形を行うと，A の部分の最下行の成分はすべて 0 にすることができる．一方，$\mathrm{rank}\,E = n$ より，E の部分は行基本変形を行った後でも，最下行に少なくとも 1 つ 0 でない成分がある．

$$(A \mid E) \to \left(\begin{array}{ccc|ccc} * & \cdots & * & * & \cdots & * \\ \vdots & \ddots & \vdots & \vdots & \ddots & \vdots \\ 0 & \cdots & 0 & y_1 & \cdots & y_n \end{array}\right)$$

(y_1，$\cdots$，y_n は少なくとも 1 つは 0 でない)

例えば $y_1 \neq 0$ とすると，連立方程式 $A\boldsymbol{x}_1 = \boldsymbol{e}_1$ は解をもたない．

他の場合も同様であり，$\mathrm{rank}\,A < n$ のときは正則ではないことがわかる．

以上から，次の関係が成り立つ．

公式 2.9

A を n 次正方行列とするとき　A は正則 $\Longleftrightarrow$ $\mathrm{rank}\, A = n$

問 2.22　次の行列は正則かどうかを調べよ．

(1) $\begin{pmatrix} 4 & 3 & 2 \\ 1 & 0 & -1 \\ -2 & -3 & -4 \end{pmatrix}$,　(2) $\begin{pmatrix} 3 & -1 & 5 \\ -1 & 2 & 4 \\ 5 & 4 & 1 \end{pmatrix}$

2.5.4 連立 1 次方程式の解の個数

連立 1 次方程式 $A\boldsymbol{x} = \boldsymbol{b}$ の拡大係数行列を $A' = \left(A \mid \boldsymbol{b}\right)$ とするとき，係数行列 A と拡大係数行列 A' の階数の関係を調べよう．

A' に行基本変形を行って階段行列 $\widetilde{A}' = \left(\widetilde{A} \mid \widetilde{\boldsymbol{b}}\right)$ が得られたとする．$\widetilde{A}$ は A に行基本変形を行って得られる階段行列だから，$\mathrm{rank}\, A = \mathrm{rank}\, \widetilde{A}$ である．

また，$\widetilde{A}'$ は $\widetilde{A}$ の右端にさらに 1 列が付け加わったものだから

$$\mathrm{rank}\, A' = \mathrm{rank}\, A \quad \text{または} \quad \mathrm{rank}\, A' = \mathrm{rank}\, A + 1$$

が成り立つ．

例 2.16　例題 2.6 では

$$\widetilde{A}' = \left(\begin{array}{ccc|c} 1 & 3 & 1 & -1 \\ 0 & 1 & -4 & -6 \\ 0 & 0 & 0 & 1 \end{array}\right) \qquad \begin{cases} x + 3y + z = -1 \\ y - 4z = -6 \\ 0x + 0y + 0z = 1 \end{cases}$$

である．解は存在しない．また，$\mathrm{rank}\, A = 2$, $\mathrm{rank}\, A' = 3$ である．

例 2.17　例題 2.4 では

$$\widetilde{A}' = \left(\begin{array}{ccc|c} 1 & -2 & -3 & -5 \\ 0 & 1 & 5 & 11 \\ 0 & 0 & 1 & 2 \end{array}\right) \qquad \begin{cases} x - 2y - 3z = -5 \\ y + 5z = 11 \\ z = 2 \end{cases}$$

解は $x = 3$, $y = 1$, $z = 2$ である．また，$\mathrm{rank}\, A = \mathrm{rank}\, A' = 3$ である．

例 2.18　例題 2.5 (1) では

$$\widetilde{A}' = \left(\begin{array}{ccc|c} 1 & 3 & 1 & -1 \\ 0 & 1 & -4 & -6 \\ 0 & 0 & 0 & 0 \end{array}\right) \qquad \begin{cases} x + 3y + z = -1 \\ y - 4z = -6 \\ 0x + 0y + 0z = 0 \end{cases}$$

解は $x = -13t + 17$, $y = 4t - 6$, $z = t$ で，$\mathrm{rank}\, A = 2$, $\mathrm{rank}\, A' = 2$ である．

例 2.16 のように，$\mathrm{rank}\, A < \mathrm{rank}\, A'$ の場合は，解は存在しない．一方，例 2.17，例 2.18 のように，$\mathrm{rank}\, A = \mathrm{rank}\, A'$ の場合は，解は存在する．

さらに，A の列の数，すなわち未知数の個数を n とおくとき

$\operatorname{rank} A = \operatorname{rank} A' = n$ の場合は　解はただ 1 つ

$\operatorname{rank} A = \operatorname{rank} A' < n$ の場合は　無数の解

となる．一般の連立 1 次方程式についても同様であり，次が成り立つ．

公式 2.10

n 個の未知数をもつ連立 1 次方程式 $A\boldsymbol{x} = \boldsymbol{b}$ と拡大係数行列 $A' = \begin{pmatrix} A \mid \boldsymbol{b} \end{pmatrix}$ について，以下が成り立つ．

(1) $\operatorname{rank} A \neq \operatorname{rank} A'$ ならば，$A\boldsymbol{x} = \boldsymbol{b}$ は解は存在しない．

(2) $\operatorname{rank} A = \operatorname{rank} A' = n$ ならば，$A\boldsymbol{x} = \boldsymbol{b}$ の解はただ 1 つに定まる．

(3) $\operatorname{rank} A = \operatorname{rank} A' < n$ ならば，$A\boldsymbol{x} = \boldsymbol{b}$ の解は無数に存在する．

例 2.19　連立 1 次方程式

$$\begin{cases} a_{11}x + a_{12}y + a_{13}z = b_1 \\ a_{21}x + a_{22}y + a_{23}z = b_2 \end{cases}$$

の係数行列の階数は必ず 2 以下だから，変数の個数 3 より小さい．よって，この方程式には，解が無数に存在するか，解が存在しないかのいずれかである．

問 2.23　次の連立 1 次方程式の解を求めて，公式 2.10 を確かめよ．

(1) $\begin{cases} x + 5y = -1 \\ -2x - 10y = 2 \end{cases}$　　(2) $\begin{cases} 3x + z = 2 \\ 2x + y + 2z = 1 \\ x + 2y + 3z = -1 \end{cases}$

2.5.5 斉次連立 1 次方程式の解の個数

連立 1 次方程式 $A\boldsymbol{x} = \boldsymbol{b}$ において，$\boldsymbol{b} = \boldsymbol{o}$ であるような連立 1 次方程式 $A\boldsymbol{x} = \boldsymbol{o}$ を**斉次連立 1 次方程式**という．$\boldsymbol{x} = \boldsymbol{o}$ は明らかにこの方程式を満たすから，解の 1 つである．この $\boldsymbol{x} = \boldsymbol{o}$ を**自明な解**という．

次の公式は，斉次連立 1 次方程式 $A\boldsymbol{x} = \boldsymbol{o}$ が自明でない解をもつための条件である．

同次連立 1 次方程式ともいう．
斉次 (せいじ) homogeneous

公式 2.11

n 個の未知数をもつ斉次連立 1 次方程式 $A\boldsymbol{x} = \boldsymbol{o}$ について

$$\text{自明でない解をもつ} \iff \operatorname{rank} A < n$$

［証明］　明らかに

$$\operatorname{rank} A = \operatorname{rank} \begin{pmatrix} A \mid \boldsymbol{o} \end{pmatrix}$$

だから，公式 2.10 (2) と (3) の特殊の場合としてこの公式が成り立つ．　□

例 2.20　$m \times n$ 行列 A を係数行列とする斉次連立 1 次方程式 $A\boldsymbol{x} = \boldsymbol{o}$ は，$\operatorname{rank} A \leqq m$ より，$m < n$ のとき自明でない解をもつ．

[例題 2.10]　行列 $A = \begin{pmatrix} 1 & -2 & 3 \\ 2 & 0 & d \\ 1 & -1 & 2 \end{pmatrix}$ を係数行列とする斉次連立 1 次方程式 $A\boldsymbol{x} = \boldsymbol{o}$ が自明でない解をもつための d の条件を求めよ．

[解]　$\operatorname{rank} A < 3$ となる条件を求めればよい．A に行基本変形を行うと

$$\begin{pmatrix} 1 & -2 & 3 \\ 2 & 0 & d \\ 1 & -1 & 2 \end{pmatrix} \xrightarrow[3\text{行}-1\text{行}\times 1]{2\text{行}-1\text{行}\times 2} \begin{pmatrix} 1 & -2 & 3 \\ 0 & 4 & d-6 \\ 0 & 1 & -1 \end{pmatrix}$$

$$\xrightarrow{2\text{行，}3\text{行を交換}} \begin{pmatrix} 1 & -2 & 3 \\ 0 & 1 & -1 \\ 0 & 4 & d-6 \end{pmatrix}$$

$$\xrightarrow{3\text{行}-2\text{行}\times 4} \begin{pmatrix} 1 & -2 & 3 \\ 0 & 1 & -1 \\ 0 & 0 & d-2 \end{pmatrix}$$

よって，$d = 2$ のとき $\operatorname{rank} A = 2 < 3$ となり，方程式は自明でない解をもつ．□

問 2.24　行列 $A = \begin{pmatrix} 3 & 0 & d \\ 1 & -1 & 1 \\ 2 & 0 & 1 \end{pmatrix}$ を係数行列とする斉次連立 1 次方程式 $A\boldsymbol{x} = \boldsymbol{o}$ が自明でない解をもつための d の条件を求めよ．

行列の階数とベクトルの線形独立性の関係を調べよう．

一般に n 個の m 次列ベクトル

$$\boldsymbol{a}_1 = \begin{pmatrix} a_{11} \\ a_{21} \\ \vdots \\ a_{m1} \end{pmatrix}, \quad \boldsymbol{a}_2 = \begin{pmatrix} a_{12} \\ a_{22} \\ \vdots \\ a_{m2} \end{pmatrix}, \quad \cdots, \quad \boldsymbol{a}_n = \begin{pmatrix} a_{1n} \\ a_{2n} \\ \vdots \\ a_{mn} \end{pmatrix}$$

について

$$x_1\boldsymbol{a}_1 + x_2\boldsymbol{a}_2 + \cdots + x_n\boldsymbol{a}_n = \boldsymbol{o} \quad \text{ならば} \quad x_1 = x_2 = \cdots = x_n = 0 \qquad (2.20)$$

であるとき，$\boldsymbol{a}_1$，$\boldsymbol{a}_2$，$\cdots$，$\boldsymbol{a}_n$ は**線形独立**といい，そうでないとき，**線形従属**という．

平面や空間でのベクトルの線形独立性については 11，12 ページ，n 次元数ベクトル空間でのベクトルの線形独立性については 103 ページを参照せよ．

(2.20) は

$$(\boldsymbol{a}_1\ \boldsymbol{a}_2\ \cdots\ \boldsymbol{a}_n)\begin{pmatrix} x_1 \\ x_2 \\ \vdots \\ x_n \end{pmatrix} = \boldsymbol{o} \quad \text{の解は} \quad \begin{pmatrix} x_1 \\ x_2 \\ \vdots \\ x_n \end{pmatrix} = \boldsymbol{o} \quad \text{のみ} \qquad (2.21)$$

と表すこともできる．これは，$\begin{pmatrix}\boldsymbol{a}_1 & \boldsymbol{a}_2 & \cdots & \boldsymbol{a}_n\end{pmatrix}$ を係数行列とする斉次連立 1 次方程式が自明な解のみをもつということだから，公式 2.11 より以下が成り立つ．

公式 2.12

n 個の m 次列ベクトル $\boldsymbol{a}_1$，$\boldsymbol{a}_2$，$\cdots$，$\boldsymbol{a}_n$ が線形独立

$$\Longleftrightarrow m \times n \text{ 行列 } A = \begin{pmatrix}\boldsymbol{a}_1 & \boldsymbol{a}_2 & \cdots & \boldsymbol{a}_n\end{pmatrix} \text{ が } \operatorname{rank} A = n$$

例 2.21　公式 2.9 と公式 2.12 より

n 次正方行列 A の各列ベクトルが線形独立 $\Longleftrightarrow$ A は正則行列

例 2.22　空間の基本ベクトル　6 ページ参照

$$\boldsymbol{e}_1 = \begin{pmatrix}1\\0\\0\end{pmatrix}, \quad \boldsymbol{e}_2 = \begin{pmatrix}0\\1\\0\end{pmatrix}, \quad \boldsymbol{e}_3 = \begin{pmatrix}0\\0\\1\end{pmatrix}$$

は，$\operatorname{rank}\begin{pmatrix}\boldsymbol{e}_1 & \boldsymbol{e}_2 & \boldsymbol{e}_3\end{pmatrix} = 3$ だから線形独立である．

問 2.25　次のベクトルの組が線形独立か調べよ．

(1) $\begin{pmatrix}1\\2\\-1\end{pmatrix}, \begin{pmatrix}2\\0\\6\end{pmatrix}, \begin{pmatrix}1\\6\\-8\end{pmatrix}$　　(2) $\begin{pmatrix}2\\-1\\2\end{pmatrix}, \begin{pmatrix}1\\1\\3\end{pmatrix}, \begin{pmatrix}2\\-7\\-6\end{pmatrix}$

章末問題 2

— **A** —

2.1 次の行列の計算をせよ．

(1) $2\begin{pmatrix} 3 & -5 \\ -1 & -3 \end{pmatrix} + 3\begin{pmatrix} 0 & 1 \\ 4 & 2 \end{pmatrix}$　(2) $\begin{pmatrix} 2 & 6 & 2 \\ -5 & 8 & 3 \\ 0 & 4 & -1 \end{pmatrix} + 2\begin{pmatrix} 0 & 4 & 9 \\ 1 & -1 & 2 \\ 5 & 3 & 1 \end{pmatrix}$

(3) $\begin{pmatrix} 2 & 4 \\ 7 & 0 \end{pmatrix} - 4\left\{\begin{pmatrix} 1 & 2 \\ -4 & 5 \end{pmatrix} - 2\begin{pmatrix} 3 & 2 \\ -4 & 4 \end{pmatrix}\right\}$　(4) $4\begin{pmatrix} 1 & -1 & -3 \\ 0 & -2 & 5 \\ 3 & 2 & -1 \end{pmatrix} - 2\begin{pmatrix} 3 & 1 & 5 \\ -7 & -1 & 6 \\ 2 & 2 & 4 \end{pmatrix}$

2.2 次の行列の積を計算せよ．

(1) $\begin{pmatrix} 3 & -5 & 1 \end{pmatrix}\begin{pmatrix} 2 & 4 & -1 \\ 1 & 3 & 2 \\ 2 & -2 & 5 \end{pmatrix}$　(2) $\begin{pmatrix} 4 & 1 & -2 \end{pmatrix}\begin{pmatrix} 1 \\ 5 \\ 3 \end{pmatrix}$

(3) $\begin{pmatrix} 1 & 3 & 5 \\ 3 & -2 & 2 \\ -4 & 2 & 7 \end{pmatrix}\begin{pmatrix} 4 & 0 & -2 \\ -2 & 3 & 1 \\ 8 & 3 & 6 \end{pmatrix}$　(4) $\begin{pmatrix} -2 & 4 & 5 \\ 0 & 1 & 2 \\ 0 & 0 & 3 \end{pmatrix}\begin{pmatrix} 7 & 5 & -1 \\ 0 & 2 & 1 \\ 0 & 0 & -3 \end{pmatrix}$

2.3 $A = \begin{pmatrix} a & b \\ 0 & c \end{pmatrix}$ が $A^3 = O$ を満たすならば，$A^2 = O$ であることを示せ．

2.4 次の連立方程式を消去法を用いて解け．

(1) $\begin{cases} 2x - y + 3z = -9 \\ x + 2y - z = -2 \\ -x + 3y - 2z = 1 \end{cases}$　(2) $\begin{cases} x + 3y + 5z = -7 \\ 4x + y - 2z = 5 \\ 6x + 7y + 8z = -9 \end{cases}$　(3) $\begin{cases} 2x - 3y + z = -4 \\ 3x - y + 4z = -1 \\ x - 5y - 2z = 3 \end{cases}$

2.5 次の行列の逆行列を求めよ．

(1) $\begin{pmatrix} 4 & 1 \\ 6 & 2 \end{pmatrix}$　(2) $\begin{pmatrix} 3 & -1 & 2 \\ 3 & 0 & -1 \\ -2 & -1 & 4 \end{pmatrix}$　(3) $\begin{pmatrix} 1 & 2 & 3 \\ 2 & 3 & 1 \\ 3 & 1 & 2 \end{pmatrix}$

2.6 次の行列の階数を求めよ．

(1) $\begin{pmatrix} 5 & 2 & 6 \\ 3 & -1 & 3 \\ 1 & 1 & 4 \end{pmatrix}$　(2) $\begin{pmatrix} 1 & -1 & 1 \\ 2 & -2 & 2 \\ -1 & 1 & -1 \end{pmatrix}$　(3) $\begin{pmatrix} 1 & 2 & 3 \\ 4 & 5 & 6 \\ 7 & 8 & 9 \end{pmatrix}$

— **B** —

2.7 2 次正方行列 A が，任意の 2 次正方行列 X に対し $AX = XA$ を満たすための必要十分条件は，$A = kE$ であることを示せ．ただし，k は任意の数，E は 2 次の単位行列である．

2.8 次の連立方程式の解の個数を調べ，解をもつ場合は解も求めよ．ただし，a，b は定数とする．

$$\begin{cases} x + y + z = 1 \\ x + 2y + 3z = 4 \\ x + 3y + az = b \end{cases}$$

2.9 正方行列 A がある正整数 n に対し $A^n = O$ を満たすとき，$E - A$ は正則行列であることを示せ．

3

行 列 式

3.1　行列式の定義

3.1.1　2次と3次の行列式

2次正方行列 $A = \begin{pmatrix} a_{11} & a_{12} \\ a_{21} & a_{22} \end{pmatrix}$ が正則である，すなわち逆行列 A^{-1} をもつための必要十分条件は，26ページの公式2.6より，$a_{11}a_{22} - a_{12}a_{21} \neq 0$ を満たすことである．この式の左辺を A の**行列式**といい，$|A|$ または $\det A$ で表す．

“det” は determinant の略

$$|A| = \det A = \begin{vmatrix} a_{11} & a_{12} \\ a_{21} & a_{22} \end{vmatrix} = a_{11}a_{22} - a_{12}a_{21} \tag{3.1}$$

3次正方行列 $A = \begin{pmatrix} a_{11} & a_{12} & a_{13} \\ a_{21} & a_{22} & a_{23} \\ a_{31} & a_{32} & a_{33} \end{pmatrix}$ の行列式も，2次の場合と同様に次のように定める．

$$\begin{aligned} |A| = a_{11}a_{22}a_{33} + a_{12}a_{23}a_{31} + a_{13}a_{21}a_{32} \\ - a_{11}a_{23}a_{32} - a_{12}a_{21}a_{33} - a_{13}a_{22}a_{31} \end{aligned} \tag{3.2}$$

(3.2) は，右の図式のように，斜めの成分の積をとり，右下がりの場合は +，左下がりの場合は − の符号をつけて加えることにより求められる．これを**サラスの方法**という．

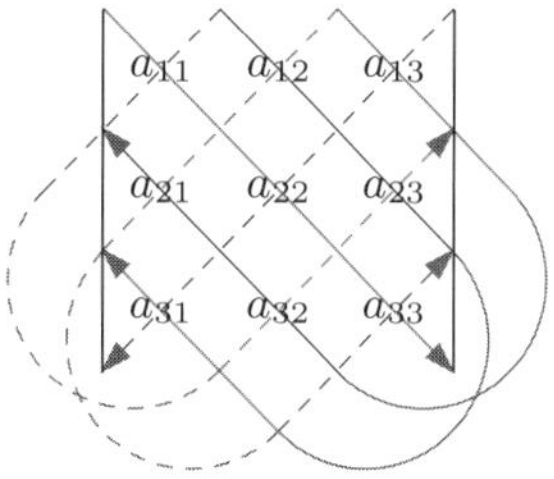

サラス，Sarrus (1798-1861)

3次正方行列の場合も，正則であるための必要十分条件は行列式が0でないことである．

注意　サラスの方法は，4次以上の行列式に用いることはできない．この場合の行列式の定義については，次節で述べることにする．

例 3.1　$\begin{vmatrix} 1 & -2 \\ 3 & 5 \end{vmatrix} = 1 \times 5 - (-2) \times 3 = 11$

$$\begin{vmatrix} 3 & 2 & -1 \\ 4 & 1 & 6 \\ -3 & -1 & 2 \end{vmatrix} = 3\times1\times2+2\times6\times(-3)+(-1)\times4\times(-1) \\ -3\times6\times(-1)-2\times4\times2-(-1)\times1\times(-3) \\ = -27$$

問 3.1　次の行列式の値を求めよ．

(1) $\begin{vmatrix} 2 & -1 \\ 1 & -5 \end{vmatrix}$　　(2) $\begin{vmatrix} -1 & 0 & 1 \\ 0 & 1 & 2 \\ 1 & 1 & 1 \end{vmatrix}$　　(3) $\begin{vmatrix} 2 & 1 & -2 \\ -1 & 5 & 0 \\ 3 & 7 & 1 \end{vmatrix}$

3.1.2　n 次の行列式

1 から n までの自然数 $1, 2, \cdots, n$ を 1 列に並べたもの $(p_1, p_2, \cdots, p_n)$ を**順列**という．特に，小さい順に並べた順列 $(1, 2, \cdots, n)$ を**基本順列**という．一般に，n 個の数 $1, 2, \cdots, n$ の順列の総数は $n!$ 個である．

例 3.2　1, 2 の順列は (1, 2), (2, 1) の 2 個である．
また，1, 2, 3 の順列をすべてあげると

$$(1,\ 2,\ 3),\ (1,\ 3,\ 2),\ (2,\ 1,\ 3),\ (2,\ 3,\ 1),\ (3,\ 1,\ 2),\ (3,\ 2,\ 1)$$

となり，順列の総数は $3! = 6$ 個である．

順列に現れる 2 つの数を入れ換える操作を**互換**という．すべての順列は，互換を何度か繰り返すことによって基本順列にすることができる．このときに行う互換の回数が偶数であるものを**偶順列**，奇数であるものを**奇順列**という．

1 つの順列を基本順列にする互換の手順は 1 通りには決まらず，回数も異なるが，その手順の回数が偶数か奇数かは一意的に定まることが知られている．

例 3.3　$(\mathbf{4},\ \mathbf{1},\ 3,\ 2) \to (1,\ \mathbf{4},\ 3,\ \mathbf{2}) \to (1,\ 2,\ 3,\ 4)$
したがって，順列 (4, 1, 3, 2) は偶順列

$(\mathbf{2},\ 4,\ 5,\ \mathbf{1},\ 3) \to (1,\ \mathbf{4},\ 5,\ \mathbf{2},\ 3) \to (1,\ 2,\ \mathbf{5},\ 4,\ \mathbf{3}) \to (1,\ 2,\ 3,\ 4,\ 5)$
したがって，順列 (2, 4, 5, 1, 3) は奇順列

順列 $(p_1, p_2, \cdots, p_n)$ の**符号**を次のように定義する．

$$\varepsilon(p_1,\ p_2,\ \cdots,\ p_n) = \begin{cases} +1 & (p_1,\ p_2,\ \cdots,\ p_n)\ \text{が偶順列のとき} \\ -1 & (p_1,\ p_2,\ \cdots,\ p_n)\ \text{が奇順列のとき} \end{cases}$$

ε はギリシャ文字でイプシロン (epsilon) と読む

例 3.4　例 3.3 より　$\varepsilon(4,\ 1,\ 3,\ 2) = +1 = 1,\ \varepsilon(2,\ 4,\ 5,\ 1,\ 3) = -1$

問 3.2　次の順列の符号を求めよ．

(1) (3, 2, 4, 1)　　(2) (3, 1, 5, 4, 2)　　(3) (1, 5, 2, 3, 6, 4)

順列とその符号を用いて，n 次正方行列

$$A = \begin{pmatrix} a_{11} & a_{12} & \cdots & a_{1n} \\ a_{21} & a_{22} & \cdots & a_{2n} \\ \vdots & \vdots & \ddots & \vdots \\ a_{n1} & a_{n2} & \cdots & a_{nn} \end{pmatrix}$$

の行列式を定義しよう．

順列 $P = (p_1,\ p_2,\ \cdots,\ p_n)$ に対して，A の成分 $a_{1p_1},\ a_{2p_2},\ \cdots,\ a_{np_n}$ は，それぞれ第 1 行，第 2 行，$\cdots$，第 n 行の成分で，列の番号はすべて異なっている．これらの成分の積に P の符号 $\varepsilon(P)$ を掛けた項

$$\varepsilon(P)\, a_{1p_1} a_{2p_2} \cdots a_{np_n}$$

を，$n!$ 個のすべての順列 P にわたって加えたものを A の**行列式**と定める．

$$|A| = \sum_{P=(p_1,\ p_2,\ \cdots,\ p_n)} \varepsilon(P)\, a_{1p_1} a_{2p_2} \cdots a_{np_n} \tag{3.3}$$

例 3.5 1, 2 の順列について，$\varepsilon(1,\ 2) = 1$，$\varepsilon(2,\ 1) = -1$ となるから，(3.3) より

$$\begin{vmatrix} a_{11} & a_{12} \\ a_{21} & a_{22} \end{vmatrix} = (+1)a_{11}a_{22} + (-1)a_{12}a_{21} = a_{11}a_{22} - a_{12}a_{21}$$

これは (3.1) の定義と一致する．

また，1, 2, 3 の順列のうち，偶順列は (1, 2, 3), (2, 3, 1), (3, 1, 2) で，奇順列は (1, 3, 2), (2, 1, 3), (3, 2, 1) となるから，3 次の場合，(3.3) の定義は (3.2) と一致することがわかる．

[例題 3.1] (3.3) の定義により，次の行列式の値を求めよ．

(1) $\begin{vmatrix} 0 & 2 & 0 & 0 \\ 0 & 0 & 0 & -1 \\ 3 & 0 & 0 & 0 \\ 0 & 0 & -4 & 0 \end{vmatrix}$　　(2) $\begin{vmatrix} 0 & 3 & 0 & 0 \\ 2 & 1 & 0 & -2 \\ 0 & 1 & 2 & 4 \\ 3 & 0 & 0 & 1 \end{vmatrix}$

[解] (3.3) において，$a_{1p_1},\ a_{2p_2},\ \cdots,\ a_{np_n}$ のいずれかが 0 であれば，その項は 0 であることに注意する．

(1) 0 でないのは，$a_{12}a_{24}a_{31}a_{43}$ の項だけであり，$\varepsilon(2,\ 4,\ 1,\ 3) = -1$ だから，求める行列式 $|A|$ の値は

$$|A| = \varepsilon(2,\ 4,\ 1,\ 3)a_{12}a_{24}a_{31}a_{43} = (-1) \times 2 \times (-1) \times 3 \times (-4) = -24$$

(2) 0 でないのは，列番号からなる順列が (2, 1, 3, 4) (奇順列) と (2, 4, 3, 1) (偶順列) に対応する項だけだから，求める行列式 $|A|$ の値は

$$\begin{aligned} |A| &= \varepsilon(2,\ 1,\ 3,\ 4)a_{12}a_{21}a_{33}a_{44} + \varepsilon(2,\ 4,\ 3,\ 1)a_{12}a_{24}a_{33}a_{41} \\ &= (-1) \times 3 \times 2 \times 2 \times 1 + (+1) \times 3 \times (-2) \times 2 \times 3 = -48 \end{aligned}$$

□

問 3.3 次の行列式を計算せよ.

(1) $\begin{vmatrix} 0 & 0 & 1 & 0 \\ 0 & 1 & 0 & 0 \\ 1 & 0 & 0 & 0 \\ 0 & 0 & 0 & 1 \end{vmatrix}$ (2) $\begin{vmatrix} 0 & 0 & 0 & x \\ 0 & 0 & x & 0 \\ 0 & x & 0 & 0 \\ 1 & 1 & 1 & 1 \end{vmatrix}$ (3) $\begin{vmatrix} 1 & 0 & -2 & 0 \\ 0 & 3 & 0 & 0 \\ 0 & 0 & 4 & 5 \\ -6 & 0 & 0 & 7 \end{vmatrix}$

公式 3.1

$$|A| = \begin{vmatrix} a_{11} & a_{12} & \cdots & a_{1n} \\ 0 & a_{22} & \cdots & a_{2n} \\ \vdots & \vdots & \ddots & \vdots \\ 0 & a_{n2} & \cdots & a_{nn} \end{vmatrix} = a_{11} \begin{vmatrix} a_{22} & \cdots & a_{2n} \\ \vdots & \ddots & \vdots \\ a_{n2} & \cdots & a_{nn} \end{vmatrix}$$

［証明］ 列番号からなる順列を $P = (p_1,\ p_2,\ \cdots,\ p_n)$ とおく. $p_1 \neq 1$ とすると, $p_2, \cdots, p_n$ のいずれかが 1 であり, $a_{21} = a_{31} = \cdots = a_{n1} = 0$ だから, 対応する項は 0 となる. したがって, $p_1 = 1$ としてよい.

$(p_2,\ p_3,\ \cdots,\ p_n)$ を 2, 3, $\cdots$, n の順列とみなせば

$$\varepsilon(1,\ p_2,\ p_3,\ \cdots,\ p_n) = \varepsilon(p_2,\ p_3,\ \cdots,\ p_n)$$

$$\begin{aligned} \therefore\ |A| &= \sum_{(p_1,\ p_2,\ \cdots,\ p_n)} \varepsilon(p_1,\ p_2,\ \cdots,\ p_n) a_{1p_1} a_{2p_2} \cdots a_{np_n} \\ &= \sum_{(1,\ p_2,\ \cdots,\ p_n)} \varepsilon(1,\ p_2,\ \cdots,\ p_n) a_{11} a_{2p_2} \cdots a_{np_n} \\ &= a_{11} \left\{ \sum_{(p_2,\ p_3,\ \cdots,\ p_n)} \varepsilon(p_2,\ p_3,\ \cdots,\ p_n) a_{2p_2} a_{3p_3} \cdots a_{np_n} \right\} \\ &= a_{11} \begin{vmatrix} a_{22} & \cdots & a_{2n} \\ \vdots & \ddots & \vdots \\ a_{n2} & \cdots & a_{nn} \end{vmatrix} \end{aligned}$$

□

例 3.6 $\begin{vmatrix} 2 & 3 & -2 \\ 0 & 10 & -7 \\ 0 & 4 & -2 \end{vmatrix} = 2 \begin{vmatrix} 10 & -7 \\ 4 & -2 \end{vmatrix} = 2\{10 \times (-2) - (-7) \times 4\} = 16$

［例題 3.2］ 次の等式を示せ.

$$\begin{vmatrix} a_{11} & a_{12} & a_{13} & \cdots & a_{1n} \\ 0 & a_{22} & a_{23} & \cdots & a_{2n} \\ 0 & 0 & a_{33} & \cdots & a_{3n} \\ \vdots & \vdots & \ddots & \ddots & \vdots \\ 0 & 0 & \cdots & 0 & a_{nn} \end{vmatrix} = a_{11} a_{22} a_{33} \cdots a_{nn}$$

［解］ 公式 3.1 を繰り返し用いる.

$$\begin{vmatrix} a_{11} & a_{12} & a_{13} & \cdots & a_{1n} \\ 0 & a_{22} & a_{23} & \cdots & a_{2n} \\ 0 & 0 & a_{33} & \cdots & a_{3n} \\ \vdots & \vdots & \ddots & \ddots & \vdots \\ 0 & 0 & \cdots & 0 & a_{nn} \end{vmatrix} = a_{11}\begin{vmatrix} a_{22} & a_{23} & \cdots & a_{2n} \\ 0 & a_{33} & \cdots & a_{3n} \\ \vdots & \ddots & \ddots & \vdots \\ 0 & \cdots & 0 & a_{nn} \end{vmatrix}$$

$$= a_{11}a_{22}\begin{vmatrix} a_{33} & a_{34} & \cdots & a_{3n} \\ 0 & a_{44} & \cdots & a_{4n} \\ \vdots & \ddots & \ddots & \vdots \\ 0 & \cdots & 0 & a_{nn} \end{vmatrix}$$

$$= \cdots$$

$$= a_{11}a_{22}\cdots a_{nn}$$ □

問 3.4　次の行列式の値を求めよ．

(1) $\begin{vmatrix} -3 & 2 & 1 & -1 \\ 0 & 5 & 3 & 0 \\ 0 & 0 & 1 & 2 \\ 0 & 0 & 0 & 4 \end{vmatrix}$　　(2) $\begin{vmatrix} 5 & 1 & 3 & 1 \\ 0 & 4 & 2 & -2 \\ 0 & 0 & 3 & 5 \\ 0 & 0 & 1 & 2 \end{vmatrix}$

問 3.5　単位行列 E の行列式は 1 であることを示せ．

問 3.6　次の等式を示せ．

$$\begin{vmatrix} a_{11} & 0 & 0 & \cdots & 0 \\ a_{21} & a_{22} & 0 & \cdots & 0 \\ a_{31} & a_{32} & a_{33} & \cdots & 0 \\ \vdots & \vdots & \vdots & \ddots & \vdots \\ a_{n1} & a_{n2} & \cdots & \cdots & a_{nn} \end{vmatrix} = a_{11}a_{22}a_{33}\cdots a_{nn}$$

3.2　行列式の性質

行列式の性質を調べよう．簡単のため，3 次の行列式で示すことにするが，一般の n 次の行列式についても同様である．

また，これらの性質を用いて，行列式の値を求める方法も示すことにする．

公式 3.2

(1)　第 i 行が 2 つの行ベクトルの和で表される行列の行列式は，第 i 行をそれぞれの行ベクトルと置き換えてできる行列の行列式の和に等しい．

$$\begin{vmatrix} a_{11}+a'_{11} & a_{12}+a'_{12} & a_{13}+a'_{13} \\ a_{21} & a_{22} & a_{23} \\ a_{31} & a_{32} & a_{33} \end{vmatrix} = \begin{vmatrix} a_{11} & a_{12} & a_{13} \\ a_{21} & a_{22} & a_{23} \\ a_{31} & a_{32} & a_{33} \end{vmatrix} + \begin{vmatrix} a'_{11} & a'_{12} & a'_{13} \\ a_{21} & a_{22} & a_{23} \\ a_{31} & a_{32} & a_{33} \end{vmatrix}$$

(2)　第 i 行を c 倍した行列の行列式は，もとの行列式の c 倍になる．

$$\begin{vmatrix} a_{11} & a_{12} & a_{13} \\ c\,a_{21} & c\,a_{22} & c\,a_{23} \\ a_{31} & a_{32} & a_{33} \end{vmatrix} = c\begin{vmatrix} a_{11} & a_{12} & a_{13} \\ a_{21} & a_{22} & a_{23} \\ a_{31} & a_{32} & a_{33} \end{vmatrix}$$

(3) 2つの行を入れ換えた行列の行列式は，もとの行列式の (-1) 倍になる．

$$\begin{vmatrix} a_{11} & a_{12} & a_{13} \\ a_{31} & a_{32} & a_{33} \\ a_{21} & a_{22} & a_{23} \end{vmatrix} = -\begin{vmatrix} a_{11} & a_{12} & a_{13} \\ a_{21} & a_{22} & a_{23} \\ a_{31} & a_{32} & a_{33} \end{vmatrix}$$

［証明］ 例示した場合について示すが，他も同様である．

(1) $$\sum_{P=(p_1,\ p_2,\ p_3)} \varepsilon(P)(a_{1p_1} + a'_{1p_1})a_{2p_2}a_{3p_3}$$

$$= \sum_{P=(p_1,\ p_2,\ p_3)} \varepsilon(P)a_{1p_1}a_{2p_2}a_{3p_3} + \sum_{P=(p_1,\ p_2,\ p_3)} \varepsilon(P)a'_{1p_1}a_{2p_2}a_{3p_3}$$

(2) $$\sum_{P=(p_1,\ p_2,\ p_3)} \varepsilon(P)a_{1p_1}c\,a_{2p_2}a_{3p_3} = c \sum_{P=(p_1,\ p_2,\ p_3)} \varepsilon(P)a_{1p_1}a_{2p_2}a_{3p_3}$$

(3) $$\sum_{P=(p_1,\ p_2,\ p_3)} \varepsilon(P)a_{1p_1}a_{3p_2}a_{2p_3} = \sum_{P=(p_1,\ p_2,\ p_3)} \varepsilon(P)a_{1p_1}a_{2p_3}a_{3p_2}$$

$P' = (p_1,\ p_3,\ p_2)$ とおくと

$$\varepsilon(P) = -\varepsilon(P')$$

P がすべての順列にわたるとき，P' もすべての順列にわたるから

$$\sum_{P=(p_1,\ p_2,\ p_3)} \varepsilon(P)a_{1p_1}a_{2p_3}a_{3p_2} = -\sum_{P'=(p_1,\ p_3,\ p_2)} \varepsilon(P')a_{1p_1}a_{2p_3}a_{3p_3}$$ □

公式 3.3

(1) 2つの行が一致する行列の行列式は 0 になる．

(2) ある行の実数倍をほかの行に加えても，行列式の値は変わらない．

［証明］ (1) 例えば 1 行と 2 行が一致するとして，これら 2 つの行を入れ換えて，公式 3.2 (3) を用いると

$$\begin{vmatrix} a_{11} & a_{12} & a_{13} \\ a_{11} & a_{12} & a_{13} \\ a_{31} & a_{32} & a_{33} \end{vmatrix} = -\begin{vmatrix} a_{11} & a_{12} & a_{13} \\ a_{11} & a_{12} & a_{13} \\ a_{31} & a_{32} & a_{33} \end{vmatrix} \qquad \therefore \begin{vmatrix} a_{11} & a_{12} & a_{13} \\ a_{11} & a_{12} & a_{13} \\ a_{31} & a_{32} & a_{33} \end{vmatrix} = 0$$

(2) 例えば，2 行に 1 行の c 倍を加えると，公式 3.2，3.3 より

$$\begin{vmatrix} a_{11} & a_{12} & a_{13} \\ a_{21}+ca_{11} & a_{22}+ca_{12} & a_{23}+ca_{13} \\ a_{31} & a_{32} & a_{33} \end{vmatrix}$$

$$\underset{3.2\,(2)}{\overset{3.2\,(1)}{=\!=}} \begin{vmatrix} a_{11} & a_{12} & a_{13} \\ a_{21} & a_{22} & a_{23} \\ a_{31} & a_{32} & a_{33} \end{vmatrix} + c\begin{vmatrix} a_{11} & a_{12} & a_{13} \\ a_{11} & a_{12} & a_{13} \\ a_{31} & a_{32} & a_{33} \end{vmatrix}$$

$$\overset{3.3\,(1)}{=\!=} \begin{vmatrix} a_{11} & a_{12} & a_{13} \\ a_{21} & a_{22} & a_{23} \\ a_{31} & a_{32} & a_{33} \end{vmatrix}$$ □

問 3.7 次の性質を示せ.

(1) 1 つの行 (例えば 1 行) の成分がすべて 0 であれば, 行列式は 0 である.

(2) 1 つの行が他の行の線形結合 (例えば, 3 行 $= c_1 \times 1$ 行 $+ c_2 \times 2$ 行) で表されるならば, 行列式は 0 である.

[例題 3.3] 行列式 $\begin{vmatrix} 3 & 3 & -5 & 5 \\ 1 & 1 & -2 & 2 \\ 3 & -1 & 2 & -4 \\ 2 & 3 & -5 & 5 \end{vmatrix}$ の値を求めよ.

[解] 公式 3.2, 3.3 の性質を用いる.

$$\begin{vmatrix} 3 & 3 & -5 & 5 \\ 1 & 1 & -2 & 2 \\ 3 & -1 & 2 & -4 \\ 2 & 3 & -5 & 5 \end{vmatrix} \overset{1\text{行と}2\text{行を交換}}{=\!=\!=} - \begin{vmatrix} 1 & 1 & -2 & 2 \\ 3 & 3 & -5 & 5 \\ 3 & -1 & 2 & -4 \\ 2 & 3 & -5 & 5 \end{vmatrix}$$

$$\underset{\substack{3\text{行}-1\text{行}\times 3 \\ 4\text{行}-1\text{行}\times 2}}{\overset{2\text{行}-1\text{行}\times 3}{=\!=\!=}} - \begin{vmatrix} 1 & 1 & -2 & 2 \\ 0 & 0 & 1 & -1 \\ 0 & -4 & 8 & -10 \\ 0 & 1 & -1 & 1 \end{vmatrix} \overset{2\text{行と}4\text{行を交換}}{=\!=\!=} \begin{vmatrix} 1 & 1 & -2 & 2 \\ 0 & 1 & -1 & 1 \\ 0 & -4 & 8 & -10 \\ 0 & 0 & 1 & -1 \end{vmatrix}$$

$$\overset{3\text{行}+2\text{行}\times 4}{=\!=\!=} \begin{vmatrix} 1 & 1 & -2 & 2 \\ 0 & 1 & -1 & 1 \\ 0 & 0 & 4 & -6 \\ 0 & 0 & 1 & -1 \end{vmatrix} \overset{3\text{行と}4\text{行を交換}}{=\!=\!=} - \begin{vmatrix} 1 & 1 & -2 & 2 \\ 0 & 1 & -1 & 1 \\ 0 & 0 & 1 & -1 \\ 0 & 0 & 4 & -6 \end{vmatrix}$$

$$\overset{4\text{行}-3\text{行}\times 4}{=\!=\!=} - \begin{vmatrix} 1 & 1 & -2 & 2 \\ 0 & 1 & -1 & 1 \\ 0 & 0 & 1 & -1 \\ 0 & 0 & 0 & -2 \end{vmatrix} = 2$$

□

問 3.8 次の行列式の値を求めよ.

(1) $\begin{vmatrix} 1 & -1 & 2 & 3 \\ 2 & 2 & 0 & 2 \\ 4 & 1 & -1 & -1 \\ 1 & 2 & 3 & 0 \end{vmatrix}$ (2) $\begin{vmatrix} 1 & 2 & 1 & 2 & 1 \\ 0 & 0 & 1 & 1 & 1 \\ 1 & 1 & 0 & 0 & 0 \\ 0 & 0 & 1 & 1 & 2 \\ 1 & 2 & 2 & 1 & 1 \end{vmatrix}$

転置行列の行列式について, 次の性質が成り立つ.

公式 3.4

$$|{}^tA| = |A|$$

[証明] ${}^tA$ の $(i,\ j)$ 成分は A の $(j,\ i)$ 成分 a_{ji} となるから, 行列式の定義より

$$|{}^tA| = \sum_{P=(p_1,\ p_2,\ p_3)} \varepsilon(P) a_{p_1 1} a_{p_2 2} a_{p_3 3}$$

$a_{p_1 1}a_{p_2 2}a_{p_3 3}$ の順序を並び替えて $a_{1q_1}a_{2q_2}a_{3q_3}$ になったとすると

$$\varepsilon(p_1,\ p_2,\ p_3) = \varepsilon(q_1,\ q_2,\ q_3)$$

であることがわかる．例えば，$P = (p_1,\ p_2,\ p_3) = (3,\ 1,\ 2)$ のとき

項	$a_{31}a_{12}a_{23} \to a_{12}a_{31}a_{23} \to a_{12}a_{23}a_{31}$
行番号	$(3,\ 1,\ 2) \to (1,\ 3,\ 2) \to (1,\ 2,\ 3)$
列番号	$(1,\ 2,\ 3) \to (2,\ 1,\ 3) \to (2,\ 3,\ 1)$

$Q = (q_1,\ q_2,\ q_3) = (2,\ 3,\ 1)$ を互換により基本順列にする手順は，上の手順を逆にたどればよいから，$P,\ Q$ の符号は一致する．

P がすべての順列にわたるとき，Q もすべての順列にわたるから

$$\begin{aligned} |{}^tA| &= \sum_{P=(p_1,\ p_2,\ p_3)} \varepsilon(P)a_{p_1 1}a_{p_2 2}a_{p_3 3} \\ &= \sum_{Q=(q_1,\ q_2,\ q_3)} \varepsilon(Q)a_{1q_1}a_{2q_2}a_{3q_3} = |A| \end{aligned}$$ □

公式 3.4 より，行についての性質は列についても同様に成り立つ．例えば，公式 3.2 は次のようになる．

(1) 第 j 列が 2 つの列ベクトルの和で表される行列の行列式は，第 j 列をそれぞれの列ベクトルと置き換えてできる行列の行列式の和に等しい．

(2) 第 j 列を c 倍した行列の行列式は，もとの行列式の c 倍になる．

(3) 2 つの列を入れ換えた行列の行列式は，もとの行列式の (-1) 倍になる．

また，公式 3.3 は次のようになる．

(1) 2 つの列が一致する行列の行列式は 0 になる．

(2) ある列の定数倍をほかの列に加えても，行列式の値は変わらない．

[例題 3.4] 行列式 $\begin{vmatrix} 1 & 2 & 3 \\ 3 & 1 & 2 \\ 2 & 1 & 3 \end{vmatrix}$ の値を求めよ．

[解] 行と列の性質を適宜用いる．

$$\begin{vmatrix} 1 & 2 & 3 \\ 3 & 1 & 2 \\ 2 & 1 & 3 \end{vmatrix} \overset{1\text{列}+2\text{列}\times 1}{\underset{1\text{列}+3\text{列}\times 1}{=\!=\!=}} \begin{vmatrix} 6 & 2 & 3 \\ 6 & 1 & 2 \\ 6 & 1 & 3 \end{vmatrix} \overset{1\text{列の共通因数}}{=\!=\!=} 6\begin{vmatrix} 1 & 2 & 3 \\ 1 & 1 & 2 \\ 1 & 1 & 3 \end{vmatrix}$$

$$\overset{2\text{行}-1\text{行}\times 1}{\underset{3\text{行}-1\text{行}\times 1}{=\!=\!=}} 6\begin{vmatrix} 1 & 2 & 3 \\ 0 & -1 & -1 \\ 0 & -1 & 0 \end{vmatrix} = -6$$ □

問 3.9 行列式 $\begin{vmatrix} 1 & 2 & 3 & 4 \\ 2 & 1 & 3 & 4 \\ 3 & 4 & 1 & 2 \\ 4 & 3 & 2 & 1 \end{vmatrix}$ の値を求めよ．

[例題 3.5] 行列式 $\begin{vmatrix} 1 & 1 & 1 \\ a & b & c \\ a^2 & b^2 & c^2 \end{vmatrix}$ を因数分解せよ.

[解] $$\begin{vmatrix} 1 & 1 & 1 \\ a & b & c \\ a^2 & b^2 & c^2 \end{vmatrix} \underset{3\,列-1\,列\times 1}{\overset{2\,列-1\,列\times 1}{=\!=\!=}} \begin{vmatrix} 1 & 0 & 0 \\ a & b-a & c-a \\ a^2 & b^2-a^2 & c^2-a^2 \end{vmatrix}$$

$$\underset{3\,列の共通因数}{\overset{2\,列の共通因数}{=\!=\!=}} (b-a)(c-a)\begin{vmatrix} 1 & 0 & 0 \\ a & 1 & 1 \\ a^2 & b+a & c+a \end{vmatrix}$$

$$= (b-a)(c-a)\begin{vmatrix} 1 & 1 \\ b+a & c+a \end{vmatrix}$$

$$= (b-a)(c-a)(c-b) = (a-b)(b-c)(c-a)$$ □

問 3.10 次の行列式を因数分解せよ.

(1) $\begin{vmatrix} x & 1 & 1 \\ 1 & x & 1 \\ 1 & 1 & x \end{vmatrix}$ (2) $\begin{vmatrix} 1 & a & bc \\ 1 & b & ca \\ 1 & c & ab \end{vmatrix}$

行列の積の行列式について, 次の性質が成り立つ.

公式 3.5

$$|AB| = |A||B|$$

[証明] ここでは 2 次正方行列についてのみ示す.

$A = \begin{pmatrix} a_{11} & a_{12} \\ a_{21} & a_{22} \end{pmatrix}$, $B = \begin{pmatrix} b_{11} & b_{12} \\ b_{21} & b_{22} \end{pmatrix}$ とすると

$$|AB| = \begin{vmatrix} a_{11}b_{11}+a_{12}b_{21} & a_{11}b_{12}+a_{12}b_{22} \\ a_{21}b_{11}+a_{22}b_{21} & a_{21}b_{12}+a_{22}b_{22} \end{vmatrix}$$

$$= a_{11}\begin{vmatrix} b_{11} & b_{12} \\ a_{21}b_{11}+a_{22}b_{21} & a_{21}b_{12}+a_{22}b_{22} \end{vmatrix} + a_{12}\begin{vmatrix} b_{21} & b_{22} \\ a_{21}b_{11}+a_{22}b_{21} & a_{21}b_{12}+a_{22}b_{22} \end{vmatrix}$$

$$= a_{11}a_{21}\begin{vmatrix} b_{11} & b_{12} \\ b_{11} & b_{12} \end{vmatrix} + a_{11}a_{22}\begin{vmatrix} b_{11} & b_{12} \\ b_{21} & b_{22} \end{vmatrix} + a_{12}a_{21}\begin{vmatrix} b_{21} & b_{22} \\ b_{11} & b_{12} \end{vmatrix} + a_{12}a_{22}\begin{vmatrix} b_{21} & b_{22} \\ b_{21} & b_{22} \end{vmatrix}$$

$$= \left(a_{11}a_{22} - a_{12}a_{21}\right)\begin{vmatrix} b_{11} & b_{12} \\ b_{21} & b_{22} \end{vmatrix} = |A||B|$$

一般の正方行列についても, 同様の議論で証明することができる. □

[例題 3.6] 正方行列 A が ${}^t\!AA = E$ を満たすとき, $|A| = \pm 1$ であることを示せ.

[解] 公式 3.5 および公式 3.4 より

$$|{}^t\!AA| = |{}^t\!A||A| = |A|^2, \quad |{}^t\!AA| = |E| = 1$$

$|A|^2 = 1$ となるから, $|A| = \pm 1$ が成り立つ. □

問 3.11 $A^2 = A$ ならば $|A| = 0$ または $|A - E| = 0$ であることを示せ.

3.3 行列式の展開

n 次の行列式 $|A| = \left|(a_{ij})\right|$ の第 i 行と第 j 列を取り除いてできる $(n-1)$ 次正方行列の行列式を $|A|$ の **(i, j) 小行列式**といい, D_{ij} で表す.

$$D_{ij} = \begin{vmatrix} a_{11} & \cdots & a_{1j} & \cdots & a_{1n} \\ \vdots & & \vdots & & \vdots \\ a_{i1} & \cdots & a_{ij} & \cdots & a_{in} \\ \vdots & & \vdots & & \vdots \\ a_{n1} & \cdots & a_{nj} & \cdots & a_{nn} \end{vmatrix}$$

例 3.7 3 次の行列式 $|A| = |a_{ij}|$ について

$$D_{11} = \begin{vmatrix} a_{22} & a_{23} \\ a_{32} & a_{33} \end{vmatrix}, \quad D_{12} = \begin{vmatrix} a_{21} & a_{23} \\ a_{31} & a_{33} \end{vmatrix}, \quad D_{13} = \begin{vmatrix} a_{21} & a_{22} \\ a_{31} & a_{32} \end{vmatrix}$$

問 3.12 3 次の行列式 $|A| = |a_{ij}|$ について, D_{21}, D_{22}, D_{23}, D_{31}, D_{32}, D_{33} を求めよ.

行列式をその小行列式で表すことを考えよう.

例えば, 3 次の行列式について, 1 行の行ベクトルが

$$(a_{11},\ a_{12},\ a_{13}) = (a_{11},\ 0,\ 0) + (0,\ a_{12},\ 0) + (0,\ 0,\ a_{13})$$

と表されることを用いると, 公式 3.2 より

$$\begin{aligned}
\begin{vmatrix} a_{11} & a_{12} & a_{13} \\ a_{21} & a_{22} & a_{23} \\ a_{31} & a_{32} & a_{33} \end{vmatrix} &= \begin{vmatrix} a_{11} & 0 & 0 \\ a_{21} & a_{22} & a_{23} \\ a_{31} & a_{32} & a_{33} \end{vmatrix} + \begin{vmatrix} 0 & a_{12} & 0 \\ a_{21} & a_{22} & a_{23} \\ a_{31} & a_{32} & a_{33} \end{vmatrix} + \begin{vmatrix} 0 & 0 & a_{13} \\ a_{21} & a_{22} & a_{23} \\ a_{31} & a_{32} & a_{33} \end{vmatrix} \\
&= \begin{vmatrix} a_{11} & 0 & 0 \\ a_{21} & a_{22} & a_{23} \\ a_{31} & a_{32} & a_{33} \end{vmatrix} - \begin{vmatrix} a_{12} & 0 & 0 \\ a_{22} & a_{21} & a_{23} \\ a_{32} & a_{31} & a_{33} \end{vmatrix} + \begin{vmatrix} a_{13} & 0 & 0 \\ a_{23} & a_{21} & a_{22} \\ a_{33} & a_{31} & a_{32} \end{vmatrix} \\
&= a_{11}\begin{vmatrix} a_{22} & a_{23} \\ a_{32} & a_{33} \end{vmatrix} - a_{12}\begin{vmatrix} a_{21} & a_{23} \\ a_{31} & a_{33} \end{vmatrix} + a_{13}\begin{vmatrix} a_{21} & a_{22} \\ a_{31} & a_{32} \end{vmatrix} \\
&= a_{11}D_{11} - a_{12}D_{12} + a_{13}D_{13}
\end{aligned}$$

2 行についても, 同様な計算により

$$\begin{vmatrix} a_{11} & a_{12} & a_{13} \\ a_{21} & a_{22} & a_{23} \\ a_{31} & a_{32} & a_{33} \end{vmatrix} = -\begin{vmatrix} a_{21} & a_{22} & a_{23} \\ a_{11} & a_{12} & a_{13} \\ a_{31} & a_{32} & a_{33} \end{vmatrix} = -a_{21}D_{21} + a_{22}D_{22} - a_{23}D_{23}$$

となることがわかる.

一般に，n 次の行列式について，次の第 i 行に関する展開の公式が得られる．

公式 3.6

$$\begin{aligned}|A| &= \sum_{j=1}^{n}(-1)^{i+j}a_{ij}D_{ij}\\ &= (-1)^{i+1}a_{i1}D_{i1}+(-1)^{i+2}a_{i2}D_{i2}+\cdots+(-1)^{i+n}a_{in}D_{in}\end{aligned}$$

また，公式 3.4 より，次の第 j 列に関する展開の公式が得られる．

公式 3.7

$$\begin{aligned}|A| &= \sum_{i=1}^{n}(-1)^{i+j}a_{ij}D_{ij}\\ &= (-1)^{1+j}a_{1j}D_{1j}+(-1)^{2+j}a_{2j}D_{2j}+\cdots+(-1)^{n+j}a_{nj}D_{nj}\end{aligned}$$

[例題 3.7] 行列式 $\begin{vmatrix}1 & 0 & 0 & 3\\ 2 & 1 & 1 & -3\\ 3 & 0 & -2 & -2\\ 0 & -3 & -2 & -1\end{vmatrix}$ を第 1 行に関する展開により計算せよ．

[解] $\begin{vmatrix}1 & 0 & 0 & 3\\ 2 & 1 & 1 & -3\\ 3 & 0 & -2 & -2\\ 0 & -3 & -2 & -1\end{vmatrix}$

$$= 1\begin{vmatrix}1 & 1 & -3\\ 0 & -2 & -2\\ -3 & -2 & -1\end{vmatrix} - 0\begin{vmatrix}2 & 1 & -3\\ 3 & -2 & -2\\ 0 & -2 & -1\end{vmatrix} + 0\begin{vmatrix}2 & 1 & -3\\ 3 & 0 & -2\\ 0 & -3 & -1\end{vmatrix} - 3\begin{vmatrix}2 & 1 & 1\\ 3 & 0 & -2\\ 0 & -3 & -2\end{vmatrix}$$

$$= 1\times 22 - 0 + 0 - 3\times(-15) = 67$$

□

問 3.13 次の行列式を第 1 行に関する展開により計算せよ．

(1) $\begin{vmatrix}0 & 1 & 2 & 0\\ 1 & 4 & 3 & -1\\ -1 & 6 & 2 & -1\\ 2 & 2 & 1 & 1\end{vmatrix}$ (2) $\begin{vmatrix}x & 1 & 0 & 0\\ 0 & x & 1 & 0\\ 0 & 0 & x & 1\\ -1 & -1 & -1 & -1\end{vmatrix}$

[例題 3.8] 行列式 $\begin{vmatrix}3 & 1 & -4 & 2\\ 1 & 0 & 5 & 0\\ 0 & -1 & 3 & 0\\ 2 & 4 & 4 & 5\end{vmatrix}$ を第 4 列に関する展開により計算せよ．

[解] $\begin{vmatrix} 3 & 1 & -4 & 2 \\ 1 & 0 & 5 & 0 \\ 0 & -1 & 3 & 0 \\ 2 & 4 & 4 & 5 \end{vmatrix} = -2\begin{vmatrix} 1 & 0 & 5 \\ 0 & -1 & 3 \\ 2 & 4 & 4 \end{vmatrix} + 0 - 0 + 5\begin{vmatrix} 3 & 1 & -4 \\ 1 & 0 & 5 \\ 0 & -1 & 3 \end{vmatrix}$

$= -2 \times (-6) + 5 \times 16 = 92$ □

問 3.14 次の行列式を，指定された列に関する展開により計算せよ．

(1) $\begin{vmatrix} 4 & 0 & 1 \\ 5 & 4 & 3 \\ -3 & 0 & 2 \end{vmatrix}$ (第 2 列) (2) $\begin{vmatrix} 3 & -3 & 0 & -8 \\ -1 & -7 & 0 & 0 \\ 5 & 6 & 2 & 3 \\ 1 & 6 & 2 & 7 \end{vmatrix}$ (第 3 列)

3.4 余因子行列と逆行列

3 次の行列式 $|A| = |a_{ij}|$ について，第 1 行に関して展開すると

$$|A| = a_{11}D_{11} - a_{12}D_{12} + a_{13}D_{13} \tag{3.4}$$

また，$|A|$ の第 1 行を第 2 行で置き換えて，第 1 行に関して展開すると

$$\begin{vmatrix} a_{21} & a_{22} & a_{23} \\ a_{21} & a_{22} & a_{23} \\ a_{31} & a_{32} & a_{33} \end{vmatrix} = a_{21}D_{11} - a_{22}D_{12} + a_{23}D_{13} \tag{3.5}$$

公式 3.3 より，この行列式の値は 0 である．第 1 行を第 3 行で置き換えた行列式についても同様であり，(3.4), (3.5) とあわせて，次の等式が成り立つ．

$$\begin{aligned} a_{11}D_{11} - a_{12}D_{12} + a_{13}D_{13} &= |A| \\ a_{21}D_{11} - a_{22}D_{12} + a_{23}D_{13} &= \ 0 \\ a_{31}D_{11} - a_{32}D_{12} + a_{33}D_{13} &= \ 0 \end{aligned} \tag{3.6}$$

(3.6) は，行列を用いて次のように表すことができる．

$$\begin{pmatrix} a_{11} & a_{12} & a_{13} \\ a_{21} & a_{22} & a_{23} \\ a_{31} & a_{32} & a_{33} \end{pmatrix} \begin{pmatrix} D_{11} \\ -D_{12} \\ D_{13} \end{pmatrix} = \begin{pmatrix} |A| \\ 0 \\ 0 \end{pmatrix}$$

第 2 行および第 3 行に関する展開によっても，同様な等式が成り立つ．

これらをまとめると，次のように表される．

$$\begin{pmatrix} a_{11} & a_{12} & a_{13} \\ a_{21} & a_{22} & a_{23} \\ a_{31} & a_{32} & a_{33} \end{pmatrix} \begin{pmatrix} D_{11} & -D_{21} & D_{31} \\ -D_{12} & D_{22} & -D_{32} \\ D_{13} & -D_{23} & D_{33} \end{pmatrix} = \begin{pmatrix} |A| & 0 & 0 \\ 0 & |A| & 0 \\ 0 & 0 & |A| \end{pmatrix} \tag{3.7}$$

一般の n 次正方行列 $A = \left(a_{ij}\right)$ についても，同様な等式が得られる．(3.7) の左辺の右側の行列を，A の**余因子行列**といい，$\widetilde{A}$ で表す．

“~” はティルダ (tilde) と読む

$\widetilde{A}$ の成分は，小行列式 D_{ij} を転置して並べ，交互に変わる符号をつけることで得られる．すなわち

$$\widetilde{a_{ij}} = (-1)^{i+j} D_{ij} \tag{3.8}$$

とおくと，$\widetilde{A} = \left(\widetilde{a_{ji}}\right)$ である．(3.8) の $\widetilde{a_{ij}}$ を A の $(i,\ j)$ **余因子**という．

(3.7) の右辺は

$$\begin{pmatrix} |A| & 0 & 0 \\ 0 & |A| & 0 \\ 0 & 0 & |A| \end{pmatrix} = |A| \begin{pmatrix} 1 & 0 & 0 \\ 0 & 1 & 0 \\ 0 & 0 & 1 \end{pmatrix} = |A|E$$

となるから，$A\widetilde{A} = |A|E$ が得られる．同様に，列に関する展開を用いると，$\widetilde{A}A = |A|E$ が成り立つことがわかる．

以上より，次の公式が得られる．

公式 3.8

$$A\widetilde{A} = \widetilde{A}A = |A|E$$

---

n 次正方行列 A の行列式は 0 でないとする．このとき，公式 3.8 より

$$A\left(\frac{1}{|A|}\widetilde{A}\right) = \left(\frac{1}{|A|}\widetilde{A}\right)A = E$$

となるから，A は正則で，$A^{-1} = \dfrac{1}{|A|}\widetilde{A}$ である．

逆に，A は正則とすると，$AA^{-1} = E$ であり

$$|AA^{-1}| = |A||A^{-1}| = |E| = 1$$

となるから，$|A| \neq 0$ が成り立つ．

以上より，行列が正則であるための次の条件が得られる．

公式 3.9

正方行列 A が正則であるための必要十分条件は $|A| \neq 0$ である．このとき，逆行列は $A^{-1} = \dfrac{1}{|A|}\widetilde{A}$ で表される．

[例題 3.9] $A = \begin{pmatrix} 2 & -1 & 0 \\ 2 & 0 & -1 \\ 0 & 1 & 2 \end{pmatrix}$ は正則であるかを調べ，正則であれば逆行列を求めよ．

[解] $|A| = 6 \neq 0$ より A は正則である．

$$D_{11} = \begin{vmatrix} 0 & -1 \\ 1 & 2 \end{vmatrix} = 1, \qquad D_{12} = \begin{vmatrix} 2 & -1 \\ 0 & 2 \end{vmatrix} = 4, \qquad D_{13} = \begin{vmatrix} 2 & 0 \\ 0 & 1 \end{vmatrix} = 2$$

$$D_{21} = \begin{vmatrix} -1 & 0 \\ 1 & 2 \end{vmatrix} = -2, \quad D_{22} = \begin{vmatrix} 2 & 0 \\ 0 & 2 \end{vmatrix} = 4, \quad D_{23} = \begin{vmatrix} 2 & -1 \\ 0 & 1 \end{vmatrix} = 2$$

$$D_{31} = \begin{vmatrix} -1 & 0 \\ 0 & -1 \end{vmatrix} = 1, \quad D_{32} = \begin{vmatrix} 2 & 0 \\ 2 & -1 \end{vmatrix} = -2, \quad D_{33} = \begin{vmatrix} 2 & -1 \\ 2 & 0 \end{vmatrix} = 2$$

よって $A^{-1} = \dfrac{1}{|A|}\begin{pmatrix} D_{11} & -D_{21} & D_{31} \\ -D_{12} & D_{22} & -D_{32} \\ D_{13} & -D_{23} & D_{33} \end{pmatrix} = \dfrac{1}{6}\begin{pmatrix} 1 & 2 & 1 \\ -4 & 4 & 2 \\ 2 & -2 & 2 \end{pmatrix}$ □

問 3.15 次の行列が正則であるかを調べ，正則であれば逆行列を求めよ．

(1) $\begin{pmatrix} 1 & -2 & 0 \\ 1 & -1 & 2 \\ -2 & 3 & -2 \end{pmatrix}$ (2) $\begin{pmatrix} 3 & -1 & 4 \\ -1 & 1 & 0 \\ 0 & 2 & 2 \end{pmatrix}$

3.5 クラメールの公式

次の連立 1 次方程式を考えよう．

$$\begin{cases} a_{11}x + a_{12}y + a_{13}z = b_1 \\ a_{21}x + a_{22}y + a_{23}z = b_2 \\ a_{31}x + a_{32}y + a_{33}z = b_3 \end{cases}$$

ただし，係数行列 $A = \begin{pmatrix} a_{11} & a_{12} & a_{13} \\ a_{21} & a_{22} & a_{23} \\ a_{31} & a_{32} & a_{33} \end{pmatrix}$ の行列式は 0 でないとする．

A の第 1 列を列ベクトル $\boldsymbol{b} = \begin{pmatrix} b_1 \\ b_2 \\ b_3 \end{pmatrix}$ で置き換えた行列の行列式は

$$\begin{vmatrix} b_1 & a_{12} & a_{13} \\ b_2 & a_{22} & a_{23} \\ b_3 & a_{32} & a_{33} \end{vmatrix} = \begin{vmatrix} a_{11}x + a_{12}y + a_{13}z & a_{12} & a_{13} \\ a_{21}x + a_{22}y + a_{23}z & a_{22} & a_{23} \\ a_{31}x + a_{32}y + a_{33}z & a_{32} & a_{33} \end{vmatrix}$$

$$= x\begin{vmatrix} a_{11} & a_{12} & a_{13} \\ a_{21} & a_{22} & a_{23} \\ a_{31} & a_{32} & a_{33} \end{vmatrix} + y\begin{vmatrix} a_{12} & a_{12} & a_{13} \\ a_{22} & a_{22} & a_{23} \\ a_{32} & a_{32} & a_{33} \end{vmatrix} + z\begin{vmatrix} a_{13} & a_{12} & a_{13} \\ a_{23} & a_{22} & a_{23} \\ a_{33} & a_{32} & a_{33} \end{vmatrix}$$

$$= x\begin{vmatrix} a_{11} & a_{12} & a_{13} \\ a_{21} & a_{22} & a_{23} \\ a_{31} & a_{32} & a_{33} \end{vmatrix} = |A|x$$

第 2 列，第 3 列を列ベクトル $\boldsymbol{b}$ で置き換えても，同様な等式が得られる．これから，x, y, z は次のように表される．

$$x = \frac{1}{|A|}\begin{vmatrix} b_1 & a_{12} & a_{13} \\ b_2 & a_{22} & a_{23} \\ b_3 & a_{32} & a_{33} \end{vmatrix}, \quad y = \frac{1}{|A|}\begin{vmatrix} a_{11} & b_1 & a_{13} \\ a_{21} & b_2 & a_{23} \\ a_{31} & b_3 & a_{33} \end{vmatrix}, \quad z = \frac{1}{|A|}\begin{vmatrix} a_{11} & a_{12} & b_1 \\ a_{21} & a_{22} & b_2 \\ a_{31} & a_{32} & b_3 \end{vmatrix}$$

一般に，係数行列が n 次正方行列のとき，次の**クラメールの公式**が成り立つ．

公式 3.10 (クラメールの公式)

n 次正方行列 $A=\left(a_{ij}\right)$ を係数行列とし，$\boldsymbol{b}$ を右辺の列ベクトルとする連立 1 次方程式 $A\boldsymbol{x}=\boldsymbol{b}$ において，$|A|\neq 0$ とすると，解は次の式で与えられる．

クラメール，Cramer (1704-1752)

$$x_j=\frac{1}{|A|}\begin{vmatrix} a_{11} & \cdots & a_{1,j-1} & b_1 & a_{1,j+1} & \cdots & a_{1n} \\ a_{21} & \cdots & a_{2,j-1} & b_2 & a_{2,j+1} & \cdots & a_{2n} \\ \vdots & \ddots & \vdots & \vdots & \vdots & \ddots & \vdots \\ a_{n1} & \cdots & a_{n,j-1} & b_n & a_{n,j+1} & \cdots & a_{nn} \end{vmatrix} \qquad (1\leqq j\leqq n)$$

[例題 **3.10**] クラメールの公式を用いて次の連立方程式を解け．

$$\begin{cases} x+2y+\ z=3 \\ 3x+\ y+2z=-7 \\ 2x+4y+3z=7 \end{cases}$$

[解] 係数行列の行列式は $\begin{vmatrix} 1 & 2 & 1 \\ 3 & 1 & 2 \\ 2 & 4 & 3 \end{vmatrix}=-5$

クラメールの公式より

$$x=\frac{1}{-5}\begin{vmatrix} 3 & 2 & 1 \\ -7 & 1 & 2 \\ 7 & 4 & 3 \end{vmatrix},\quad y=\frac{1}{-5}\begin{vmatrix} 1 & 3 & 1 \\ 3 & -7 & 2 \\ 2 & 7 & 3 \end{vmatrix},\quad z=\frac{1}{-5}\begin{vmatrix} 1 & 2 & 3 \\ 3 & 1 & -7 \\ 2 & 4 & 7 \end{vmatrix}$$

$$\therefore\ x=\frac{20}{-5}=-4,\quad y=\frac{-15}{-5}=3,\quad z=\frac{-5}{-5}=1$$ □

問 3.16 次の連立方程式を解け．

(1) $\begin{cases} 2x+y=-4 \\ -x+y=5 \end{cases}$ (2) $\begin{cases} x-2y+\ z=6 \\ x+\ y-2z=3 \\ 2x-3y+2z=10 \end{cases}$

3.6 2 次の行列式の図形的意味

始点を共有する 2 つの平面ベクトル $\boldsymbol{a}$, $\boldsymbol{b}$ を隣り合う 2 辺にもつ平行四辺形のことを，ここでは，$\boldsymbol{a}$, $\boldsymbol{b}$ の作る平行四辺形とよび，その面積を S とする．

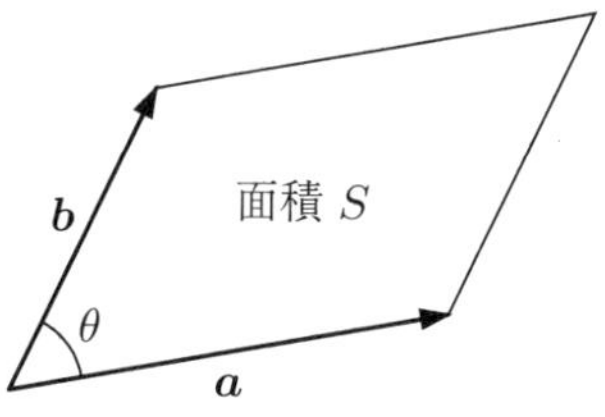

$\boldsymbol{a}$, $\boldsymbol{b}$ を列ベクトルで

$$\boldsymbol{a}=\begin{pmatrix} a_1 \\ a_2 \end{pmatrix},\quad \boldsymbol{b}=\begin{pmatrix} b_1 \\ b_2 \end{pmatrix}$$

と表し，$\boldsymbol{a}$ と $\boldsymbol{b}$ のなす角を θ $(0\leqq\theta\leqq\pi)$ と

おくと

$$\begin{aligned} S &= |\boldsymbol{a}||\boldsymbol{b}|\sin\theta = |\boldsymbol{a}||\boldsymbol{b}|\sqrt{1-\cos^2\theta} = \sqrt{|\boldsymbol{a}|^2|\boldsymbol{b}|^2-(\boldsymbol{a}\cdot\boldsymbol{b})^2} \\ &= \sqrt{({a_1}^2+{a_2}^2)({b_1}^2+{b_2}^2)-(a_1b_1+a_2b_2)^2} \\ &= \sqrt{(a_1b_2-a_2b_1)^2} \\ &= |a_1b_2-a_2b_1| \end{aligned}$$

$a_1b_2 - a_2b_1 = \begin{vmatrix} a_1 & b_1 \\ a_2 & b_2 \end{vmatrix}$ だから，次の公式が得られる．

公式 3.11

$\begin{pmatrix} a_1 \\ a_2 \end{pmatrix}$，$\begin{pmatrix} b_1 \\ b_2 \end{pmatrix}$ の作る平行四辺形の面積は，$\begin{vmatrix} a_1 & b_1 \\ a_2 & b_2 \end{vmatrix}$ の絶対値に等しい．

例 3.8 $\boldsymbol{a} = \begin{pmatrix} 4 \\ 1 \end{pmatrix}$，$\boldsymbol{b} = \begin{pmatrix} 1 \\ -1 \end{pmatrix}$ の作る平行四辺形の面積を S とおくと

$$\begin{vmatrix} 4 & 1 \\ 1 & -1 \end{vmatrix} = -5 \quad \text{より} \quad S = |-5| = 5$$

問 3.17 次の 2 つのベクトルの作る平行四辺形の面積を求めよ．

(1) $\boldsymbol{a} = \begin{pmatrix} 3 \\ 2 \end{pmatrix}$，$\boldsymbol{b} = \begin{pmatrix} -2 \\ 5 \end{pmatrix}$ (2) $\boldsymbol{c} = \begin{pmatrix} 3 \\ 4 \end{pmatrix}$，$\boldsymbol{d} = \begin{pmatrix} 4 \\ -2 \end{pmatrix}$

原点 O を始点に $\boldsymbol{a}$, $\boldsymbol{b}$ をおき，$\boldsymbol{a}$ を x 軸の正の向きにとる．

$$\boldsymbol{a} = \begin{pmatrix} a_1 \\ 0 \end{pmatrix} \quad (a_1 > 0)$$

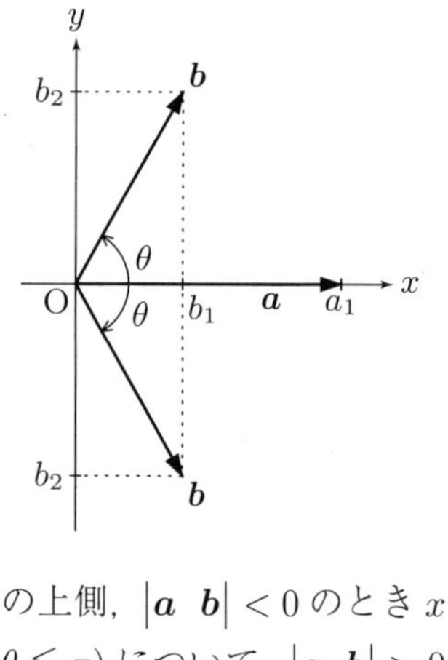

このとき，$\boldsymbol{a}$, $\boldsymbol{b}$ を列ベクトルとして並べてできる行列式を $|\boldsymbol{a} \ \boldsymbol{b}|$ とすると

$$|\boldsymbol{a} \ \boldsymbol{b}| = \begin{vmatrix} a_1 & b_1 \\ 0 & b_2 \end{vmatrix} = a_1b_2$$

したがって，$\boldsymbol{b}$ の終点 B は．$|\boldsymbol{a} \ \boldsymbol{b}| > 0$ のとき x 軸の上側，$|\boldsymbol{a} \ \boldsymbol{b}| < 0$ のとき x 軸の下側にある．すなわち，$\boldsymbol{a}$, $\boldsymbol{b}$ のなす角 θ $(0 \leqq \theta \leqq \pi)$ について，$|\boldsymbol{a} \ \boldsymbol{b}| > 0$ のときは，$\boldsymbol{a}$ を正の向き (反時計回り) に θ だけ回転することにより，$\boldsymbol{b}$ に重ねることができる．また，$|\boldsymbol{a} \ \boldsymbol{b}| < 0$ のときは，負の向き (時計回り) に回転することになる．

一般のベクトル $\boldsymbol{a}$, $\boldsymbol{b}$ についても同様なことが成り立つ．これが行列式の符号の図形的意味である．

3.7　3 次の行列式の図形的意味

3.7.1　外　　積

空間の 2 つのベクトル $\boldsymbol{a} = \begin{pmatrix} a_1 \\ a_2 \\ a_3 \end{pmatrix}$, $\boldsymbol{b} = \begin{pmatrix} b_1 \\ b_2 \\ b_3 \end{pmatrix}$ について，次の式で定められるベクトルを $\boldsymbol{a}$ と $\boldsymbol{b}$ の**外積**といい，$\boldsymbol{a} \times \boldsymbol{b}$ で表す．

$$\boldsymbol{a} \times \boldsymbol{b} = \begin{pmatrix} a_2b_3 - a_3b_2 \\ a_3b_1 - a_1b_3 \\ a_1b_2 - a_2b_1 \end{pmatrix}$$

ベクトル $\boldsymbol{a}$ の始点と終点から xy 平面に垂線を引いてできる xy 平面上のベクトル $\boldsymbol{a}'$ を $\boldsymbol{a}$ の xy 平面への**正射影**という．$\boldsymbol{a}'$ を平面のベクトルとみなせば

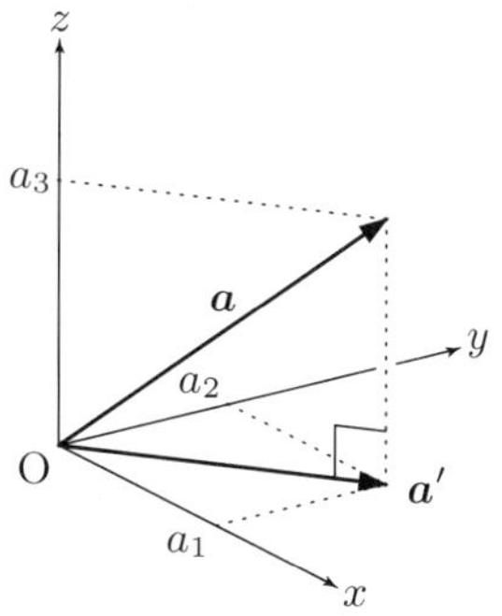

$$\boldsymbol{a} = \begin{pmatrix} a_1 \\ a_2 \\ a_3 \end{pmatrix} \text{ のとき } \quad \boldsymbol{a}' = \begin{pmatrix} a_1 \\ a_2 \end{pmatrix}$$

このとき，外積 $\boldsymbol{a} \times \boldsymbol{b}$ の z 成分は，$\boldsymbol{a}$, $\boldsymbol{b}$ の xy 平面への正射影 $\boldsymbol{a}'$, $\boldsymbol{b}'$ を列ベクトルとして並べてできる行列式となる．

zx 平面，yz 平面への正射影についても同様である．ただし，zx 平面の場合は，行列式の符号が変わることに注意する．すなわち，$\boldsymbol{a} \times \boldsymbol{b}$ の各成分は

$$\begin{vmatrix} a_2 & b_2 \\ a_3 & b_3 \end{vmatrix}, \quad -\begin{vmatrix} a_1 & b_1 \\ a_3 & b_3 \end{vmatrix}, \quad \begin{vmatrix} a_1 & b_1 \\ a_2 & b_2 \end{vmatrix}$$

で表される．

例 3.9　$\boldsymbol{a} = \begin{pmatrix} 2 \\ -2 \\ 1 \end{pmatrix}$, $\boldsymbol{b} = \begin{pmatrix} -1 \\ 3 \\ 2 \end{pmatrix}$ について，$\boldsymbol{a} \times \boldsymbol{b}$ を行ベクトルで表すと

$$\boldsymbol{a} \times \boldsymbol{b} = \left(\begin{vmatrix} -2 & 3 \\ 1 & 2 \end{vmatrix}, \ -\begin{vmatrix} 2 & -1 \\ 1 & 2 \end{vmatrix}, \ \begin{vmatrix} 2 & -1 \\ -2 & 3 \end{vmatrix} \right) = (-7, \ -5, \ 4)$$

問 3.18　$\boldsymbol{a} = \begin{pmatrix} 3 \\ 5 \\ 2 \end{pmatrix}$, $\boldsymbol{b} = \begin{pmatrix} 1 \\ -2 \\ -1 \end{pmatrix}$ のとき，$\boldsymbol{a} \times \boldsymbol{b}$ を求めよ．

外積 $\boldsymbol{a} \times \boldsymbol{b}$ がどのようなベクトルであるかを考えよう．

まず，$\boldsymbol{a}$ と $\boldsymbol{a} \times \boldsymbol{b}$ との内積を計算すると

$$\boldsymbol{a} \cdot (\boldsymbol{a} \times \boldsymbol{b}) = a_1\begin{vmatrix} a_2 & b_2 \\ a_3 & b_3 \end{vmatrix} - a_2\begin{vmatrix} a_1 & b_1 \\ a_3 & b_3 \end{vmatrix} + a_3\begin{vmatrix} a_1 & b_1 \\ a_2 & b_2 \end{vmatrix} = \begin{vmatrix} a_1 & a_1 & b_1 \\ a_2 & a_2 & b_2 \\ a_3 & a_3 & b_3 \end{vmatrix} = 0$$

$\boldsymbol{b}$ についても同様であり，$\boldsymbol{a}\times\boldsymbol{b}$ は $\boldsymbol{a}$ にも $\boldsymbol{b}$ にも垂直なベクトルである．

次に，$\boldsymbol{a}$, $\boldsymbol{b}$ の作る平行四辺形の面積 S は，56 ページの計算と同様にして

$$\begin{aligned} S^2 &= |\boldsymbol{a}|^2|\boldsymbol{b}|^2 - (\boldsymbol{a}\cdot\boldsymbol{b})^2 \\ &= ({a_1}^2+{a_2}^2+{a_3}^2)({b_1}^2+{b_2}^2+{b_3}^2) - (a_1b_1+a_2b_2+a_3b_3)^2 \\ &= (a_2b_3-a_3b_2)^2 + (a_1b_3-a_3b_1)^2 + (a_1b_2-a_2b_1)^2 \\ &= |\boldsymbol{a}\times\boldsymbol{b}|^2 \end{aligned}$$

よって，$\boldsymbol{a}\times\boldsymbol{b}$ の大きさは，$\boldsymbol{a}$, $\boldsymbol{b}$ の作る平行四辺形の面積に等しい．

また，$\boldsymbol{a}$, $\boldsymbol{b}$ がともに xy 平面に平行とすると

$$\boldsymbol{a} = \begin{pmatrix} a_1 \\ a_2 \\ 0 \end{pmatrix}, \quad \boldsymbol{b} = \begin{pmatrix} b_1 \\ b_2 \\ 0 \end{pmatrix}$$

$$\boldsymbol{a}\times\boldsymbol{b} = \begin{pmatrix} 0 \\ 0 \\ a_1b_2-a_2b_1 \end{pmatrix}$$

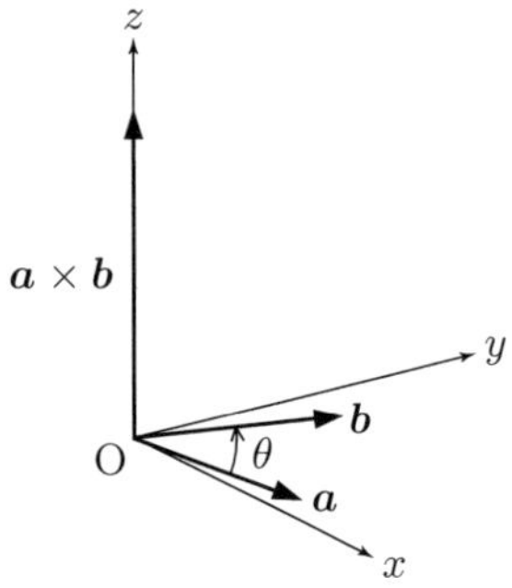

すなわち，$\boldsymbol{a}\times\boldsymbol{b}$ の z 成分は，$\begin{vmatrix} a_1 & b_1 \\ a_2 & b_2 \end{vmatrix}$ が正のとき正，負のとき負となる．

したがって，56 ページに述べたことから，$\boldsymbol{a}\times\boldsymbol{b}$ の向きは，$\boldsymbol{a}$ を $\boldsymbol{b}$ に重ねるように，$\boldsymbol{a}$, $\boldsymbol{b}$ のなす角 θ $(0 \leqq \theta \leqq \pi)$ だけ回転したとき，右ねじの進む向きになる．一般のベクトル $\boldsymbol{a}$, $\boldsymbol{b}$ についても同様なことが成り立つ．

［例題 **3.11**］ 例 3.9 のベクトル $\boldsymbol{a}$, $\boldsymbol{b}$ について，次を求めよ．

(1) $\boldsymbol{a}$, $\boldsymbol{b}$ の作る平行四辺形の面積

(2) $\boldsymbol{a}$ と $\boldsymbol{b}$ の両方に垂直な単位ベクトル

［解］ $\boldsymbol{a}\times\boldsymbol{b} = (-7,\ -5,\ 4)$ を用いる．

(1) $|\boldsymbol{a}\times\boldsymbol{b}| = 3\sqrt{10}$

(2) $\boldsymbol{a}\times\boldsymbol{b}$ に平行な単位ベクトルを求めればよいから

$$\pm\frac{1}{|\boldsymbol{a}\times\boldsymbol{b}|}(\boldsymbol{a}\times\boldsymbol{b}) = \pm\frac{1}{3\sqrt{10}}(-7,\ -5,\ 4)$$ □

問 3.19 問 3.18 の $\boldsymbol{a}$, $\boldsymbol{b}$ について，$\boldsymbol{a}$, $\boldsymbol{b}$ の作る平行四辺形の面積 S および $\boldsymbol{a}$ と $\boldsymbol{b}$ の両方に垂直な単位ベクトル $\boldsymbol{e}$ を求めよ．

問 3.20 空間の基本ベクトル $\boldsymbol{e}_1$, $\boldsymbol{e}_2$, $\boldsymbol{e}_3$ について，次を示せ．

$$\boldsymbol{e}_1\times\boldsymbol{e}_2 = \boldsymbol{e}_3, \quad \boldsymbol{e}_2\times\boldsymbol{e}_3 = \boldsymbol{e}_1, \quad \boldsymbol{e}_3\times\boldsymbol{e}_1 = \boldsymbol{e}_2$$

外積について，次の性質が成り立つ．

公式 3.12

$\boldsymbol{a}$, $\boldsymbol{b}$, $\boldsymbol{c}$ を空間ベクトル，k を定数とするとき

(1) $\boldsymbol{a} \times \boldsymbol{b} = -\boldsymbol{b} \times \boldsymbol{a}$

(2) $\boldsymbol{a} \times (\boldsymbol{b} + \boldsymbol{c}) = \boldsymbol{a} \times \boldsymbol{b} + \boldsymbol{a} \times \boldsymbol{c}$,　　$(\boldsymbol{a} + \boldsymbol{b}) \times \boldsymbol{c} = \boldsymbol{a} \times \boldsymbol{c} + \boldsymbol{b} \times \boldsymbol{c}$

(3) $(k\boldsymbol{a}) \times \boldsymbol{b} = \boldsymbol{a} \times (k\boldsymbol{b}) = k(\boldsymbol{a} \times \boldsymbol{b})$

3.7.2　平行六面体の体積

始点を共有する空間ベクトル $\boldsymbol{a}$, $\boldsymbol{b}$, $\boldsymbol{c}$ を隣り合う 3 辺とする平行六面体のことを，ここでは，$\boldsymbol{a}$, $\boldsymbol{b}$, $\boldsymbol{c}$ の作る平行六面体といい，その体積を V とする．

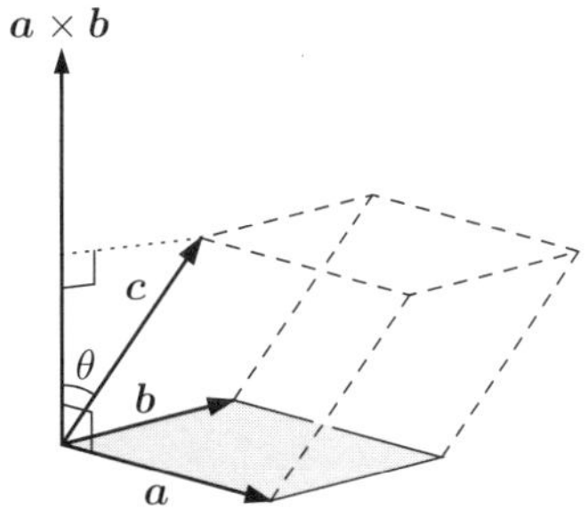

$\boldsymbol{a}$ と $\boldsymbol{b}$ で張られる平行四辺形を底面とすると，その面積は $|\boldsymbol{a} \times \boldsymbol{b}|$ で与えられる．

また，底面に垂直なベクトルである $\boldsymbol{a} \times \boldsymbol{b}$ と $\boldsymbol{c}$ のなす角を θ $(0 \leqq \theta \leqq \pi)$ とおけば，平行六面体の高さは $|\boldsymbol{c}||\cos\theta|$ である．

したがって，平行六面体の体積 V は

$$V = |\boldsymbol{a} \times \boldsymbol{b}||\boldsymbol{c}||\cos\theta| = |(\boldsymbol{a} \times \boldsymbol{b}) \cdot \boldsymbol{c}|$$

$(\boldsymbol{a} \times \boldsymbol{b}) \cdot \boldsymbol{c}$ を計算すると

$$c_1\begin{vmatrix} a_2 & b_2 \\ a_3 & b_3 \end{vmatrix} - c_2\begin{vmatrix} a_1 & b_1 \\ a_3 & b_3 \end{vmatrix} + c_3\begin{vmatrix} a_1 & b_1 \\ a_2 & b_2 \end{vmatrix} = \begin{vmatrix} c_1 & a_1 & b_1 \\ c_2 & a_2 & b_2 \\ c_3 & a_3 & b_3 \end{vmatrix} = \begin{vmatrix} a_1 & b_1 & c_1 \\ a_2 & b_2 & c_2 \\ a_3 & b_3 & c_3 \end{vmatrix}$$

これから，次の公式が得られる．

公式 3.13

ベクトル $\begin{pmatrix} a_1 \\ a_2 \\ a_3 \end{pmatrix}$, $\begin{pmatrix} b_1 \\ b_2 \\ b_3 \end{pmatrix}$, $\begin{pmatrix} c_1 \\ c_2 \\ c_3 \end{pmatrix}$ の作る平行六面体の体積は，$\begin{vmatrix} a_1 & b_1 & c_1 \\ a_2 & b_2 & c_2 \\ a_3 & b_3 & c_3 \end{vmatrix}$ の絶対値に等しい．

注意　$(\boldsymbol{a} \times \boldsymbol{b}) \cdot \boldsymbol{c}$ を**スカラー 3 重積**という．スカラー 3 重積について，次の等式が成り立つ．

$$(\boldsymbol{a} \times \boldsymbol{b}) \cdot \boldsymbol{c} = (\boldsymbol{b} \times \boldsymbol{c}) \cdot \boldsymbol{a} = (\boldsymbol{c} \times \boldsymbol{a}) \cdot \boldsymbol{b}$$

例 3.10 $\begin{pmatrix}1\\0\\2\end{pmatrix}$, $\begin{pmatrix}2\\8\\3\end{pmatrix}$, $\begin{pmatrix}1\\2\\7\end{pmatrix}$ の作る平行六面体の体積 V は

$$\begin{vmatrix}1 & 2 & 1\\ 0 & 8 & 2\\ 2 & 3 & 7\end{vmatrix} = 42 \text{ より} \quad V = 42$$

問 3.21 O(0, 0, 0), A(2, 3, −2), B(1, 2, 4), C(−1, 1, 3) のとき，四面体 OABC の体積を求めよ．

Column

連立 1 次方程式は，人類の生活にとっても根本的なものであり，線形性という抽象的な性質が抽出されるはるか以前からその解法が研究されていた．例えば，古代中国において制作された「九章算術」の 8 章「方程」において，方程式の解法についてふれられている．

今日見るような形での線形代数の基礎づけに大きく寄与したのは，19 世紀後半の個性的なイギリスの数学者たちである．ロンドンでユダヤ人の家系に生まれ，2 次形式の慣性法則にその名を残すシルヴェスター (1814-1897) の本名はジェイムズ・ジョゼフである．シルヴェスターというのは家族が後に名乗るようになった名であり，ローマ教皇シルヴェストルからとられたらしい．ただし，3 人いるシルヴェストルのうちの誰なのかは不明である．ちなみに，数学や音楽の研究者でもあったシルヴェストル 2 世 (ゲルベルトゥス，在位 999-1003) は，文明の辺境であった当時のヨーロッパに，進んだアラビア数学を移入・普及させた最初期の人物として重要である．いずれにしても，以下で述べるシルヴェスターのユダヤ信仰を考えあわせると，いささか妙なことである．彼は早くから数学の天分を示したにもかかわらず，その (宗教的) 信条や矜持を頑なまでに貫き通し，その結果生じた諍(いさか)いにも一切妥協しなかったため，何度も職場を変える羽目に陥っている．大作曲家バッハの生き様と似ていて面白い．その最たる例が，10 年間ほど法曹界で働いていたことであり，このとき同じく法曹界で働いていたケイリー (1821-1895) と出会い，これを機に二人の数学上の活動が盛んになってゆく．ともに線形代数の基礎を作り，後年，大数学者と並び称されることになった二人が，このような形で出会うとは史実の妙としかいいようがない．波瀾に満ちたシルヴェスターの生涯も，晩年はアメリカのジョンズ・ホプキンス大学の最初の数学教授として尽力し，社会的な栄誉にも浴することになった．

アイルランドのハミルトン (1805-1865) は，10 歳頃までにサンスクリッド語など 15 ヶ国語ほどをマスターしていたといわれる神童だが，一方で

エウクレイデスの『原論』やニュートンの『プリンキピア』，ラプラス『天体力学』などを読んでその方面にも目を開かれ，後には第二のニュートンとまで囁かれた．彼がダブリンのトリニティ・カレッジに入学するまで学校に通わなかったことも，現代日本の学校依存体質を考えると興味深い．彼は，ハミルトニアンやハミルトン方程式など，今日の統計力学や量子力学に欠かすことのできない業績を残したのみならず，代数学の基礎にも関心をもち，その中で生まれた 4 元数は線形代数の源泉の一つになった．4 元数というのは，$a+bi+cj+dk$ $(a, b, c, d \in \boldsymbol{R})$ という形の数であって，$i^2=j^2=k^2=ijk=-1$ を満たす「数体」のことである．ベクトル空間の次元の概念を学べば，これが $1, i, j, k$ を基底とする $\boldsymbol{R}$ 上の 4 次元ベクトル空間になっていることがわかるであろう．ハミルトンが 4 元数の着想を得たとされるブルーム橋の袂には，今もこの銘文が記されている．

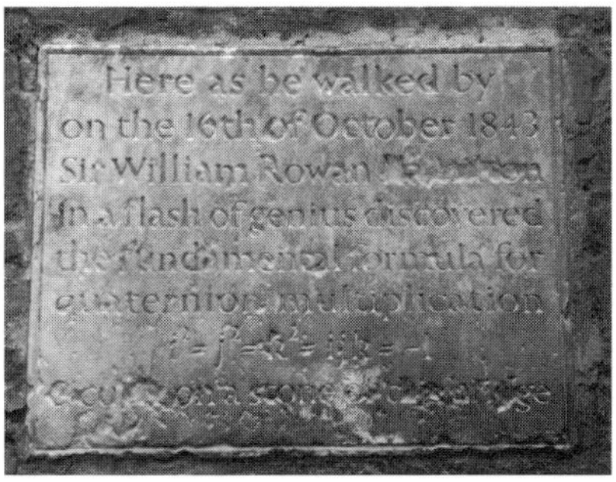

William Rowan Hamilton Plaque

(http://www.geograph.org.uk/photo/347941 より引用)
© Copyright **JP** (http://www.geograph.org.uk/profile/8888) and licensed for reuse under the Creative Commons Attribution-Share Alike 2.0 Generic Licence (http://creativecommons.org/licenses/by-sa/2.0/deed.ja).

章末問題 3

— **A** —

3.1 次の行列式を計算せよ．

(1) $\begin{vmatrix} 1 & 2 & 3 \\ 3 & 2 & 2 \\ 0 & 9 & 8 \end{vmatrix}$ (2) $\begin{vmatrix} 3 & 2 & 3 \\ 8 & 6 & 9 \\ 5 & 4 & 7 \end{vmatrix}$ (3) $\begin{vmatrix} 1 & 1 & 2 \\ a & a+b & b \\ a+b & a & b \end{vmatrix}$

(4) $\begin{vmatrix} 1 & 2 & 1 & 2 \\ 3 & 1 & -2 & 3 \\ -1 & 0 & 3 & 1 \\ 2 & 3 & 2 & -2 \end{vmatrix}$ (5) $\begin{vmatrix} 1 & 2 & 3 & 4 \\ -2 & 1 & -4 & 3 \\ 3 & -4 & -1 & 2 \\ 4 & 3 & -2 & -1 \end{vmatrix}$ (6) $\begin{vmatrix} 3 & -2 & 9 & 5 \\ 5 & 0 & -4 & 0 \\ 0 & 0 & 3 & 0 \\ -7 & 4 & 6 & -8 \end{vmatrix}$

3.2 n 次正方行列 A と定数 c について，$|cA| = c^n|A|$ であることを示せ．

3.3 A が正則ならば，$|A^{-1}| = \dfrac{1}{|A|}$ であることを示せ．

3.4 2 つの正方行列 A, B と正則な行列 P について，$B = P^{-1}AP$ のとき，$|A| = |B|$ であることを示せ．

3.5 クラメールの公式を用いて次の連立方程式を解け．

(1) $\begin{cases} x + 3y + 2z = 1 \\ 2x + 7y + 6z = 3 \\ 3x + 6y + 2z = 4 \end{cases}$ (2) $\begin{cases} 2x + y + z = 1 \\ x + 2y + 2z = 0 \\ 3x + 3y + 4z = 2 \end{cases}$

3.6 $\boldsymbol{R}^3$ の 3 点 A(1, 2, 1), B(3, −1, 4), C(2, 2, 2) を頂点とする三角形の面積を求めよ．

— **B** —

3.7 等式 $\begin{vmatrix} a_{11} & a_{12} & c_{11} & c_{12} \\ a_{21} & a_{22} & c_{21} & c_{22} \\ 0 & 0 & b_{11} & b_{12} \\ 0 & 0 & b_{21} & b_{22} \end{vmatrix} = \begin{vmatrix} a_{11} & a_{12} \\ a_{21} & a_{22} \end{vmatrix} \begin{vmatrix} b_{11} & b_{12} \\ b_{21} & b_{22} \end{vmatrix}$ を示せ．

3.8 $V_n = \begin{vmatrix} 1 & 1 & \cdots & 1 \\ x_1 & x_2 & \cdots & x_n \\ x_1^2 & x_2^2 & \cdots & x_n^2 \\ \vdots & \vdots & \ddots & \vdots \\ x_1^{n-1} & x_2^{n-1} & \cdots & x_n^{n-1} \end{vmatrix}$ を**ヴァンデルモンドの行列式**という．

このとき，$V_4 = (x_2 - x_1)(x_3 - x_1)(x_4 - x_1)(x_3 - x_2)(x_4 - x_2)(x_4 - x_3)$ であることを示せ．

注意 V_n は，$1 \leqq i < j \leqq n$ であるすべての $(i,\ j)$ について，$x_j - x_i$ を掛け合わせたものになる．

3.9 n 次行列式 $A = |a_{ij}|$ についての次の公式を**キオの公式**という．

$c_{ij} = \begin{vmatrix} a_{11} & a_{1j} \\ a_{i1} & a_{ij} \end{vmatrix}$ $(2 \leqq i \leqq n,\ 2 \leqq j \leqq n)$ とおくとき，$a_{11} \neq 0$ ならば

$$|A| = \frac{1}{{a_{11}}^{n-2}} \begin{vmatrix} c_{22} & c_{23} & \cdots & c_{2n} \\ c_{32} & c_{33} & \cdots & c_{3n} \\ \vdots & \vdots & \ddots & \vdots \\ c_{n2} & c_{n3} & \cdots & c_{nn} \end{vmatrix}$$

(1) キオの公式を示せ． (2) キオの公式を使って，行列式 $\begin{vmatrix} 3 & 0 & 1 & 1 \\ 1 & 2 & 0 & 1 \\ 2 & -1 & 0 & 3 \\ 1 & 0 & 0 & 1 \end{vmatrix}$ の値を求めよ．

4

線形変換と線形写像

4.1 $\boldsymbol{R}^2$ の線形変換

本章以降，平面のベクトル全体を $\boldsymbol{R}^2$，空間のベクトル全体を $\boldsymbol{R}^3$ と書くことにする．また，ベクトルの成分を列ベクトルを用いて

$$\boldsymbol{x} = \begin{pmatrix} x_1 \\ x_2 \end{pmatrix}, \ \begin{pmatrix} x_1 \\ x_2 \\ x_3 \end{pmatrix}$$

のように表すことにする．

$\boldsymbol{R}^2$ において，ベクトル $\boldsymbol{x}$ にベクトル $\boldsymbol{x}'$ を対応させる規則を $\boldsymbol{R}^2$ の**変換**といい，f などの記号を用いて

$$\boldsymbol{x}' = f(\boldsymbol{x}) \tag{4.1}$$

と書く．ベクトル $\boldsymbol{x}'$ を $\boldsymbol{x}$ の**像**という．また，変換 f は $\boldsymbol{x}$ を $\boldsymbol{x}'$ に**写す**という．変換 (4.1) を $\boldsymbol{x}$, $\boldsymbol{x}'$ の成分を用いて，次のように表すこともある．

$$f : \begin{pmatrix} x_1 \\ x_2 \end{pmatrix} \longmapsto \begin{pmatrix} x'_1 \\ x'_2 \end{pmatrix} \tag{4.2}$$

例 4.1 $\boldsymbol{x}$ に $3\boldsymbol{x}$ を対応させる変換を f とすると

$$f : \begin{pmatrix} x_1 \\ x_2 \end{pmatrix} \longmapsto \begin{pmatrix} 3x_1 \\ 3x_2 \end{pmatrix}$$

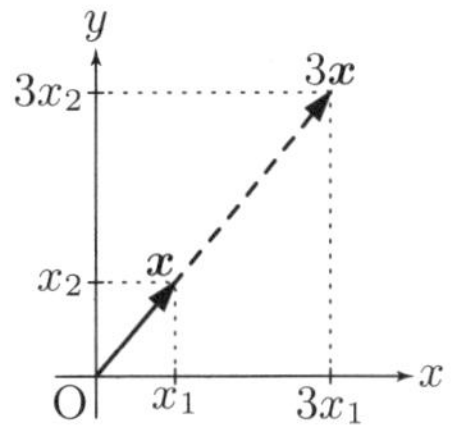

また，2, 1 を成分にもつベクトル $\boldsymbol{a}$ について，$\boldsymbol{x}$ を $\boldsymbol{x} + \boldsymbol{a}$ に対応させる変換を g とすると

$$g : \begin{pmatrix} x_1 \\ x_2 \end{pmatrix} \longmapsto \begin{pmatrix} x_1 + 2 \\ x_2 + 1 \end{pmatrix}$$

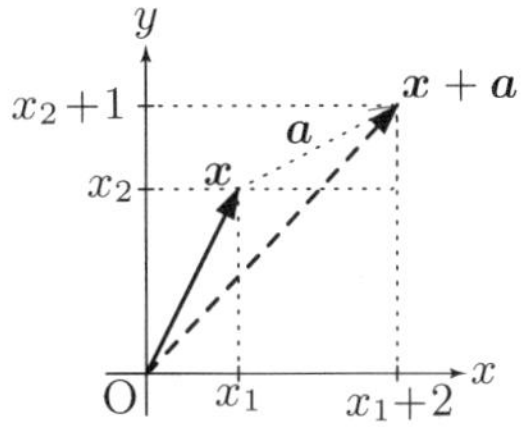

問 4.1 $\boldsymbol{R}^2$ において，$\boldsymbol{x}$ に $-\boldsymbol{x}$ を対応させる変換を f とするとき，f を (4.2) のように表せ．

λ はギリシャ文字でラムダ (lambda) と読む

変換 f が任意のベクトル $\boldsymbol{x}$, $\boldsymbol{y}$ および任意の実数 λ について

$$\begin{cases} f(\boldsymbol{x}+\boldsymbol{y}) = f(\boldsymbol{x}) + f(\boldsymbol{y}) \\ f(\lambda\boldsymbol{x}) = \lambda f(\boldsymbol{x}) \end{cases} \tag{4.3}$$

を満たすとき，f を**線形変換**という．また，(4.3) を f の**線形性**という．

例 4.2　例 4.1 の f について

$$f(\boldsymbol{x}+\boldsymbol{y}) = 3(\boldsymbol{x}+\boldsymbol{y}) = 3\boldsymbol{x}+3\boldsymbol{y} = f(\boldsymbol{x}) + f(\boldsymbol{y})$$
$$f(\lambda\boldsymbol{x}) = 3(\lambda\boldsymbol{x}) = \lambda(3\boldsymbol{x}) = \lambda f(\boldsymbol{x})$$

となるから，f は線形変換である．

一方，g については

$$g(\boldsymbol{x}+\boldsymbol{y}) = \boldsymbol{x}+\boldsymbol{y}+\boldsymbol{a}$$
$$g(\boldsymbol{x}) + g(\boldsymbol{y}) = (\boldsymbol{x}+\boldsymbol{a}) + (\boldsymbol{y}+\boldsymbol{a}) = \boldsymbol{x}+\boldsymbol{y}+2\boldsymbol{a}$$

したがって，g は線形変換ではない．

問 4.2　問 4.1 の f は線形変換であるかどうかを調べよ．

線形変換の性質を調べよう．

まず，(4.3) の第 2 式で $\lambda = 0$ とおくと

$$f(0\boldsymbol{x}) = 0f(\boldsymbol{x}) = \boldsymbol{o}$$

これから $f(\boldsymbol{o}) = \boldsymbol{o}$ が成り立つ．

次に，$\boldsymbol{o}$ でないベクトル $\boldsymbol{x}$, $\boldsymbol{y}$ が平行であるとき

$$\boldsymbol{y} = \lambda\boldsymbol{x} \qquad (\lambda \text{ は実数})$$

と表されるから，(4.3) の第 2 式より

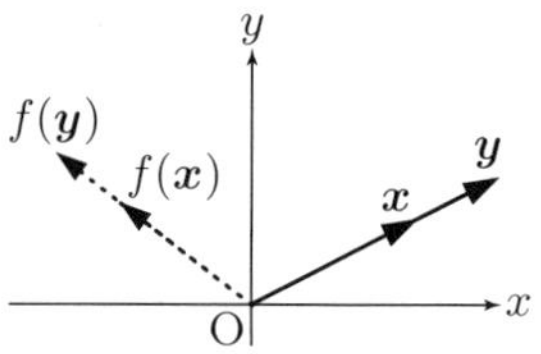

$$f(\boldsymbol{y}) = f(\lambda\boldsymbol{x}) = \lambda f(\boldsymbol{x})$$

したがって $f(\boldsymbol{x}) \neq \boldsymbol{o}$ であれば，$\boldsymbol{x}$, $\boldsymbol{y}$ の像も平行になる．

問 4.3　$\boldsymbol{y} = \lambda\boldsymbol{x}$ のとき，$f(\boldsymbol{x}) = \boldsymbol{o}$ であれば，$\boldsymbol{y}$ の像はどのようなベクトルか．

10 ページ参照

問 4.4　f を線形変換とする．$\boldsymbol{x}$, $\boldsymbol{y}$ の像 $\boldsymbol{x}'$, $\boldsymbol{y}'$ が線形独立，すなわち，ともに $\boldsymbol{o}$ でなく平行でもないとする．このとき，$\boldsymbol{x}$, $\boldsymbol{y}$ も線形独立であることを示せ．

(4.3) より，任意のベクトル $\boldsymbol{x}$, $\boldsymbol{y}$ と任意の実数 λ, μ について

μ はギリシャ文字でミュー (mu) と読む

$$f(\lambda\boldsymbol{x}+\mu\boldsymbol{y}) = f(\lambda\boldsymbol{x}) + f(\mu\boldsymbol{y}) \qquad (\text{第 1 式より})$$
$$= \lambda f(\boldsymbol{x}) + \mu f(\boldsymbol{y}) \qquad (\text{第 2 式より})$$

したがって，次の性質が成り立つ．

$$f(\lambda\boldsymbol{x}+\mu\boldsymbol{y}) = \lambda f(\boldsymbol{x}) + \mu f(\boldsymbol{y}) \qquad (\boldsymbol{x},\ \boldsymbol{y},\ \lambda,\ \mu \text{ は任意}) \tag{4.4}$$

問 4.5 逆に，(4.4) であれば，(4.3) を満たすことを示せ．

f は線形変換とする．平面上の点 P について，P の位置ベクトルを $\boldsymbol{x}$ とおく．

$$\boldsymbol{x} = \overrightarrow{\mathrm{OP}}$$

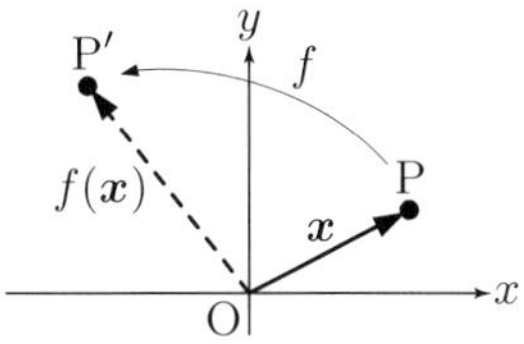

また，$\boldsymbol{x}$ の像 $f(\boldsymbol{x})$ を位置ベクトルとする点を P′ とおく．

$$f(\boldsymbol{x}) = \overrightarrow{\mathrm{OP'}}$$

点 P に点 P′ を対応させることにより，f は平面上の点から点への変換であると考えることもできる．この変換を同じ記号 f を用いて，次のように表すことにする．

$$\mathrm{P'} = f(\mathrm{P}) \tag{4.5}$$

ベクトルの場合と同様に，点 P′ を変換 f による点 P の**像**という．以下，特に断らない限り，P, Q, $\cdots$ の像を P′, Q′, $\cdots$ と書く．

任意の 2 点 A, B について，ベクトル $\overrightarrow{\mathrm{AB}}$ の像を求めよう．

$$\overrightarrow{\mathrm{AB}} = \overrightarrow{\mathrm{OB}} - \overrightarrow{\mathrm{OA}}$$

A, B の像をそれぞれ A′, B′ とおくと

$$f(\overrightarrow{\mathrm{AB}}) = f(\overrightarrow{\mathrm{OB}} - \overrightarrow{\mathrm{OA}})$$
$$= f(\overrightarrow{\mathrm{OB}}) - f(\overrightarrow{\mathrm{OA}}) = \overrightarrow{\mathrm{OB'}} - \overrightarrow{\mathrm{OA'}}$$

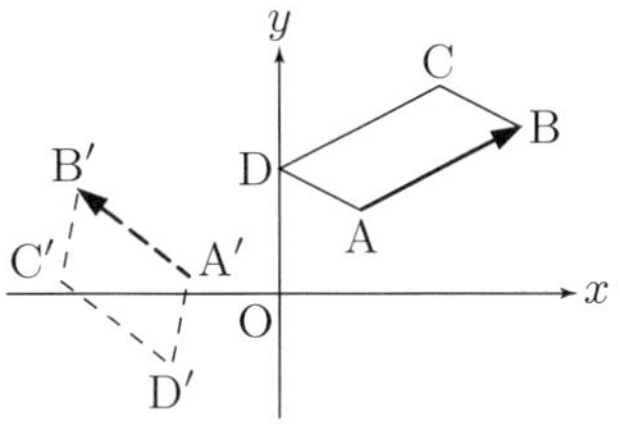

したがって，$\overrightarrow{\mathrm{AB}}$ の像は $\overrightarrow{\mathrm{A'B'}}$ となる．

また，平行四辺形 ABCD をとるとき

$$\overrightarrow{\mathrm{AB}} = \overrightarrow{\mathrm{DC}} \quad \text{より} \quad \overrightarrow{\mathrm{A'B'}} = \overrightarrow{\mathrm{D'C'}}$$

したがって，$\overrightarrow{\mathrm{A'B'}}$, $\overrightarrow{\mathrm{A'D'}}$ が線形独立であれば，平行四辺形 ABCD は平行四辺形 A′B′C′D′ に写される．

問 4.6 $\boldsymbol{x} = \begin{pmatrix} x_1 \\ x_2 \end{pmatrix}$ を $\boldsymbol{x}' = \begin{pmatrix} x_1 \\ 0 \end{pmatrix}$ に写す変換 f は線形変換であることを示せ．また，f によって平面上の点 P はどのような点に写されるか．

行列と線形変換の関係を調べよう.

A は定数を成分とする 2 次の正方行列とする.

$$A = \begin{pmatrix} a & b \\ c & d \end{pmatrix} \tag{4.6}$$

任意のベクトル $\boldsymbol{x} = \begin{pmatrix} x_1 \\ x_2 \end{pmatrix}$ に対して $\boldsymbol{x}' = \begin{pmatrix} x_1' \\ x_2' \end{pmatrix}$ を

$$\boldsymbol{x}' = A\boldsymbol{x} \tag{4.7}$$

すなわち

$$\begin{pmatrix} x_1' \\ x_2' \end{pmatrix} = \begin{pmatrix} a & b \\ c & d \end{pmatrix}\begin{pmatrix} x_1 \\ x_2 \end{pmatrix} = \begin{pmatrix} ax_1 + bx_2 \\ cx_1 + dx_2 \end{pmatrix}$$

によって定め, $\boldsymbol{x} = \begin{pmatrix} x_1 \\ x_2 \end{pmatrix}$ を $\boldsymbol{x}' = \begin{pmatrix} x_1' \\ x_2' \end{pmatrix}$ に写す変換を f とおく.

$$f(\boldsymbol{x}) = A\boldsymbol{x}$$

このとき

$$f(\boldsymbol{x} + \boldsymbol{y}) = A(\boldsymbol{x} + \boldsymbol{y}) = A\boldsymbol{x} + A\boldsymbol{y} = f(\boldsymbol{x}) + f(\boldsymbol{y})$$

$$f(\lambda\boldsymbol{x}) = A(\lambda\boldsymbol{x}) = \lambda A\boldsymbol{x} = \lambda f(\boldsymbol{x})$$

が成り立つから, f は線形変換である.

逆に, 任意の線形変換 f は行列を用いて (4.7) と表されることを示そう.

$\boldsymbol{R}^2$ のベクトル $\boldsymbol{e}_1$, $\boldsymbol{e}_2$ を

$$\boldsymbol{e}_1 = \begin{pmatrix} 1 \\ 0 \end{pmatrix}, \quad \boldsymbol{e}_2 = \begin{pmatrix} 0 \\ 1 \end{pmatrix}$$

によって定めると, 任意のベクトル $\boldsymbol{x} = \begin{pmatrix} x_1 \\ x_2 \end{pmatrix}$ は

$$\boldsymbol{x} = x_1\boldsymbol{e}_1 + x_2\boldsymbol{e}_2$$

と表されるから, (4.4) により

$$\boldsymbol{x}' = f(\boldsymbol{x}) = f(x_1\boldsymbol{e}_1 + x_2\boldsymbol{e}_2) = x_1 f(\boldsymbol{e}_1) + x_2 f(\boldsymbol{e}_2)$$

$f(\boldsymbol{e}_1) = \begin{pmatrix} a \\ c \end{pmatrix}$, $f(\boldsymbol{e}_2) = \begin{pmatrix} b \\ d \end{pmatrix}$ とおくと

$$\begin{aligned} \begin{pmatrix} x_1' \\ x_2' \end{pmatrix} &= x_1\begin{pmatrix} a \\ c \end{pmatrix} + x_2\begin{pmatrix} b \\ d \end{pmatrix} \\ &= \begin{pmatrix} ax_1 + bx_2 \\ cx_1 + dx_2 \end{pmatrix} \\ &= \begin{pmatrix} a & b \\ c & d \end{pmatrix}\begin{pmatrix} x_1 \\ x_2 \end{pmatrix} \end{aligned}$$

したがって，$A = \begin{pmatrix} a & b \\ c & d \end{pmatrix}$ とおくと，(4.7) が成り立つ．

公式 4.1

任意の線形変換 f は適当な行列 A を用いて

$$f(\boldsymbol{x}) = A\boldsymbol{x} \tag{4.8}$$

と表される．行列 A を線形変換 f の**表現行列**という．

注意　変換 f が (4.8) のように表されるならば，f は線形変換である．

[例題 4.1]　平面上の任意の点 P について，x 軸に関して P と対称な点を P$'$ とする．P を P$'$ に写す変換 f は線形変換であることを示し，その表現行列を求めよ．

[解]　P$(x_1,\ x_2)$，P$'(x_1',\ x_2')$ とおくと

$$x_1' = x_1, \quad x_2' = -x_2$$

これから

$$\begin{pmatrix} x_1' \\ x_2' \end{pmatrix} = \begin{pmatrix} x_1 \\ -x_2 \end{pmatrix} = \begin{pmatrix} 1 & 0 \\ 0 & -1 \end{pmatrix}\begin{pmatrix} x_1 \\ x_2 \end{pmatrix}$$

したがって，f は線形変換で表現行列は

$$A = \begin{pmatrix} 1 & 0 \\ 0 & -1 \end{pmatrix}$$

□

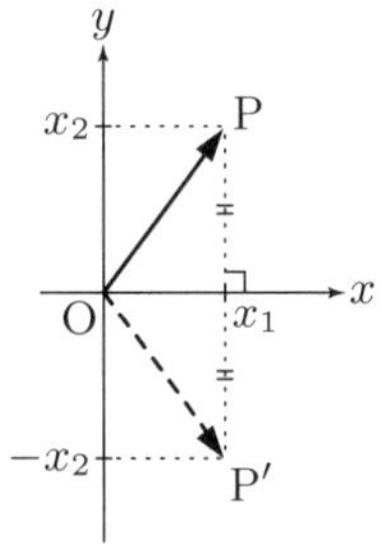

問 4.7　平面上の点 P を次のような点 P$'$ に写す変換の表現行列を求めよ．

(1)　P$'$ の x 座標は P の x 座標の a 倍，P$'$ の y 座標は P の y 座標の b 倍である．

(2)　P$'$ と P は直線 $y = x$ に関して対称である．

すべてのベクトル $\boldsymbol{x}$ を同じベクトル $\boldsymbol{x}$ に写す変換を**恒等変換**という．恒等変換の表現行列は，単位行列 $E = \begin{pmatrix} 1 & 0 \\ 0 & 1 \end{pmatrix}$ である．

すべてのベクトル $\boldsymbol{x}$ を $\boldsymbol{o}$ に写す変換の表現行列は，零行列 $O = \begin{pmatrix} 0 & 0 \\ 0 & 0 \end{pmatrix}$ である．

4.2 合成変換と逆変換

$\boldsymbol{R}^2$ の変換 f, g について，ベクトル $\boldsymbol{x}$ にベクトル $g(f(\boldsymbol{x}))$ を対応させる変換を f と g の**合成変換**といい，$g \circ f$ と書く．

$$(g \circ f)(\boldsymbol{x}) = g(f(\boldsymbol{x}))$$

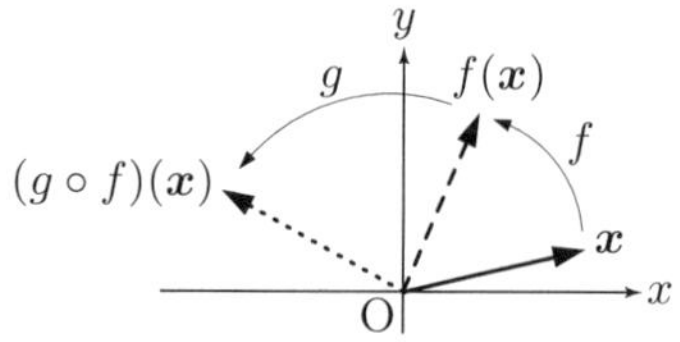

f, g が線形変換とする．このとき，任意のベクトル $\boldsymbol{x}$, $\boldsymbol{y}$ について

$$\begin{aligned}(g \circ f)(\boldsymbol{x}+\boldsymbol{y}) &= g(f(\boldsymbol{x}+\boldsymbol{y})) \\ &= g(f(\boldsymbol{x})+f(\boldsymbol{y})) \\ &= g(f(\boldsymbol{x}))+g(f(\boldsymbol{y})) \\ &= (g \circ f)(\boldsymbol{x})+(g \circ f)(\boldsymbol{y})\end{aligned}$$

また，任意の実数 λ について

$$(g \circ f)(\lambda\boldsymbol{x}) = g(\lambda f(\boldsymbol{x})) = \lambda g(f(\boldsymbol{x})) = \lambda(g \circ f)(\boldsymbol{x})$$

したがって，合成変換 $g \circ f$ も線形変換である．

線形変換 f, g の表現行列をそれぞれ A, B とおくと

$$(g \circ f)(\boldsymbol{x}) = g(f(\boldsymbol{x})) = g(A\boldsymbol{x}) = B(A\boldsymbol{x}) = (BA)\boldsymbol{x}$$

となるから，次が得られる．

公式 4.2

線形変換 f, g の表現行列がそれぞれ A, B であるとき，合成変換 $g \circ f$ は線形変換で，その表現行列は積 BA である．

例 4.3 線形変換 f, g の表現行列をそれぞれ $\begin{pmatrix} 2 & 1 \\ 0 & 3 \end{pmatrix}$, $\begin{pmatrix} 1 & 3 \\ 2 & 0 \end{pmatrix}$ とする．

このとき，合成変換 $g \circ f$ の表現行列は

$$\begin{pmatrix} 1 & 3 \\ 2 & 0 \end{pmatrix}\begin{pmatrix} 2 & 1 \\ 0 & 3 \end{pmatrix} = \begin{pmatrix} 2 & 10 \\ 4 & 2 \end{pmatrix}$$

また，合成変換 $f \circ g$ の表現行列は

$$\begin{pmatrix} 2 & 1 \\ 0 & 3 \end{pmatrix}\begin{pmatrix} 1 & 3 \\ 2 & 0 \end{pmatrix} = \begin{pmatrix} 4 & 6 \\ 6 & 0 \end{pmatrix}$$

注意 これからわかるように，一般には $g \circ f \neq f \circ g$ である．

問 4.8 線形変換 f, g の表現行列がそれぞれ $\begin{pmatrix} 1 & 2 \\ 1 & 0 \end{pmatrix}$, $\begin{pmatrix} 0 & -1 \\ 3 & -2 \end{pmatrix}$ のとき，合成変換 $f \circ g$ および $g \circ f$ の表現行列を求めよ．

線形変換 f の表現行列 A について，A は正則である，すなわち，逆行列 A^{-1} をもつとする．このとき，任意のベクトル $\boldsymbol{x}$ に対して

25 ページ参照

$$\boldsymbol{x}' = A^{-1}\boldsymbol{x}$$

を対応させる線形変換を f の**逆変換**といい，f^{-1} で表す．

"-1" はインバース (inverse) と読む

$$f^{-1}(\boldsymbol{x}) = A^{-1}\boldsymbol{x}$$

[例題 4.2]　線形変換 f が行列 $A = \begin{pmatrix} 3 & -2 \\ -3 & 4 \end{pmatrix}$ で表されるとき，f は逆変換 f^{-1} をもつことを示し，f^{-1} の表現行列を求めよ．

[解]　行列式 $|A|$ を計算する．

$$|A| = 3 \cdot 4 - (-2)(-3) = 6 \neq 0$$

したがって，$|A|$ は正則であり，逆変換 f^{-1} が存在する．

また，f^{-1} の表現行列は　$A^{-1} = \dfrac{1}{6}\begin{pmatrix} 4 & 2 \\ 3 & 3 \end{pmatrix}$　□

問 4.9　例題 4.1 の線形変換 f は逆変換 f^{-1} をもつことを示し，f^{-1} の表現行列を求めよ．また，f^{-1} はどのような変換か．

線形変換 f の表現行列 A が正則であるとき，f と f^{-1} の合成変換を計算すると

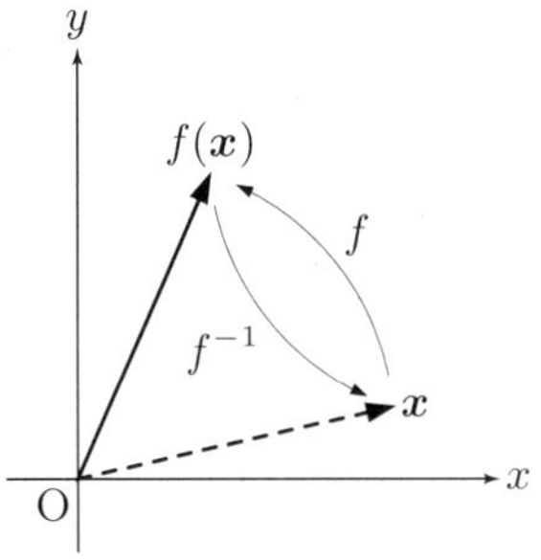

$$\begin{aligned} (f \circ f^{-1})(\boldsymbol{x}) &= f(f^{-1}(\boldsymbol{x})) = f(A^{-1}\boldsymbol{x}) \\ &= A(A^{-1}\boldsymbol{x}) = E\boldsymbol{x} = \boldsymbol{x} \\ (f^{-1} \circ f)(\boldsymbol{x}) &= f^{-1}(f(\boldsymbol{x})) = f^{-1}(A\boldsymbol{x}) \\ &= A^{-1}(A\boldsymbol{x}) = E\boldsymbol{x} = \boldsymbol{x} \end{aligned}$$

したがって，$f \circ f^{-1}$ も $f^{-1} \circ f$ も恒等変換となる．

一方，f の表現行列 A が正則でないときは

$$f \circ g,\ g \circ f \text{ のいずれも恒等変換}$$

を満たす線形変換 g は存在しない．

もし，そのような g があったと仮定すると，g の表現行列 B について，$f \circ g$, $g \circ f$ の表現行列はそれぞれ AB, BA となり，これらはいずれも恒等変換の表現行列である単位行列になる．

$$AB = E, \quad BA = E$$

これは，A が正則であることを示し，最初の仮定に反する．

問 4.10 線形変換 f が逆変換 f^{-1} をもつとき，$f(\boldsymbol{x}) = \boldsymbol{o}$ であれば $\boldsymbol{x} = \boldsymbol{o}$ であることを示せ．

線形変換 f を点を点に対応させる変換と考えるとき，平面上の図形 G 上の任意の点 P の像が作る図形 G$'$ を f による G の**像**という．

例 4.4 平面上の点 $\mathrm{P}(x,\ y)$ を x 軸に対称な点 $\mathrm{P}'(x',\ y')$ に写す変換を f とすると

$$x' = x, \qquad y' = -y$$

f は $\begin{pmatrix} 1 & 0 \\ 0 & -1 \end{pmatrix}$ で表される線形変換である．

3 点 $\mathrm{O}(0,\ 0)$，$\mathrm{A}(3,\ 1)$，$\mathrm{B}(0,\ 3)$ を頂点とする三角形 G の f による像 G$'$ は 3 点 $\mathrm{O}(0,\ 0)$, $\mathrm{A}'(3,\ -1)$, $\mathrm{B}'(0,\ -3)$ を頂点とする三角形である．

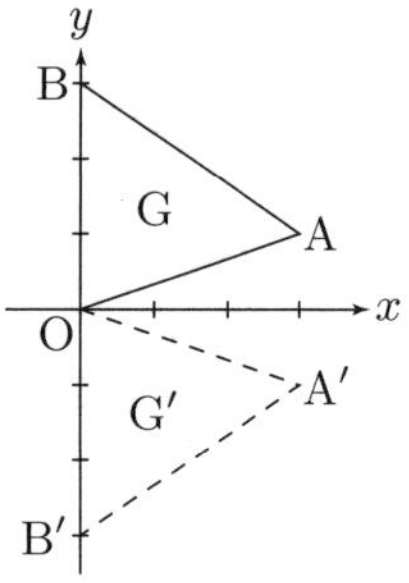

問 4.11 例 4.4 の線形変換 f によって，円 $x^2 + (y-1)^2 = 1$ はどのような図形に写されるか．

［例題 4.3］ $A = \begin{pmatrix} 1 & -1 \\ -2 & 3 \end{pmatrix}$ の表す線形変換を f とする．直線 $3x + y = 2$ の f による像 G$'$ を求めよ．

［解］ A は正則だから，f の逆変換 f^{-1} が存在する．G$'$ 上の任意の点を $\mathrm{P}'(x',\ y')$ とし，$f^{-1}(\mathrm{P}')$ を $\mathrm{P}(x,\ y)$ とおくと

$$\begin{pmatrix} x \\ y \end{pmatrix} = A^{-1}\begin{pmatrix} x' \\ y' \end{pmatrix} = \begin{pmatrix} 3 & 1 \\ 2 & 1 \end{pmatrix}\begin{pmatrix} x' \\ y' \end{pmatrix} = \begin{pmatrix} 3x' + y' \\ 2x' + y' \end{pmatrix}$$

P は直線 $3x + y = 2$ の点だから

$$3(3x' + y') + (2x' + y') = 2$$

整理して　$11x' + 4y' = 2$

したがって，G$'$ は直線 $11x + 4y = 2$ である． □

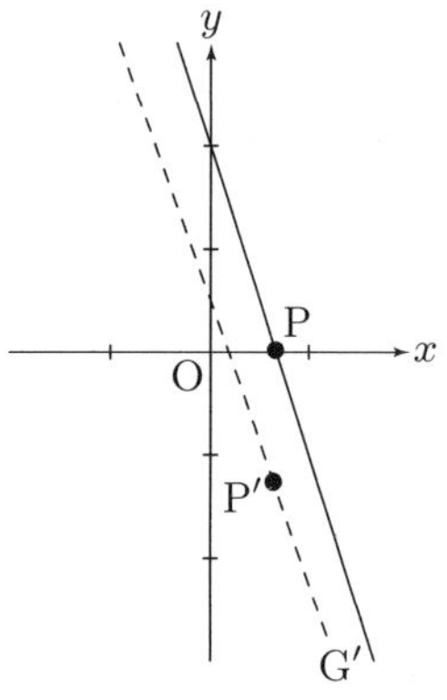

問 4.12 $A = \begin{pmatrix} 0 & 3 \\ 2 & 0 \end{pmatrix}$ の表す線形変換による次の図形の像を求めよ．

(1) 直線 $y = 2x$　　　(2) $\dfrac{x^2}{9} + \dfrac{y^2}{4} = 1$ の表す図形

(2) は図の楕円である．

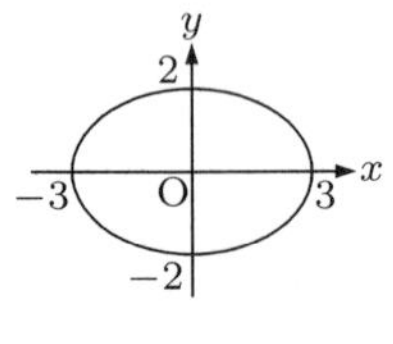

4.3 直交変換

4.3.1 原点を中心とする回転

平面上の点を原点を中心に角 θ だけ回転した点に写す変換を f とする.

このとき, f は線形変換であることを示そう.

ベクトル $\boldsymbol{x}$, $\boldsymbol{y}$ を位置ベクトルとする点をそれぞれ P, Q, $\boldsymbol{x}+\boldsymbol{y}$ を位置ベクトルとする点を R とおくと

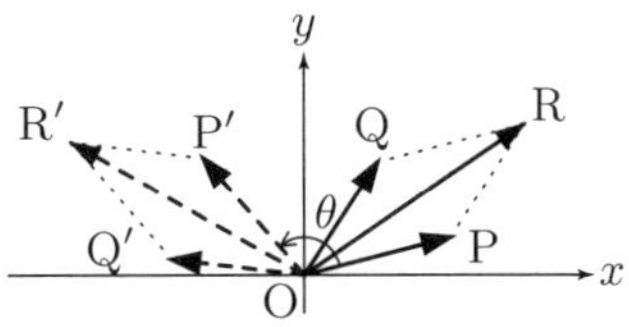

$$\overrightarrow{\mathrm{OP}} = \boldsymbol{x}, \quad \overrightarrow{\mathrm{OQ}} = \boldsymbol{y}, \quad \overrightarrow{\mathrm{OR}} = \boldsymbol{x}+\boldsymbol{y}$$

f によって原点 O は原点 O に写される. また, 3 点 P, Q, R の像をそれぞれ P′, Q′, R′ とすると, 線分 P′Q′ の長さは PQ の長さと等しく, 他も同様である. したがって, O, P′, R′, Q′, O を結んでできる図形は O, P, R, Q, O を結んでできる図形と合同となるから

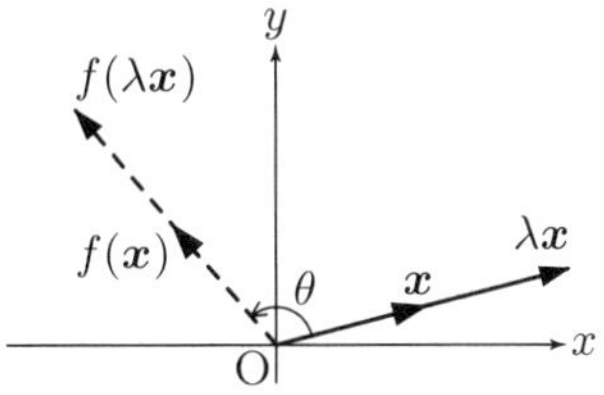

$$\overrightarrow{\mathrm{OR'}} = \overrightarrow{\mathrm{OP'}} + \overrightarrow{\mathrm{OQ'}}$$

よって, 次の等式が成り立つ.

$$f(\boldsymbol{x}+\boldsymbol{y}) = f(\boldsymbol{x}) + f(\boldsymbol{y})$$

同様に考えて, $f(\lambda\boldsymbol{x}) = \lambda f(\boldsymbol{x})$ が得られる. 以上より, f は線形変換である.

図より, ベクトル $\boldsymbol{e}_1 = \begin{pmatrix} 1 \\ 0 \end{pmatrix}$, $\boldsymbol{e}_2 = \begin{pmatrix} 0 \\ 1 \end{pmatrix}$ は, それぞれベクトル $\boldsymbol{e}_1' = \begin{pmatrix} \cos\theta \\ \sin\theta \end{pmatrix}$, $\boldsymbol{e}_2' = \begin{pmatrix} -\sin\theta \\ \cos\theta \end{pmatrix}$ に写されることがわかるから, f の表現行列は

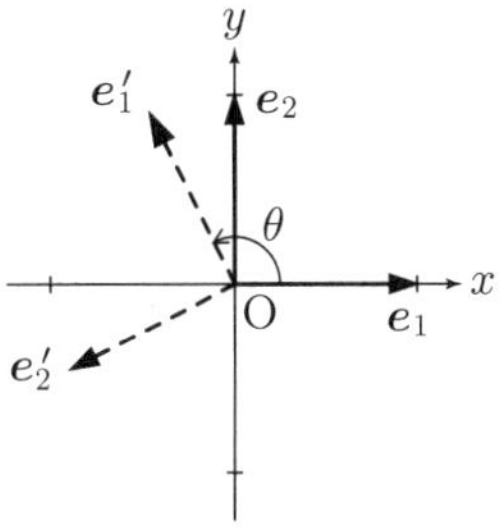

$$\begin{pmatrix} \cos\theta & -\sin\theta \\ \sin\theta & \cos\theta \end{pmatrix}$$

以上より, 次の公式が得られる.

公式 4.3

平面上の点を原点を中心に角 θ だけ回転した点に写す線形変換の表現行列は

$$\begin{pmatrix} \cos\theta & -\sin\theta \\ \sin\theta & \cos\theta \end{pmatrix}$$

である.

例 4.5　原点を中心に $\frac{\pi}{6}$ 回転する線形変換の表現行列は

$$\begin{pmatrix} \cos\frac{\pi}{6} & -\sin\frac{\pi}{6} \\ \sin\frac{\pi}{6} & \cos\frac{\pi}{6} \end{pmatrix} = \begin{pmatrix} \frac{\sqrt{3}}{2} & -\frac{1}{2} \\ \frac{1}{2} & \frac{\sqrt{3}}{2} \end{pmatrix}$$

問 4.13　原点を中心に次の角だけ回転する線形変換の表現行列を求めよ．

(1) $\frac{\pi}{4}$　　(2) $\frac{\pi}{3}$　　(3) $\frac{\pi}{2}$　　(4) π

以下，原点を中心に角 θ 回転する変換を f_θ と書く．

角 α, β について，合成変換 $f_\beta \circ f_\alpha$ は原点を中心に角 $\alpha+\beta$ 回転する変換になるから

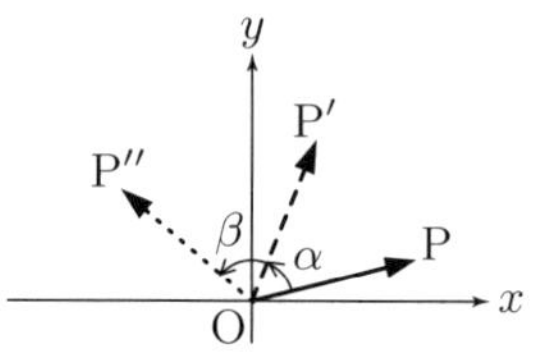

$$f_{\alpha+\beta} = f_\beta \circ f_\alpha$$

それぞれの表現行列の関係で表すと

$$\begin{pmatrix} \cos(\alpha+\beta) & -\sin(\alpha+\beta) \\ \sin(\alpha+\beta) & \cos(\alpha+\beta) \end{pmatrix} = \begin{pmatrix} \cos\beta & -\sin\beta \\ \sin\beta & \cos\beta \end{pmatrix}\begin{pmatrix} \cos\alpha & -\sin\alpha \\ \sin\alpha & \cos\alpha \end{pmatrix}$$

右辺を計算することにより，三角関数の加法定理

$$\cos(\alpha+\beta) = \cos\alpha\cos\beta - \sin\alpha\sin\beta$$
$$\sin(\alpha+\beta) = \sin\alpha\cos\beta + \cos\alpha\sin\beta$$

が得られる．

問 4.14　$f_\theta \circ f_{-\theta}$ はどのような変換になるか．また，${f_\theta}^{-1}$ の表現行列を求めよ．

問 4.15　平面上の点を x 軸に関して対称な点に写す変換を g とするとき，$g \circ f_{-\frac{\pi}{2}}$ の表現行列を求めよ．また，この変換はどのような変換になるか．

4.3.2　直 交 変 換

原点を中心とする回転はベクトルの長さを変えない変換であった．

一般に，線形変換 f について

$$|f(\boldsymbol{x})| = |\boldsymbol{x}| \quad (\boldsymbol{x}\text{ は任意のベクトル}) \tag{4.9}$$

が成り立つとき，f を**直交変換**という．

例 4.6 平面上の点を y 軸に関して対称な点に写す変換 f は，行列

$$A = \begin{pmatrix} -1 & 0 \\ 0 & 1 \end{pmatrix}$$

で表される．すなわち，$\boldsymbol{x}$ の像を $\boldsymbol{x}'$ とおくと

$$\boldsymbol{x} = \begin{pmatrix} x \\ y \end{pmatrix} \quad \text{のとき} \quad \boldsymbol{x}' = \begin{pmatrix} -x \\ y \end{pmatrix}$$

となるから

$$|\boldsymbol{x}'| = \sqrt{(-x)^2 + y^2} = \sqrt{x^2 + y^2} = |\boldsymbol{x}|$$

したがって，f は直交変換である．

問 4.16 平面上の点を原点に関して対称な点に写す変換を g とするとき，g は直交変換であることを示せ．

直交変換 f の表現行列 A がどのような行列になるかを調べよう．

$$A = \begin{pmatrix} a & b \\ c & d \end{pmatrix}, \quad \boldsymbol{x} = \begin{pmatrix} x \\ y \end{pmatrix}, \quad \boldsymbol{x}' = f(\boldsymbol{x}) = \begin{pmatrix} x' \\ y' \end{pmatrix}$$

とおくと

$$x' = ax + by, \quad y' = cx + dy$$

(4.9) に代入して

$$(ax + by)^2 + (cx + dy)^2 = x^2 + y^2$$

これから

$$(a^2 + c^2 - 1)x^2 + 2(ab + cd)xy + (b^2 + d^2 - 1)y^2 = 0$$

この式が任意の x, y について成り立つ条件は

$$a^2 + c^2 - 1 = 0, \quad ab + cd = 0, \quad b^2 + d^2 - 1 = 0$$

すなわち，A の列ベクトルを $\boldsymbol{a}_1$, $\boldsymbol{a}_2$ とおくと

$$|\boldsymbol{a}_1| = 1, \quad |\boldsymbol{a}_2| = 1, \quad \boldsymbol{a}_1 \cdot \boldsymbol{a}_2 = 0 \tag{4.10}$$

となる．これが f が直交変換であるための条件である．

公式 4.4

線形変換 f の表現行列を A とおくとき，f が直交変換であるための条件は

(1) A のすべての列ベクトルの大きさが 1

(2) A の列ベクトルは互いに垂直 (内積が 0)

公式 4.4 の条件を満たす行列を**直交行列**という．

例 4.7 原点を中心とする回転 f_θ の表現行列は $A = \begin{pmatrix} \cos\theta & -\sin\theta \\ \sin\theta & \cos\theta \end{pmatrix}$

A の列ベクトルは $\boldsymbol{a}_1 = \begin{pmatrix} \cos\theta \\ \sin\theta \end{pmatrix}$，$\boldsymbol{a}_2 = \begin{pmatrix} -\sin\theta \\ \cos\theta \end{pmatrix}$ で

$$|\boldsymbol{a}_1|^2 = |\boldsymbol{a}_2|^2 = \cos^2\theta + \sin^2\theta = 1$$
$$\boldsymbol{a}_1 \cdot \boldsymbol{a}_2 = \cos\theta(-\sin\theta) + \cos\theta\sin\theta = 0$$

したがって，A は直交行列であり，f_θ は直交変換であることが確かめられる．

問 4.17 $A = \begin{pmatrix} \dfrac{4}{5} & \dfrac{3}{5} \\ \dfrac{3}{5} & -\dfrac{4}{5} \end{pmatrix}$ の表す線形変換は直交変換であることを示せ．

列ベクトル $\boldsymbol{a}_1$，$\boldsymbol{a}_2$ をとるとき，$\boldsymbol{a}_1$ を転置してできるベクトル ${}^t\boldsymbol{a}_1$ は行ベクトルで，次の等式が成り立つ．

$${}^t\boldsymbol{a}_1\boldsymbol{a}_2 = \boldsymbol{a}_1 \cdot \boldsymbol{a}_2$$

これから，行列 A の列ベクトルを $\boldsymbol{a}_1$，$\boldsymbol{a}_2$ とするとき

$${}^tAA = \begin{pmatrix} {}^t\boldsymbol{a}_1 \\ {}^t\boldsymbol{a}_2 \end{pmatrix}\begin{pmatrix} \boldsymbol{a}_1 & \boldsymbol{a}_2 \end{pmatrix} = \begin{pmatrix} \boldsymbol{a}_1\cdot\boldsymbol{a}_1 & \boldsymbol{a}_1\cdot\boldsymbol{a}_2 \\ \boldsymbol{a}_2\cdot\boldsymbol{a}_1 & \boldsymbol{a}_2\cdot\boldsymbol{a}_2 \end{pmatrix} = \begin{pmatrix} |\boldsymbol{a}_1|^2 & \boldsymbol{a}_1\cdot\boldsymbol{a}_2 \\ \boldsymbol{a}_2\cdot\boldsymbol{a}_1 & |\boldsymbol{a}_2|^2 \end{pmatrix}$$

したがって，A が直交行列である条件は，公式 4.4 より

$${}^tAA = E \tag{4.11}$$

と書くこともできる．このことから，直交行列は正則であり

$$A\,{}^tA = E$$

が成り立つから，${}^tA$ も直交行列となる．

注意 このことから，公式 4.4 は行ベクトルについても成り立つことがわかる．

(4.11) の両辺の行列式をとると

$$|{}^tAA| = |{}^tA|\,|A| = |E| \quad \text{これから} \quad |A|^2 = 1$$

したがって，直交行列の行列式の値は ±1 である．また，直交行列は正則で，逆行列はその転置行列になる．

$$A^{-1} = {}^tA$$

すなわち，直交変換 f は逆変換 f^{-1} をもち，f^{-1} の表現行列は f の表現行列の転置行列である．

問 4.18 問 4.17 の直交変換について，逆変換の表現行列を求めよ．

4.4　R^3 の線形変換

$\boldsymbol{R}^2$ の場合と同様に，$\boldsymbol{R}^3$ の線形変換も定義される．線形変換の表現行列なども同様に定められるが，$\boldsymbol{R}^3$ の場合は，3 次の正方行列になる．

例 4.8　空間の点 $\mathrm{P}(x,\ y,\ z)$ を xy 平面に関して対称な点 $\mathrm{P}'(x',\ y',\ z')$ に写す変換を f とすると

$$x' = x, \quad y' = y, \quad z' = -z$$

より，f の表現行列は $\begin{pmatrix} 1 & 0 & 0 \\ 0 & 1 & 0 \\ 0 & 0 & -1 \end{pmatrix}$

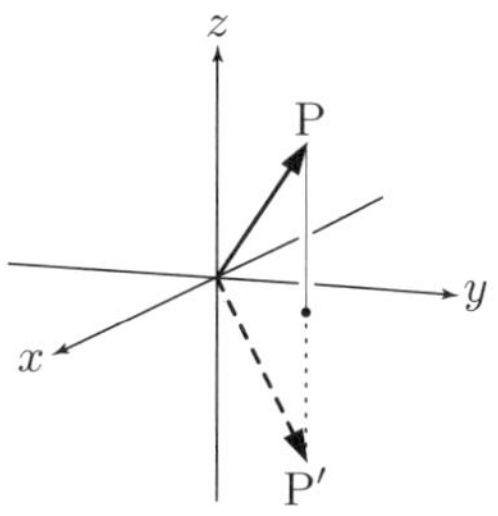

例 4.9　点 $\mathrm{P}(x,\ y,\ z)$, $\mathrm{P}'(x',\ y',\ z')$ の z 座標は変えずに，$(x,\ y)$ を平面上の点とみて原点を中心に θ 回転した点を $(x',\ y')$ とする．P から P′ への対応 g は z 軸の回りの θ 回転といわれる．g は線形変換で，その表現行列は

$$\begin{pmatrix} \cos\theta & -\sin\theta & 0 \\ \sin\theta & \cos\theta & 0 \\ 0 & 0 & 1 \end{pmatrix}$$

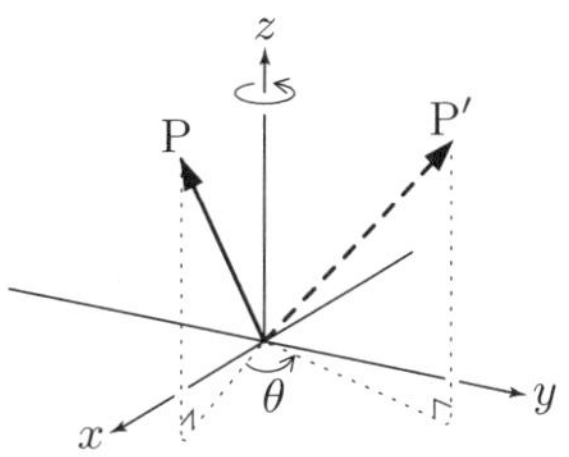

同様に，x 軸，y 軸の回りの θ 回転は，それぞれ次の行列で表される．

$$\begin{pmatrix} 1 & 0 & 0 \\ 0 & \cos\theta & -\sin\theta \\ 0 & \sin\theta & \cos\theta \end{pmatrix}, \quad \begin{pmatrix} \cos\theta & 0 & \sin\theta \\ 0 & 1 & 0 \\ -\sin\theta & 0 & \cos\theta \end{pmatrix}$$

ただし，y 軸の回りの回転では，z 軸から x 軸への回転を正としている．

合成変換，逆変換，直交変換についても，$\boldsymbol{R}^2$ の場合と同様に定められる．直交変換とその表現行列についても，公式 4.4 および (4.11) が成り立つ．73 ページ，74 ページ参照

問 4.19　空間の点 P を次のような点 P′ に写す線形変換の表現行列を求めよ．

(1)　P′ の x 座標は P の x 座標の a 倍，P′ の y 座標は P の y 座標の b 倍，P′ の z 座標は P の z 座標の c 倍である．

(2)　P′ と P は yz 平面に関して対称である．

(3)　P′ と P は平面 $x = y$ に関して対称である．

問 4.20　問 4.19 のそれぞれについて，逆変換が存在するならば，その表現行列を求めよ．

問 4.21　問 4.19 の (2), (3) は直交変換であることを示せ．

[例題 4.4] 原点 O(0, 0, 0) と点 A(0, 1, 1) を通る直線の回りに，下図のようにAからOを見て左回りに $\dfrac{\pi}{2}$ 回転する線形変換 f の表現行列を求めよ．

[解] f により $\mathrm{P}(x,\ y,\ z)$ が $\mathrm{P}'(x',\ y',\ z')$ に写されるとする．また，x 軸の回りの $\dfrac{\pi}{4}$ 回転を f_1，z 軸の回りの $\dfrac{\pi}{2}$ 回転を f_2 とおき，f_1 による P, P′ の像をそれぞれ P_1，P_1' とおく．

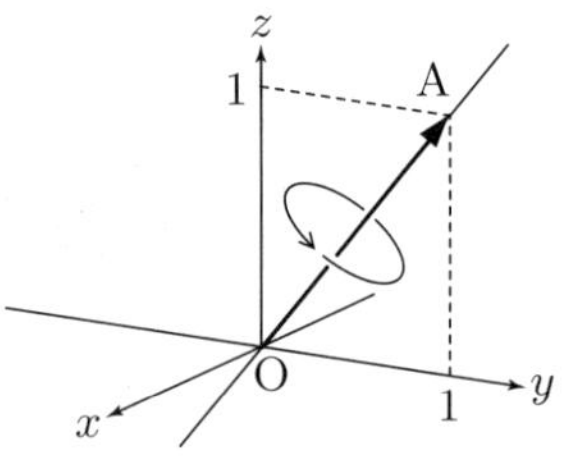

$$\mathrm{P}_1 = f_1(\mathrm{P}), \quad \mathrm{P}_1' = f_1(\mathrm{P}')$$

f_1 により，直線 OA は z 軸に写り，OA, P, P′ の位置関係は z 軸，P_1，P_1' の位置関係と等しいから，f_2 により P_1 は P_1' に写される．

$$\mathrm{P}_1{}' = f_2(\mathrm{P}_1)$$

これから

$$f_1(\mathrm{P}') = \mathrm{P}_1' = f_2(\mathrm{P}_1) = (f_2 \circ f_1)(\mathrm{P})$$

f_1 の逆変換 f_1^{-1} を用いると

$$\mathrm{P}' = (f_1^{-1} \circ f_2 \circ f_1)(\mathrm{P})$$

したがって

$$f = f_1^{-1} \circ f_2 \circ f_1$$

が成り立つ．

f_1，f_1^{-1}，f_2 の表現行列はそれぞれ

$$\begin{pmatrix} 1 & 0 & 0 \\ 0 & \dfrac{1}{\sqrt{2}} & -\dfrac{1}{\sqrt{2}} \\ 0 & \dfrac{1}{\sqrt{2}} & \dfrac{1}{\sqrt{2}} \end{pmatrix}, \quad \begin{pmatrix} 1 & 0 & 0 \\ 0 & \dfrac{1}{\sqrt{2}} & \dfrac{1}{\sqrt{2}} \\ 0 & -\dfrac{1}{\sqrt{2}} & \dfrac{1}{\sqrt{2}} \end{pmatrix}, \quad \begin{pmatrix} 0 & -1 & 0 \\ 1 & 0 & 0 \\ 0 & 0 & 1 \end{pmatrix}$$

となるから，f の表現行列は

$$\begin{pmatrix} 1 & 0 & 0 \\ 0 & \dfrac{1}{\sqrt{2}} & \dfrac{1}{\sqrt{2}} \\ 0 & -\dfrac{1}{\sqrt{2}} & \dfrac{1}{\sqrt{2}} \end{pmatrix} \begin{pmatrix} 0 & -1 & 0 \\ 1 & 0 & 0 \\ 0 & 0 & 1 \end{pmatrix} \begin{pmatrix} 1 & 0 & 0 \\ 0 & \dfrac{1}{\sqrt{2}} & -\dfrac{1}{\sqrt{2}} \\ 0 & \dfrac{1}{\sqrt{2}} & \dfrac{1}{\sqrt{2}} \end{pmatrix}$$

$$= \begin{pmatrix} 0 & -\dfrac{1}{\sqrt{2}} & \dfrac{1}{\sqrt{2}} \\ \dfrac{1}{\sqrt{2}} & \dfrac{1}{2} & \dfrac{1}{2} \\ -\dfrac{1}{\sqrt{2}} & \dfrac{1}{2} & \dfrac{1}{2} \end{pmatrix}$$

□

問 4.22 原点 O と点 B(1, 0, 1) を通る直線の回りに，B から O を見て右回りに $\dfrac{\pi}{2}$ 回転する線形変換 g の表現行列を求めよ．

4.5 線形写像

$\boldsymbol{R}^3$ のベクトルから $\boldsymbol{R}^2$ のベクトルへの対応 f について，線形性

$$\begin{cases} f(\boldsymbol{x}+\boldsymbol{y}) = f(\boldsymbol{x}) + f(\boldsymbol{y}) \\ f(\lambda \boldsymbol{x}) = \lambda f(\boldsymbol{x}) \end{cases}$$

が成り立つとき，f を $\boldsymbol{R}^3$ から $\boldsymbol{R}^2$ への**線形写像**という．$\boldsymbol{R}^2$ から $\boldsymbol{R}^3$ への線形写像も同様に定義される．また，線形変換も線形写像のひとつと考える．

例 4.10 $\boldsymbol{x} = \begin{pmatrix} x \\ y \\ z \end{pmatrix}$ から $\boldsymbol{x}' = \begin{pmatrix} x \\ y \end{pmatrix}$ への対応 f は $\boldsymbol{R}^3$ から $\boldsymbol{R}^2$ への線形写像である．

$\boldsymbol{x} = \begin{pmatrix} x \\ y \end{pmatrix}$ から $\boldsymbol{x}' = \begin{pmatrix} x \\ y \\ 0 \end{pmatrix}$ への対応 g は $\boldsymbol{R}^2$ から $\boldsymbol{R}^3$ への線形写像である．

線形写像の表現行列も線形変換の場合と同様に定義される．

例 4.11 例 4.10 の f について $\boldsymbol{e}_1 = \begin{pmatrix} 1 \\ 0 \\ 0 \end{pmatrix}$，$\boldsymbol{e}_2 = \begin{pmatrix} 0 \\ 1 \\ 0 \end{pmatrix}$，$\boldsymbol{e}_3 = \begin{pmatrix} 0 \\ 0 \\ 1 \end{pmatrix}$ とおくと

$$f(\boldsymbol{e}_1) = \begin{pmatrix} 1 \\ 0 \end{pmatrix}, \quad f(\boldsymbol{e}_2) = \begin{pmatrix} 0 \\ 1 \end{pmatrix}, \quad f(\boldsymbol{e}_3) = \begin{pmatrix} 0 \\ 0 \end{pmatrix}$$

となるから，f の表現行列は $\begin{pmatrix} 1 & 0 & 0 \\ 0 & 1 & 0 \end{pmatrix}$ である．

例 4.10 の g について $\boldsymbol{e}_1 = \begin{pmatrix} 1 \\ 0 \end{pmatrix}$，$\boldsymbol{e}_2 = \begin{pmatrix} 0 \\ 1 \end{pmatrix}$ とおくと

$$g(\boldsymbol{e}_1) = \begin{pmatrix} 1 \\ 0 \\ 0 \end{pmatrix}, \quad g(\boldsymbol{e}_2) = \begin{pmatrix} 0 \\ 1 \\ 0 \end{pmatrix}$$

となるから，g の表現行列は $\begin{pmatrix} 1 & 0 \\ 0 & 1 \\ 0 & 0 \end{pmatrix}$ である．

問 4.23 $\boldsymbol{x} = \begin{pmatrix} x \\ y \\ z \end{pmatrix}$ を $\boldsymbol{x}' = \begin{pmatrix} y+z \\ x+z \end{pmatrix}$ に写す線形写像 f の表現行列を求めよ．

合成写像も線形変換の合成変換と同様に定義される．例えば

f は $\boldsymbol{R}^3$ から $\boldsymbol{R}^2$ への線形写像
g は $\boldsymbol{R}^2$ から $\boldsymbol{R}^3$ への線形写像

のとき，$g \circ f$ は $\boldsymbol{R}^3$ から $\boldsymbol{R}^3$ への線形写像，すなわち $\boldsymbol{R}^3$ の線形変換となる．

f が $\boldsymbol{R}^3$ から $\boldsymbol{R}^2$ への線形写像のとき，f の表現行列 A は 2×3 型の行列であり，$\operatorname{rank} A$ は 2 以下となるから，1 次方程式

34 ページ参照

$$A\boldsymbol{x}=\boldsymbol{o}$$

は $\boldsymbol{o}$ 以外の解をもつ．

一般に，線形写像 f について

$$f(\boldsymbol{x})=\boldsymbol{o}$$

核 (kernel)

となるベクトル $\boldsymbol{x}$ 全体からなる集合を f の**核**といい，$\operatorname{Ker} f$ と書く．

$\operatorname{Ker} f \neq \{\boldsymbol{o}\}$ のとき，$\operatorname{Ker} f$ の要素で $\boldsymbol{o}$ でないベクトルの 1 つを $\boldsymbol{x}_1$ とおくと，線形写像 g について

$$(g\circ f)(\boldsymbol{x}_1)=g\big(f(\boldsymbol{x}_1)\big)=g(\boldsymbol{o})=\boldsymbol{o}$$

となるから，$g\circ f$ が恒等変換となる線形写像 g は存在しない．

[例題 4.5] 線形写像 f の表現行列が $A=\begin{pmatrix}1 & -2 & 2\\ 3 & -4 & 5\end{pmatrix}$ のとき，$\operatorname{Ker} f$ を求めよ．

[解] 連立 1 次方程式 $A\boldsymbol{x}=\boldsymbol{o}$ の拡大係数行列に行基本変形を施す．

$$\begin{pmatrix}1 & -2 & 2 & 0\\ 3 & -4 & 5 & 0\end{pmatrix}\xrightarrow{2\text{ 行}-1\text{ 行}\times 3}\begin{pmatrix}1 & -2 & 2 & 0\\ 0 & 2 & -1 & 0\end{pmatrix}$$

$z=2t$ とおくと　$y=t,\ x=-2z+2y=-2t$

したがって，$\operatorname{Ker} f$ は

$$\boldsymbol{x}=t\begin{pmatrix}-2\\ 1\\ 2\end{pmatrix}\quad (t \text{ は任意の実数})$$

と表されるベクトル $\boldsymbol{x}$ の全体である． □

問 4.24 問 4.23 の f について，$\operatorname{Ker} f$ を求めよ．

問 4.25 $\boldsymbol{R}^2$ から $\boldsymbol{R}^3$ への線形写像 $f,\ g$ がそれぞれ次の行列 $A,\ B$ で表されるとき，$\operatorname{Ker} f,\ \operatorname{Ker} g$ を求めよ．

(1) $A=\begin{pmatrix}-1 & 1\\ 1 & 2\\ 3 & -2\end{pmatrix}$　　(2) $B=\begin{pmatrix}1 & 3\\ 2 & 6\\ -3 & -9\end{pmatrix}$

f が $\boldsymbol{R}^2$ から $\boldsymbol{R}^3$ への線形写像のとき，f の表現行列 A は 3×2 型の行列であり，$\operatorname{rank} A$ は 2 以下となるから，ベクトル $\boldsymbol{x}'$ を与えるとき，$\boldsymbol{x}$ についての連立 1 次方程式

$$A\boldsymbol{x}=\boldsymbol{x}'$$

は必ずしも解をもたない.

一般に線形写像 f について，ある $\boldsymbol{x}$ により $\boldsymbol{x}' = f(\boldsymbol{x})$ と表されるベクトル $\boldsymbol{x}'$ の集合を f の**像**といい，$\mathrm{Image}\, f$ と書く.

[例題 4.6] 線形写像 f の表現行列が $A = \begin{pmatrix} 1 & 3 \\ 2 & 4 \\ -3 & 1 \end{pmatrix}$ であるとき，$\mathrm{Image}\, f$ を求めよ.

[解] $\boldsymbol{x} = \begin{pmatrix} x \\ y \end{pmatrix}$, $\boldsymbol{x}' = \begin{pmatrix} x' \\ y' \\ z' \end{pmatrix}$ とおく. $\boldsymbol{x}'$ が $\mathrm{Image}\, f$ に属する条件は，$\boldsymbol{x}$ についての

連立 1 次方程式 $A\boldsymbol{x} = \boldsymbol{x}'$ が解をもつことである.
拡大係数行列に行基本変形を施すと

$$\begin{pmatrix} 1 & 3 & x' \\ 2 & 4 & y' \\ -3 & 1 & z' \end{pmatrix} \xrightarrow[3\text{行}+1\text{行}\times 3]{2\text{行}-1\text{行}\times 2} \begin{pmatrix} 1 & 3 & x' \\ 0 & -2 & y'-2x' \\ 0 & 10 & z'+3x' \end{pmatrix}$$

$$\xrightarrow{3\text{行}+2\text{行}\times 5} \begin{pmatrix} 1 & 3 & x' \\ 0 & -2 & y'-2x' \\ 0 & 0 & z'+5y'-7x' \end{pmatrix}$$

したがって，解をもつためには

$$z' + 5y' - 7x' = 0$$

$x' = t$, $y' = s$ とおくと，$z' = 7t - 5s$ となるから，$\mathrm{Image}\, f$ は

$$\boldsymbol{x}' = t\begin{pmatrix} 1 \\ 0 \\ 7 \end{pmatrix} + s\begin{pmatrix} 0 \\ 1 \\ -5 \end{pmatrix} \quad (t,\ s \text{ は任意の実数})$$

と表される $\boldsymbol{x}'$ の全体である. □

問 4.26 問 4.25 の f, g について，$\mathrm{Image}\, f$, $\mathrm{Image}\, g$ を求めよ.

章末問題 4

— **A** —

4.1 次の変換 f は線形変換であるかどうかを答えよ.

(1) $f:\begin{pmatrix}x_1\\x_2\end{pmatrix}\mapsto\begin{pmatrix}2x_1+x_2\\-x_2\end{pmatrix}$　　(2) $f:\begin{pmatrix}x_1\\x_2\end{pmatrix}\mapsto\begin{pmatrix}x_1+3\\x_1-3x_2\end{pmatrix}$

4.2 次の行列が表す線形変換はどのような変換か.

(1) $\begin{pmatrix}3&0\\0&2\end{pmatrix}$　　(2) $\begin{pmatrix}\frac{1}{2}&\frac{\sqrt{3}}{2}\\-\frac{\sqrt{3}}{2}&\frac{1}{2}\end{pmatrix}$　　(3) $\begin{pmatrix}\frac{\sqrt{3}}{2}&-\frac{1}{2}&0\\\frac{1}{2}&\frac{\sqrt{3}}{2}&0\\0&0&1\end{pmatrix}$

4.3 次の線形変換の表現行列を求めよ.

(1) 平面上の点 $\mathrm{P}(x,\ y)$ を P から y 軸に下ろした垂線との交点に写す.

(2) 平面上の点 $\mathrm{P}(x,\ y)$ を，その x 座標を 4 倍，y 座標を 2 倍した点に写したうえで，原点を中心に $\frac{\pi}{4}$ 回転する.

(3) 空間の点 $\mathrm{P}(x,\ y,\ z)$ を P から yz 平面に下ろした垂線との交点に写す.

(4) 空間の点 $\mathrm{P}(x,\ y,\ z)$ を y 軸の回りに $\frac{\pi}{6}$ 回転したうえで，zx 平面に関して対称な点に写す.

4.4 次の図形を求めよ.

(1) $\begin{pmatrix}2&0\\0&2\end{pmatrix}$ の表す線形変換による円 $x^2+y^2=1$ の像

(2) $\begin{pmatrix}1&0\\2&3\end{pmatrix}$ の表す線形変換による直線 $y=-x$ の像

4.5 次の線形写像の表現行列を求めよ.

(1) $f:\begin{pmatrix}x_1\\x_2\end{pmatrix}\longmapsto\begin{pmatrix}x_2\\x_1+2x_2\\x_1\end{pmatrix}$　　(2) $g:\begin{pmatrix}x_1\\x_2\\x_3\end{pmatrix}\longmapsto\begin{pmatrix}3x_1-2x_2\\x_1-x_2+2x_3\end{pmatrix}$

4.6 前問の線形変換 $f,\ g$ について，$\mathrm{Image}\, f$，$\mathrm{Ker}\, g$ を求めよ.

— **B** —

4.7 原点 $\mathrm{O}(0,\ 0,\ 0)$ と点 $\mathrm{A}(\sqrt{3},\ 1,\ 0)$ を通る直線の回りに A から O を見て左回りに $\frac{\pi}{2}$ 回転する線形変換 f の表現行列を求めよ.

4.8 原点 $\mathrm{O}(0,\ 0)$ と点 $\mathrm{A}(a_1,\ a_2)$ $({a_1}^2+{a_2}^2\neq 0)$ を通る直線を ℓ とする．点 $\mathrm{P}(x,\ y)$ から直線 ℓ に下ろした垂線と直線 ℓ との交点を $\mathrm{P}'(x',\ y')$ とするとき，点 P を P$'$ に写す変換を f とする．また，$g(\boldsymbol{x})=\boldsymbol{x}-f(\boldsymbol{x})$，$h(\boldsymbol{x})=\boldsymbol{x}-2g(\boldsymbol{x})$ とおく．このとき，次の問いに答えよ.

(1) f は線形変換であることを示せ.

(2) $f\circ f=f$ および $g\circ g=g$ を示せ.

(3) $h\circ h$ は恒等変換であることを示せ.

(4) f の表現行列を求めよ.

5

固有値と固有ベクトル

5.1 座標変換

$\boldsymbol{R}^2$ のベクトル $\boldsymbol{p}_1$, $\boldsymbol{p}_2$ は線形独立であるとし，列ベクトルとしてこの順に並べてできる行列を P とおく．

$$P = (\boldsymbol{p}_1 \ \ \boldsymbol{p}_2)$$

このとき，P は正則であり，任意のベクトル $\boldsymbol{x} = \begin{pmatrix} x \\ y \end{pmatrix}$ に対して

39 ページ参照

$$\boldsymbol{x} = x'\boldsymbol{p}_1 + y'\boldsymbol{p}_2 \tag{5.1}$$

とおくと

$$\begin{pmatrix} x \\ y \end{pmatrix} = (\boldsymbol{p}_1 \ \ \boldsymbol{p}_2)\begin{pmatrix} x' \\ y' \end{pmatrix} = P\begin{pmatrix} x' \\ y' \end{pmatrix} \tag{5.2}$$

P は正則だから，x', y' は

$$\begin{pmatrix} x' \\ y' \end{pmatrix} = P^{-1}\begin{pmatrix} x \\ y \end{pmatrix}$$

により，ただ1つに定まる．これを $\boldsymbol{x}$ の $\boldsymbol{p}_1$, $\boldsymbol{p}_2$ に関する**成分**という．線形独立な $\boldsymbol{p}_1$, $\boldsymbol{p}_2$ は成分を定める基盤となるベクトルであり，$\boldsymbol{R}^2$ の**基**という．

基 basis
基底ともいう

特に，$\boldsymbol{e}_1 = \begin{pmatrix} 1 \\ 0 \end{pmatrix}$, $\boldsymbol{e}_2 = \begin{pmatrix} 0 \\ 1 \end{pmatrix}$ については

$$\begin{pmatrix} x \\ y \end{pmatrix} = x\,\boldsymbol{e}_1 + y\,\boldsymbol{e}_2$$

となるから，$\boldsymbol{x}$ の成分は $\boldsymbol{e}_1$, $\boldsymbol{e}_2$ による成分と一致する．$\boldsymbol{e}_1$, $\boldsymbol{e}_2$ を**標準基**という．

問 5.1 基 $\boldsymbol{p}_1 = \begin{pmatrix} 2 \\ 3 \end{pmatrix}$, $\boldsymbol{p}_2 = \begin{pmatrix} -1 \\ 1 \end{pmatrix}$ に関する $\boldsymbol{x} = \begin{pmatrix} 5 \\ 6 \end{pmatrix}$ の成分を求めよ．

基 $\boldsymbol{p}_1$, $\boldsymbol{p}_2$ のベクトルがすべて単位ベクトルで，互いに垂直である場合を考えよう．このとき，$\boldsymbol{p}_1$, $\boldsymbol{p}_2$ を**正規直交基**という．正規直交基 $\boldsymbol{p}_1$, $\boldsymbol{p}_2$ のベクトルを並べてできる行列 P は直交行列になる．

74 ページ参照

平面において，原点 O を通り，$\boldsymbol{p}_1$, $\boldsymbol{p}_2$ に平行な直線をそれぞれ Ox', Oy' とおくと，Ox', Oy' は原点において直交する 2 直線である．すなわち，正規直交基 $\boldsymbol{p}_1$, $\boldsymbol{p}_2$ は平面の**直交座標系** O-$x'y'$ を定めるとしてよい．

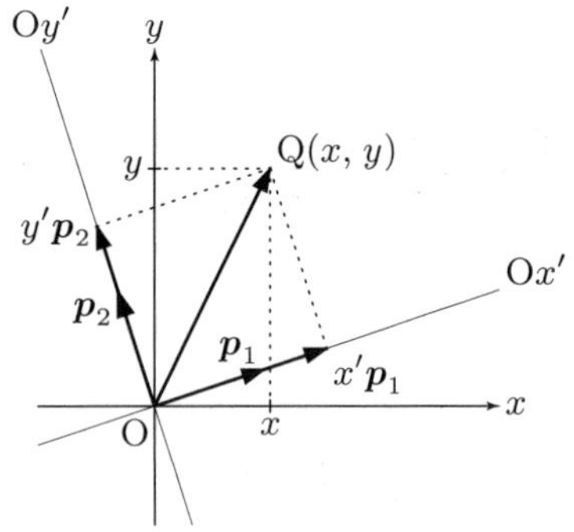

任意の点 $Q(x,\ y)$ について，図より，位置ベクトル $\overrightarrow{OQ}$ の基 $\boldsymbol{p}_1$, $\boldsymbol{p}_2$ に関する成分 x', y' は，点 Q の座標系 O-$x'y'$ に関する座標であり，次の関係が成り立つ．

$$\begin{pmatrix} x \\ y \end{pmatrix} = P\begin{pmatrix} x' \\ y' \end{pmatrix} \quad \text{または} \quad \begin{pmatrix} x' \\ y' \end{pmatrix} = P^{-1}\begin{pmatrix} x \\ y \end{pmatrix} \tag{5.3}$$

74 ページ参照

直交行列 P については，$P^{-1} = {}^tP$ である．

問 5.2 $\boldsymbol{p}_1 = \begin{pmatrix} \dfrac{1}{2} \\ \dfrac{\sqrt{3}}{2} \end{pmatrix}$, $\boldsymbol{p}_2 = \begin{pmatrix} -\dfrac{\sqrt{3}}{2} \\ \dfrac{1}{2} \end{pmatrix}$ は正規直交基であることを示せ．また，$\boldsymbol{p}_1$, $\boldsymbol{p}_2$ の定める座標系 O-$x'y'$ に関する点 Q(4, 6) の座標を求めよ．

同様に，一般の基 $\boldsymbol{p}_1$, $\boldsymbol{p}_2$ についても座標系 O-$x'y'$ を定めることができる．ただし，軸 Ox', Oy' は必ずしも直交せず，座標は $\boldsymbol{p}_1$, $\boldsymbol{p}_2$ を単位として測ることになる．

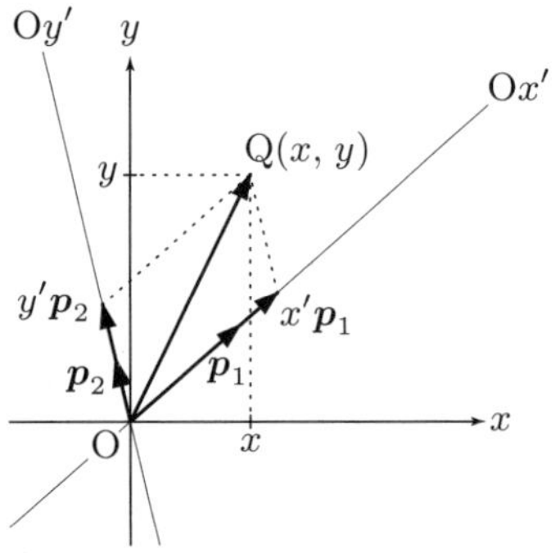

点 Q の 2 つの座標の間には，やはり (5.3) の関係が成り立つ．行列 P を座標系 O-xy から座標系 O-$x'y'$ への，または標準基 $\boldsymbol{e}_1$, $\boldsymbol{e}_2$ から基 $\boldsymbol{p}_1$, $\boldsymbol{p}_2$ への**変換行列**という．基 $\boldsymbol{p}_1$, $\boldsymbol{p}_2$ のベクトルは線形独立だから，変換行列は正則になる．

f を $\boldsymbol{R}^2$ の線形変換とし，f の表現行列を A とおく．

このとき．ベクトル $\boldsymbol{x} = \begin{pmatrix} x_1 \\ x_2 \end{pmatrix}$ の f による像を $\boldsymbol{y} = \begin{pmatrix} y_1 \\ y_2 \end{pmatrix}$ とおくと，次の等式が成り立つ．

$$\begin{pmatrix} y_1 \\ y_2 \end{pmatrix} = A\begin{pmatrix} x_1 \\ x_2 \end{pmatrix} \tag{5.4}$$

基 $\boldsymbol{p}_1$, $\boldsymbol{p}_2$ を用いるとき，線形変換 f がどのように表されるかを求めよう．

ベクトル $\boldsymbol{x}$, $\boldsymbol{y}$ の基 $\boldsymbol{p}_1$, $\boldsymbol{p}_2$ に関する成分をそれぞれ x'_1, x'_2 および y'_1, y'_2 とおくと，(5.2) より

$$\begin{pmatrix} x_1 \\ x_2 \end{pmatrix} = P\begin{pmatrix} x'_1 \\ x'_2 \end{pmatrix}, \quad \begin{pmatrix} y_1 \\ y_2 \end{pmatrix} = P\begin{pmatrix} y'_1 \\ y'_2 \end{pmatrix}$$

(5.4) に代入すると

$$P\begin{pmatrix} y'_1 \\ y'_2 \end{pmatrix} = AP\begin{pmatrix} x'_1 \\ x'_2 \end{pmatrix}$$

両辺に左から P^{-1} を掛けることにより，次の等式が得られる．

$$\begin{pmatrix} y'_1 \\ y'_2 \end{pmatrix} = P^{-1}AP\begin{pmatrix} x'_1 \\ x'_2 \end{pmatrix} \tag{5.5}$$

すなわち，f による $\boldsymbol{x}$ の像 $\boldsymbol{y}$ の基 $\boldsymbol{p}_1$, $\boldsymbol{p}_2$ に関する成分が (5.5) により得られることになる．$P^{-1}AP$ を f の基 $\boldsymbol{p}_1$, $\boldsymbol{p}_2$ に関する**表現行列**という．

f の表現行列は，標準基 $\boldsymbol{e}_1$, $\boldsymbol{e}_2$ に関する表現行列にほかならない．

公式 5.1

線形変換 f の表現行列を A，標準基から基 $\boldsymbol{p}_1$, $\boldsymbol{p}_2$ への変換行列を P とするとき，f の基 $\boldsymbol{p}_1$, $\boldsymbol{p}_2$ に関する表現行列は $P^{-1}AP$ である．

注意 $\boldsymbol{p}_1$, $\boldsymbol{p}_2$ が正規直交基のときは，$P^{-1} = {}^tP$ より，f の表現行列は ${}^tPAP$ となる．

例 5.1 平面上の点を y 軸に対称な点に写す線形変換を f とする．

f の表現行列は $\begin{pmatrix} -1 & 0 \\ 0 & 1 \end{pmatrix}$

$\boldsymbol{p}_1 = \begin{pmatrix} \dfrac{1}{\sqrt{2}} \\ \dfrac{1}{\sqrt{2}} \end{pmatrix}$, $\boldsymbol{p}_2 = \begin{pmatrix} -\dfrac{1}{\sqrt{2}} \\ \dfrac{1}{\sqrt{2}} \end{pmatrix}$ は正規直交基で，$P = \begin{pmatrix} \boldsymbol{p}_1 & \boldsymbol{p}_2 \end{pmatrix}$ とおくと，

f の $\boldsymbol{p}_1$, $\boldsymbol{p}_2$ に関する表現行列は

$$P^{-1}AP = {}^tPAP = \begin{pmatrix} \dfrac{1}{\sqrt{2}} & \dfrac{1}{\sqrt{2}} \\ -\dfrac{1}{\sqrt{2}} & \dfrac{1}{\sqrt{2}} \end{pmatrix}\begin{pmatrix} -1 & 0 \\ 0 & 1 \end{pmatrix}\begin{pmatrix} \dfrac{1}{\sqrt{2}} & -\dfrac{1}{\sqrt{2}} \\ \dfrac{1}{\sqrt{2}} & \dfrac{1}{\sqrt{2}} \end{pmatrix} = \begin{pmatrix} 0 & 1 \\ 1 & 0 \end{pmatrix}$$

問 5.3 平面上の点を y 軸に対称な点に写す線形変換を f とするとき，f の基 $\begin{pmatrix} 1 \\ 2 \end{pmatrix}$, $\begin{pmatrix} 1 \\ 3 \end{pmatrix}$ に関する表現行列を求めよ．

[例題 5.1]　平面上の点を直線 $y=\frac{1}{2}x$ に対称な点に写す線形変換を f とするとき，f の (標準基に関する) 表現行列を求めよ．

[解]　$\boldsymbol{p}_1$，$\boldsymbol{p}_2$ を次のように定める．

$$\boldsymbol{p}_1=\frac{1}{\sqrt{5}}\begin{pmatrix}2\\1\end{pmatrix},\quad \boldsymbol{p}_2=\frac{1}{\sqrt{5}}\begin{pmatrix}-1\\2\end{pmatrix}$$

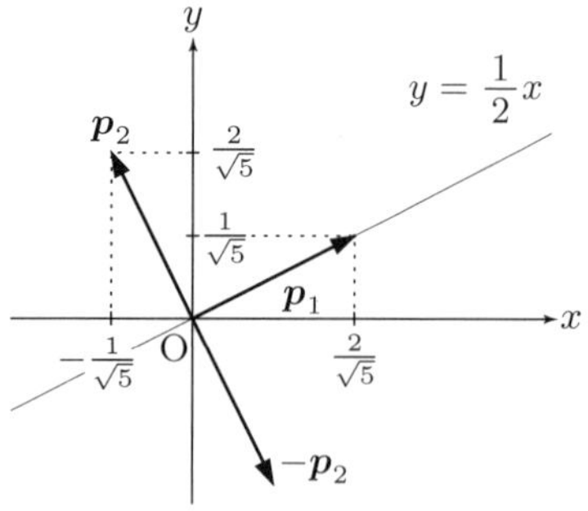

$\boldsymbol{p}_1, \boldsymbol{p}_2$ は正規直交基で

$$f(\boldsymbol{p}_1)=\boldsymbol{p}_1,\quad f(\boldsymbol{p}_2)=-\boldsymbol{p}_2$$

となるから，(5.5) で

$$P^{-1}AP=B$$

とおくとき，$\boldsymbol{p}_1$ および $\boldsymbol{p}_2$ の基 $\boldsymbol{p}_1$，$\boldsymbol{p}_2$ に関する成分がそれぞれ 1, 0 および 0, 1 であることから，次の等式が成り立つ．

$$\begin{pmatrix}1\\0\end{pmatrix}=B\begin{pmatrix}1\\0\end{pmatrix},\quad \begin{pmatrix}0\\-1\end{pmatrix}=B\begin{pmatrix}0\\1\end{pmatrix}$$

これから　$B=\begin{pmatrix}1&0\\0&-1\end{pmatrix}$

$P^{-1}AP=B$ の両辺に左から P，右から P^{-1} を掛けると

$$A=PBP^{-1}=PB\,{}^tP$$

よって

$$A=\begin{pmatrix}\frac{2}{\sqrt{5}}&-\frac{1}{\sqrt{5}}\\\frac{1}{\sqrt{5}}&\frac{2}{\sqrt{5}}\end{pmatrix}\begin{pmatrix}1&0\\0&-1\end{pmatrix}\begin{pmatrix}\frac{2}{\sqrt{5}}&\frac{1}{\sqrt{5}}\\-\frac{1}{\sqrt{5}}&\frac{2}{\sqrt{5}}\end{pmatrix}$$

$$=\begin{pmatrix}\frac{3}{5}&\frac{4}{5}\\\frac{4}{5}&-\frac{3}{5}\end{pmatrix}$$

□

問 5.4　直線 $y=x$ に平行なベクトル $\boldsymbol{x}_1$ を $2\boldsymbol{x}_1$ に写し，直線 $y=-x$ に平行なベクトル $\boldsymbol{x}_2$ を $3\boldsymbol{x}_2$ に写す線形変換を f とするとき，f の (標準基に関する) 表現行列を求めよ．

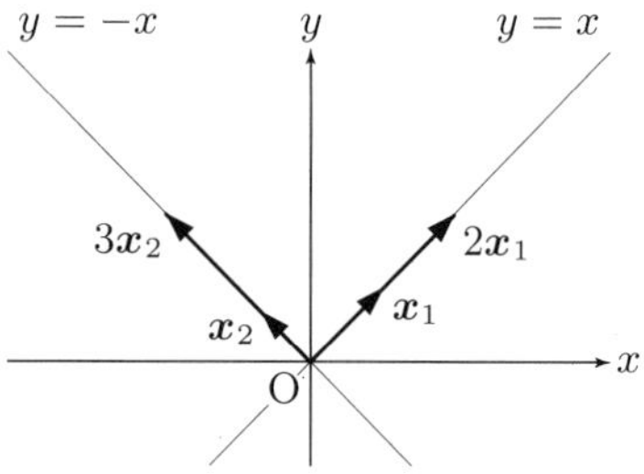

5.2　固有値と固有ベクトル

$\boldsymbol{R}^2$ の線形変換 f について，例題 5.1 や問 5.4 のように

$$f(\boldsymbol{x})=\lambda\boldsymbol{x},\quad \boldsymbol{x}\neq\boldsymbol{o}\quad (\lambda \text{ は実数}) \tag{5.6}$$

となるベクトル $\boldsymbol{x}$ があれば，どのような変換であるかがわかりやすい．

一般に，(5.6) が成り立つとき，実数 λ を線形変換 f の**固有値**，ベクトル $\boldsymbol{x}$ を f の λ に属する**固有ベクトル**いう．

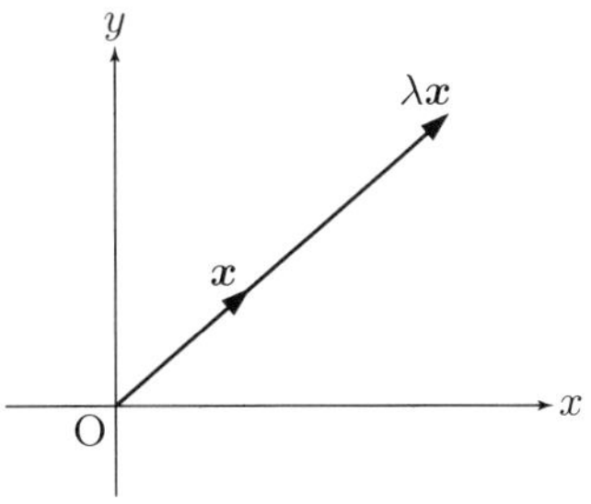

f の (標準基に関する) 表現行列が

$$A = \begin{pmatrix} a & b \\ c & d \end{pmatrix}$$

であるとき，固有値と固有ベクトルを求めよう．

(5.6) より

$$A\boldsymbol{x} - \lambda\boldsymbol{x} = \boldsymbol{o}$$

$\boldsymbol{x} = E\boldsymbol{x}$ を用いてまとめると

$$(A - \lambda E)\boldsymbol{x} = \boldsymbol{o} \tag{5.7}$$

したがって，$\boldsymbol{x} = \begin{pmatrix} x \\ y \end{pmatrix}$ とおくと

$$\begin{pmatrix} a-\lambda & b \\ c & d-\lambda \end{pmatrix}\begin{pmatrix} x \\ y \end{pmatrix} = \begin{pmatrix} 0 \\ 0 \end{pmatrix}$$

この x, y についての連立 1 次方程式が $\boldsymbol{o}$ 以外の解をもつ条件は

$$|A - \lambda E| = \begin{vmatrix} a-\lambda & b \\ c & d-\lambda \end{vmatrix} = 0 \tag{5.8}$$

(5.8) は λ についての 2 次方程式であり，この解が固有値となる．方程式 (5.8) を**固有方程式**という．

正方行列 A について，固有値と固有ベクトルを定義することもできる．

公式 5.2

正方行列 A について次が成り立つ．

(1)　固有値 λ と λ に属する固有ベクトル $\boldsymbol{x}$ は次の等式を満たす．

$$A\boldsymbol{x} = \lambda\boldsymbol{x}, \quad \boldsymbol{x} \fallingdotseq \boldsymbol{o}$$

(2)　固有値 λ は固有方程式 $|A - \lambda E| = 0$ の解である．

(3)　固有値 λ に属する固有ベクトル $\boldsymbol{x}$ は，方程式 $(A - \lambda E)\boldsymbol{x} = \boldsymbol{o}$ を解くことにより求められる．

[例題 5.2]　$A = \begin{pmatrix} 1 & 2 \\ 1 & 0 \end{pmatrix}$ の固有値と固有ベクトルを求めよ．

[解]　固有方程式は $\begin{vmatrix} 1-\lambda & 2 \\ 1 & -\lambda \end{vmatrix} = 0$

左辺は

$$(1-\lambda)(-\lambda)-2=\lambda^2-\lambda-2=(\lambda-2)(\lambda+1)$$

となるから，固有値は　$\lambda=2,\ -1$

(i) $\lambda=2$ に属する固有ベクトル

$$(A-2E)\boldsymbol{x}=\begin{pmatrix}-1 & 2\\ 1 & -2\end{pmatrix}\begin{pmatrix}x\\ y\end{pmatrix}=\begin{pmatrix}0\\ 0\end{pmatrix}$$

これから　$x-2y=0$

$y=t$ とおくと，$x=2t$ となるから

$$\boldsymbol{x}=t\begin{pmatrix}2\\ 1\end{pmatrix}\quad(t\neq 0)$$

(ii) $\lambda=-1$ に属する固有ベクトル

$$(A+E)\boldsymbol{x}=\begin{pmatrix}2 & 2\\ 1 & 1\end{pmatrix}\begin{pmatrix}x\\ y\end{pmatrix}=\begin{pmatrix}0\\ 0\end{pmatrix}$$

これから　$x+y=0$

$y=s$ とおくと，$x=-s$ となるから

$$\boldsymbol{x}=s\begin{pmatrix}-1\\ 1\end{pmatrix}\quad(s\neq 0)$$

□

問 5.5　次の行列の固有値と固有ベクトルを求めよ．

(1)　$A=\begin{pmatrix}3 & -2\\ 2 & -2\end{pmatrix}$　　(2)　$B=\begin{pmatrix}1 & 0\\ 2 & 3\end{pmatrix}$

線形変換 f は異なる固有値 $\lambda_1,\ \lambda_2$ をもつとする．このとき，それぞれに属する固有ベクトル $\boldsymbol{x}_1,\ \boldsymbol{x}_2$ は線形独立であることを示そう．そのためには

$$k_1\boldsymbol{x}_1+k_2\boldsymbol{x}_2=\boldsymbol{o} \tag{5.9}$$

から，$k_1=0,\ k_2=0$ が導かれればよい．

f の線形性を用いて，(5.5) の両辺の f による像を求めると

$$k_1f(\boldsymbol{x}_1)+k_2f(\boldsymbol{x}_2)=\boldsymbol{o}$$

$f(\boldsymbol{x}_1)=\lambda_1\boldsymbol{x}_1,\ f(\boldsymbol{x}_2)=\lambda_2\boldsymbol{x}_2$ だから

$$k_1\lambda_1\boldsymbol{x}_1+k_2\lambda_2\boldsymbol{x}_2=\boldsymbol{o} \tag{5.10}$$

(5.9) の両辺に λ_2 を掛けて，(5.10) の辺々を引くと

$$(k_1\lambda_2-k_1\lambda_1)\boldsymbol{x}_1=\boldsymbol{o}$$

$$\text{すなわち}\quad k_1(\lambda_2-\lambda_1)\boldsymbol{x}_1=\boldsymbol{o}$$

$\lambda_2-\lambda_1\neq 0,\ \boldsymbol{x}_1\neq\boldsymbol{o}$ だから，$k_1=0$ である．これを (5.9) に代入することにより，$k_2=0$ が導かれる．

公式 5.3

線形変換 f (または行列 A) の異なる固有値に属する固有ベクトルは線形独立である

[例題 5.3] 例題 5.2 の行列 A の表す線形変換を f とするとき，f はどのような変換か．

[解] 固有値 2, -1 に属する固有ベクトル

$$\boldsymbol{x}_1 = t\begin{pmatrix} 2 \\ 1 \end{pmatrix}, \quad \boldsymbol{x}_2 = s\begin{pmatrix} -1 \\ 1 \end{pmatrix}$$

について

$$f(\boldsymbol{x}_1) = 2\boldsymbol{x}_1, \quad f(\boldsymbol{x}_2) = -\boldsymbol{x}_2$$

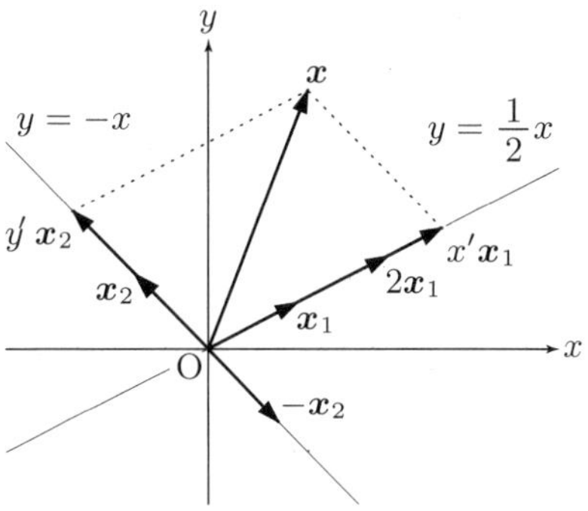

したがって，f によって，直線 $y = \frac{1}{2}x$ に平行なベクトル $\boldsymbol{x}_1$ は 2 倍されたベクトルに写され，直線 $y = -x$ に平行なベクトル $\boldsymbol{x}_2$ は (-1) 倍されたベクトルに写される．

また，$\boldsymbol{x}_1$, $\boldsymbol{x}_2$ は線形独立，すなわち $\boldsymbol{R}^2$ の基であり，f の基 $\boldsymbol{x}_1$, $\boldsymbol{x}_2$ に関する表現行列は $B = \begin{pmatrix} 2 & 0 \\ 0 & -1 \end{pmatrix}$ となる．

任意のベクトル $\boldsymbol{x}$ の基 $\boldsymbol{x}_1$, $\boldsymbol{x}_2$ に関する成分を x', y' とおくと，f による $\boldsymbol{x}$ の像の基 $\boldsymbol{x}_1$, $\boldsymbol{x}_2$ に関する成分は

$$\begin{pmatrix} 2 & 0 \\ 0 & -1 \end{pmatrix}\begin{pmatrix} x' \\ y' \end{pmatrix}$$

で求められる． □

問 5.6 行列 $A = \begin{pmatrix} 2 & 1 \\ 4 & -1 \end{pmatrix}$ で表される線形変換 f はどのような変換か．

行列 $A = \begin{pmatrix} 3 & 1 \\ -1 & 1 \end{pmatrix}$ の固有方程式を求めると

$$(3-\lambda)(1-\lambda)+1 = 0 \quad \text{すなわち} \quad \lambda^2 - 4\lambda + 4 = 0$$

重解 $\lambda = 2$ をもち，A の固有値は 2 だけである．

また，平面上の点を原点を中心として θ 回転する線形変換の表現行列

$$A = \begin{pmatrix} \cos\theta & -\sin\theta \\ \sin\theta & \cos\theta \end{pmatrix}$$

について，固有方程式を求めると

$$(\cos\theta - \lambda)(\cos\theta - \lambda) - \sin\theta(-\sin\theta) = 0$$

$$\text{すなわち}\quad \lambda^2 - 2(\cos\theta)\,\lambda + 1 = 0$$

判別式を D とすると

$$\frac{D}{4} = \cos^2\theta - 1 = -\sin^2\theta \leqq 0$$

$\sin\theta \neq 0$ のときは実数解をもたず，実数の固有値は存在しない．

5.3 行列の対角化 (2 次の場合)

2 次正方行列 A が異なる固有値 λ_1，λ_2 をもつとする．

それぞれに属する固有ベクトルを 1 つずつとり

$$\boldsymbol{p}_1 = \begin{pmatrix} x_1 \\ y_1 \end{pmatrix}, \quad \boldsymbol{p}_2 = \begin{pmatrix} x_2 \\ y_2 \end{pmatrix}$$

とおくと，公式 5.3 より，$\boldsymbol{p}_1$，$\boldsymbol{p}_2$ は線形独立だから，$\boldsymbol{R}^2$ の基になり，$\boldsymbol{p}_1$，$\boldsymbol{p}_2$ を並べてできる行列

$$P = \begin{pmatrix} \boldsymbol{p}_1 & \boldsymbol{p}_2 \end{pmatrix}$$

は正則である．

行列 A の表す線形変換を f とし，f の基 $\boldsymbol{p}_1$，$\boldsymbol{p}_2$ に関する表現行列を B とおくと，公式 5.1 より，次の等式が成り立つ．

$$B = P^{-1}AP \tag{5.11}$$

一方，$\boldsymbol{p}_1$，$\boldsymbol{p}_2$ が固有ベクトルだから

$$f(\boldsymbol{p}_1) = \lambda_1\boldsymbol{p}_1, \quad f(\boldsymbol{p}_2) = \lambda_2\boldsymbol{p}_2 \tag{5.12}$$

したがって，$f(\boldsymbol{p}_1)$ および $f(\boldsymbol{p}_2)$ の基 $\boldsymbol{p}_1$，$\boldsymbol{p}_2$ に関する成分は，それぞれ λ_1，0 および 0，λ_2 となる．B は，これらの成分を列ベクトルして並べて得られるから

$$B = \begin{pmatrix} \lambda_1 & 0 \\ 0 & \lambda_2 \end{pmatrix}$$

である．すなわち，B は，A の固有値を対角成分とする対角行列である．

(5.11) に代入すると

$$P^{-1}AP = \begin{pmatrix} \lambda_1 & 0 \\ 0 & \lambda_2 \end{pmatrix} \tag{5.13}$$

これを，A の P による**対角化**という．

公式 5.4

行列 A の固有値がすべて異なるとき，A を適当な正則行列 P により対角化することができる．すなわち

$$P^{-1}AP = D \quad (D\text{ は対角行列})$$

公式 5.4 で，対角行列 D の対角成分は A の固有値である．また，行列 P は，行列 A のそれぞれの固有値に属する固有ベクトルを 1 つずつとり，列ベクトルとして並べてできる行列である．

[例題 5.4]　行列 $A = \begin{pmatrix} 4 & -1 \\ 2 & 1 \end{pmatrix}$ を対角化せよ．

[解]　$|A - \lambda E|$ を計算すると

$$(4-\lambda)(1-\lambda)+2 = \lambda^2 - 5\lambda + 6 = (\lambda-2)(\lambda-3)$$

$|A - \lambda E| = 0$ とおいて，固有値 2, 3 が求められる．

(i)　$\lambda = 2$ のとき

$$(A-2E)\boldsymbol{x} = \boldsymbol{o} \text{ より } \begin{pmatrix} 2 & -1 \\ 2 & -1 \end{pmatrix}\begin{pmatrix} x \\ y \end{pmatrix} = \begin{pmatrix} 0 \\ 0 \end{pmatrix}$$

$2x - y = 0$ より，固有値 2 に属する固有ベクトルは　$t\begin{pmatrix} 1 \\ 2 \end{pmatrix}$　$(t \neq 0)$

(ii)　$\lambda = 3$ のとき

$$(A-3E)\boldsymbol{x} = \boldsymbol{o} \quad \text{より } \begin{pmatrix} 1 & -1 \\ 2 & -2 \end{pmatrix}\begin{pmatrix} x \\ y \end{pmatrix} = \begin{pmatrix} 0 \\ 0 \end{pmatrix}$$

$x - y = 0$ より，固有値 3 に属する固有ベクトルは　$s\begin{pmatrix} 1 \\ 1 \end{pmatrix}$　$(s \neq 0)$

$\boldsymbol{p}_1 = \begin{pmatrix} 1 \\ 2 \end{pmatrix}$，$\boldsymbol{p}_2 = \begin{pmatrix} 1 \\ 1 \end{pmatrix}$ をとり，$P = \begin{pmatrix} 1 & 1 \\ 2 & 1 \end{pmatrix}$ とおくと，公式 5.4 より

$$P^{-1}AP = \begin{pmatrix} 2 & 0 \\ 0 & 3 \end{pmatrix}$$

□

問 5.7　次の行列を対角化せよ．

(1)　$\begin{pmatrix} 4 & -2 \\ 3 & -1 \end{pmatrix}$　　(2)　$\begin{pmatrix} 0 & 3 \\ 1 & -2 \end{pmatrix}$

[例題 5.5]　行列 $A = \begin{pmatrix} 4 & -1 \\ 2 & 1 \end{pmatrix}$ について，A^n を求めよ．ただし，n は正の整数とする．

[解]　例題 5.4 より，$P = \begin{pmatrix} 1 & 1 \\ 2 & 1 \end{pmatrix}$，$D = \begin{pmatrix} 2 & 0 \\ 0 & 3 \end{pmatrix}$ とおくと

$$P^{-1}AP = D \quad \text{これから} \quad A = PDP^{-1}$$

両辺の n 乗を計算すると

$$A^n = (PDP^{-1})^n = PDP^{-1}PDP^{-1}\cdots PDP^{-1} = PD^nP^{-1}$$

$D^n = \begin{pmatrix} 2^n & 0 \\ 0 & 3^n \end{pmatrix}$，$P^{-1} = \begin{pmatrix} -1 & 1 \\ 2 & -1 \end{pmatrix}$ となるから

$$A^n = \begin{pmatrix} 1 & 1 \\ 2 & 1 \end{pmatrix}\begin{pmatrix} 2^n & 0 \\ 0 & 3^n \end{pmatrix}\begin{pmatrix} -1 & 1 \\ 2 & -1 \end{pmatrix}$$
$$= \begin{pmatrix} -2^n + 2\cdot 3^n & 2^n - 3^n \\ -2^{n+1} + 2\cdot 3^n & 2^{n+1} - 3^n \end{pmatrix} \qquad \square$$

問 5.8　次の行列の n 乗を計算せよ．

(1) $\begin{pmatrix} 4 & -2 \\ 3 & -1 \end{pmatrix}$　　(2) $\begin{pmatrix} 0 & 3 \\ 1 & -2 \end{pmatrix}$

公式 5.4 では，行列 A の固有値が異なれば，A は対角化できることを述べた．逆に，行列 A がある行列 P によって対角化できたとする．

$$P^{-1}AP = \begin{pmatrix} \lambda_1 & 0 \\ 0 & \lambda_2 \end{pmatrix}$$

両辺に左から $P = \begin{pmatrix} \boldsymbol{p}_1 & \boldsymbol{p}_2 \end{pmatrix}$ を掛けると

$$A\begin{pmatrix} \boldsymbol{p}_1 & \boldsymbol{p}_2 \end{pmatrix} = \begin{pmatrix} \boldsymbol{p}_1 & \boldsymbol{p}_2 \end{pmatrix}\begin{pmatrix} \lambda_1 & 0 \\ 0 & \lambda_2 \end{pmatrix}$$

これから

$$A\boldsymbol{p}_1 = \lambda_1\boldsymbol{p}_1, \quad A\boldsymbol{p}_2 = \lambda_2\boldsymbol{p}_2$$

すなわち，A の列ベクトル $\boldsymbol{p}_1$，$\boldsymbol{p}_2$ はそれぞれ A の固有値 λ_1，λ_2 に属する固有ベクトルである．

$\lambda_1 = \lambda_2$ のときは

$$P^{-1}AP = \begin{pmatrix} \lambda_1 & 0 \\ 0 & \lambda_1 \end{pmatrix} = \lambda_1 E$$

両辺に左から P，右から P^{-1} を掛けると

$$A = P(\lambda_1 E)P^{-1} = \lambda_1 PP^{-1} = \lambda_1 E$$

したがって，$A = \lambda_1 E$ となる．すなわち，2 次正方行列 A の固有方程式が重解をもつときは，はじめから A が対角行列でなければ，対角化できないことになる．

次に，行列 A が対称行列，すなわち

$${}^tA = A$$

であるとき，A の対角化を考えよう．

A は異なる固有値 λ_1，λ_2 をもつとする．このとき，それぞれに属する固有ベクトル $\boldsymbol{x}_1$，$\boldsymbol{x}_2$ について

$$(A\boldsymbol{x}_1)\cdot\boldsymbol{x}_2 = \lambda_1\boldsymbol{x}_1\cdot\boldsymbol{x}_2 \tag{5.14}$$

一方，$(A\boldsymbol{x}_1) \cdot \boldsymbol{x}_2 = {}^t(A\boldsymbol{x}_1)\boldsymbol{x}_2$ となるから，対称行列と転置行列の性質より

74 ページ参照

$$\begin{aligned}(A\boldsymbol{x}_1) \cdot \boldsymbol{x}_2 &= {}^t(A\boldsymbol{x}_1)\boldsymbol{x}_2 \\ &= {}^t\boldsymbol{x}_1{}^tA\boldsymbol{x}_2 = {}^t\boldsymbol{x}_1(A\boldsymbol{x}_2) \\ &= {}^t\boldsymbol{x}_1(\lambda_2\boldsymbol{x}_2) = \lambda_2\boldsymbol{x}_1 \cdot \boldsymbol{x}_2 \end{aligned} \tag{5.15}$$

したがって，(5.14) と (5.15) より

$$\lambda_1\boldsymbol{x}_1 \cdot \boldsymbol{x}_2 = \lambda_2\boldsymbol{x}_1 \cdot \boldsymbol{x}_2 \quad \text{すなわち} \quad (\lambda_1 - \lambda_2)\boldsymbol{x}_1 \cdot \boldsymbol{x}_2 = 0$$

$\lambda_1 - \lambda_2 \neq 0$ だから，$\boldsymbol{x}_1 \cdot \boldsymbol{x}_2 = 0$ となり，$\boldsymbol{x}_1$ と $\boldsymbol{x}_2$ は互いに垂直であることがわかる．

公式 5.5

対称行列の異なる固有値に属する固有ベクトルは互いに垂直である．

対称行列 A の異なる固有値 λ_1，λ_2 について，それぞれに属する大きさ 1 の固有ベクトル $\boldsymbol{p}_1$，$\boldsymbol{p}_2$ を選んで

$$P = \begin{pmatrix}\boldsymbol{p}_1 & \boldsymbol{p}_2\end{pmatrix}$$

とおくと，P は直交行列になる．このとき

$$P^{-1} = {}^tP$$

したがって，A の P による対角化は次のようになる．

$${}^tPAP = \begin{pmatrix}\lambda_1 & 0 \\ 0 & \lambda_2\end{pmatrix} \tag{5.16}$$

これを，対称行列 A の直交行列 P による対角化という．

[例題 5.6]　対称行列 $A = \begin{pmatrix}2 & 1 \\ 1 & 2\end{pmatrix}$ を直交行列により対角化せよ．

[解]　A の固有値は

$$\begin{vmatrix}2-\lambda & 1 \\ 1 & 2-\lambda\end{vmatrix} = \lambda^2 - 4\lambda + 3 = (\lambda - 1)(\lambda - 3) = 0$$

より，1, 3 であり，それぞれの固有ベクトルは

$$\boldsymbol{x}_1 = \begin{pmatrix}-1 \\ 1\end{pmatrix}, \quad \boldsymbol{x}_2 = \begin{pmatrix}1 \\ 1\end{pmatrix}$$

大きさが 1 の固有ベクトルは

$$\pm\frac{1}{\sqrt{2}}\begin{pmatrix}-1 \\ 1\end{pmatrix}, \quad \pm\frac{1}{\sqrt{2}}\begin{pmatrix}1 \\ 1\end{pmatrix}$$

となる．これらからそれぞれ 1 つずつ選んで，例えば

$$\boldsymbol{p}_1 = \frac{1}{\sqrt{2}}\begin{pmatrix} -1 \\ 1 \end{pmatrix}, \quad \boldsymbol{p}_2 = \frac{1}{\sqrt{2}}\begin{pmatrix} 1 \\ 1 \end{pmatrix}, \quad P = \begin{pmatrix} -\frac{1}{\sqrt{2}} & \frac{1}{\sqrt{2}} \\ \frac{1}{\sqrt{2}} & \frac{1}{\sqrt{2}} \end{pmatrix}$$

とおくと，P は直交行列となり，A は次のように対角化される．

$$^tPAP = \begin{pmatrix} 1 & 0 \\ 0 & 3 \end{pmatrix}$$ □

問 5.9　対称行列 $A = \begin{pmatrix} 4 & 3 \\ 3 & -4 \end{pmatrix}$ を直交行列により対角化せよ．

2 次の対称行列 A を

$$A = \begin{pmatrix} a & b \\ b & c \end{pmatrix}$$

と表すと

$$|A - \lambda E| = (a - \lambda)(c - \lambda) - b^2 = \lambda^2 - (a + c)\lambda + (ac - b^2)$$

2 次方程式 $|A - \lambda E| = 0$ の判別式を D とおくとき

$$D = (a + c)^2 - 4(ac - b^2) = (a - c)^2 + 4b^2 \geqq 0$$

となるから，A の固有値は常に実数である．

また，重解となるのは

$$D = 0 \quad \text{すなわち} \quad a = c,\ b = 0$$

より，A が対角行列の場合に限る．

以上より，対称行列 A は常に直交行列により対角化することができる．

5.4　行列の対角化 (3 次の場合)

$\boldsymbol{R}^3$ の線形独立なベクトル $\boldsymbol{p}_1$，$\boldsymbol{p}_2$，$\boldsymbol{p}_3$ を $\boldsymbol{R}^3$ の**基**という．**標準基** $\boldsymbol{e}_1$，$\boldsymbol{e}_2$，$\boldsymbol{e}_3$ や，**成分**，**正規直交基**，**変換行列**なども，$\boldsymbol{R}^2$ の場合と同様に定める．

3 次の正方行列 A の表す線形変換を f とするとき，2 次の場合と同様に

$$A\boldsymbol{x} = \lambda\boldsymbol{x}, \quad \boldsymbol{x} \neq \boldsymbol{o}$$

を満たす λ を A (または f) の**固有値**，$\boldsymbol{x}$ を固有値 λ に属する**固有ベクトル**という．このとき，85 ページの公式 5.2，87 ページの公式 5.3 も同様に成り立つ．

[**例題 5.7**]　$A = \begin{pmatrix} 1 & 2 & -2 \\ -1 & -5 & 7 \\ -1 & -4 & 6 \end{pmatrix}$ の固有値と固有ベクトルを求めよ．

[解]　$|A-\lambda E|$ を計算すると

$$\begin{vmatrix} 1-\lambda & 2 & -2 \\ -1 & -5-\lambda & 7 \\ -1 & -4 & 6-\lambda \end{vmatrix}$$
$$= (1-\lambda)(-5-\lambda)(6-\lambda) - 14 - 8 + 28(1-\lambda) + 2(6-\lambda) - 2(-5-\lambda)$$
$$= -(\lambda-1)(\lambda+5)(\lambda-6) + 28 - 28\lambda$$
$$= -(\lambda^3 - 2\lambda^2 - \lambda + 2)$$
$$= -(\lambda-1)(\lambda+1)(\lambda-2)$$

したがって，固有値は 1，－1，2 である．

(i)　$\lambda = 1$ のとき，$A - 1E$ を変形して

$$\begin{pmatrix} 0 & 2 & -2 \\ -1 & -6 & 7 \\ -1 & -4 & 5 \end{pmatrix} \longrightarrow \begin{pmatrix} 1 & 6 & -7 \\ 0 & 2 & -2 \\ 0 & 2 & -2 \end{pmatrix} \longrightarrow \begin{pmatrix} 1 & 6 & -7 \\ 0 & 1 & -1 \\ 0 & 0 & 0 \end{pmatrix}$$

$z = t_1$ とおくと，$y = t_1$，$x = t_1$ となるから，固有ベクトルは

$$\boldsymbol{x}_1 = t_1 \begin{pmatrix} 1 \\ 1 \\ 1 \end{pmatrix} \quad (t_1 \neq 0)$$

(ii)　$\lambda = -1$ のとき，$A + 1E$ を変形して

$$\begin{pmatrix} 2 & 2 & -2 \\ -1 & -4 & 7 \\ -1 & -4 & 7 \end{pmatrix} \longrightarrow \begin{pmatrix} 1 & 1 & -1 \\ -1 & -4 & 7 \\ 0 & 0 & 0 \end{pmatrix} \longrightarrow \begin{pmatrix} 1 & 1 & -1 \\ 0 & 1 & -2 \\ 0 & 0 & 0 \end{pmatrix}$$

$z = t_2$ とおくと，$y = 2t_2$，$x = -t_2$ となるから，固有ベクトルは

$$\boldsymbol{x}_2 = t_2 \begin{pmatrix} -1 \\ 2 \\ 1 \end{pmatrix} \quad (t_2 \neq 0)$$

(iii)　$\lambda = 2$ のとき，$A - 2E$ を変形して

$$\begin{pmatrix} -1 & 2 & -2 \\ -1 & -7 & 7 \\ -1 & -4 & 4 \end{pmatrix} \longrightarrow \begin{pmatrix} 1 & -2 & 2 \\ 0 & -9 & 9 \\ 0 & -6 & 6 \end{pmatrix} \longrightarrow \begin{pmatrix} 1 & -2 & 2 \\ 0 & 1 & -1 \\ 0 & 0 & 0 \end{pmatrix}$$

$z = t_3$ とおくと，$y = t_3$，$x = 0$ となるから，固有ベクトルは

$$\boldsymbol{x}_3 = t_3 \begin{pmatrix} 0 \\ 1 \\ 1 \end{pmatrix} \quad (t_3 \neq 0)$$

□

問 5.10　$A = \begin{pmatrix} 0 & 2 & 0 \\ -1 & 1 & -2 \\ -2 & -2 & -2 \end{pmatrix}$ の固有値と固有ベクトルを求めよ．

[例題 5.8]　$B = \begin{pmatrix} 1 & 2 & -1 \\ 3 & 6 & -4 \\ 6 & 10 & -7 \end{pmatrix}$ の固有値と固有ベクトルを求めよ．

[解] $|B-\lambda E|$ を計算すると

$$\begin{vmatrix} 1-\lambda & 2 & -1 \\ 3 & 6-\lambda & -4 \\ 6 & 10 & -7-\lambda \end{vmatrix} = -(\lambda^3-3\lambda+2) = -(\lambda-1)^2(\lambda+2)$$

したがって，固有値は 1 (重解), -2 である．

(i) $\lambda=1$ のとき，$B-1E$ を変形して

$$\begin{pmatrix} 0 & 2 & -1 \\ 3 & 5 & -4 \\ 6 & 10 & -8 \end{pmatrix} \longrightarrow \begin{pmatrix} 3 & 5 & -4 \\ 0 & 2 & -1 \\ 0 & 0 & 0 \end{pmatrix}$$

$z=2t_1$ とおくと，$y=t_1$，$x=t_1$ となるから，固有ベクトルは

$$\boldsymbol{x}_1 = t_1\begin{pmatrix} 1 \\ 1 \\ 2 \end{pmatrix} \quad (t_1 \neq 0)$$

(ii) $\lambda=-2$ のとき，$B+2E$ を変形して

$$\begin{pmatrix} 3 & 2 & -1 \\ 3 & 8 & -4 \\ 6 & 10 & -5 \end{pmatrix} \longrightarrow \begin{pmatrix} 3 & 2 & -1 \\ 0 & 2 & -1 \\ 0 & 0 & 0 \end{pmatrix}$$

$z=2t_2$ とおくと，$y=t_2$，$x=0$ となるから，固有ベクトルは

$$\boldsymbol{x}_2 = t_2\begin{pmatrix} 0 \\ 1 \\ 2 \end{pmatrix} \quad (t_2 \neq 0)$$

□

問 5.11 $B=\begin{pmatrix} 1 & -2 & 0 \\ -1 & -1 & -2 \\ -1 & -1 & -1 \end{pmatrix}$ の固有値と固有ベクトルを求めよ．

[**例題 5.9**] 対称行列 $C=\begin{pmatrix} 1 & 1 & 2 \\ 1 & 1 & -2 \\ 2 & -2 & -2 \end{pmatrix}$ の固有値と固有ベクトルを求めよ．

[解] $|C-\lambda E|$ を計算すると

$$\begin{vmatrix} 1-\lambda & 1 & 2 \\ 1 & 1-\lambda & -2 \\ 2 & -2 & -2-\lambda \end{vmatrix} = -(\lambda^3-12\lambda+16) = -(\lambda-2)^2(\lambda+4)$$

したがって，固有値は 2 (重解), -4 である．

(i) $\lambda=2$ のとき，$C-2E$ を変形して

$$\begin{pmatrix} -1 & 1 & 2 \\ 1 & -1 & -2 \\ 2 & -2 & -4 \end{pmatrix} \longrightarrow \begin{pmatrix} 1 & -1 & -2 \\ 0 & 0 & 0 \\ 0 & 0 & 0 \end{pmatrix}$$

$y=t_1$，$z=t_2$ とおくと，$x=t_1+2t_2$ となるから，固有ベクトルは

$$\boldsymbol{x}_1 = t_1\begin{pmatrix} 1 \\ 1 \\ 0 \end{pmatrix} + t_2\begin{pmatrix} 2 \\ 0 \\ 1 \end{pmatrix} \quad (t_1 \neq 0 \text{ または } t_2 \neq 0)$$

(ii) $\lambda = -4$ のとき，$C + 4E$ を変形して

$$\begin{pmatrix} 5 & 1 & 2 \\ 1 & 5 & -2 \\ 2 & -2 & 2 \end{pmatrix} \longrightarrow \begin{pmatrix} 1 & 5 & -2 \\ 0 & 2 & -1 \\ 0 & 0 & 0 \end{pmatrix}$$

$z = 2t_3$ とおくと，$y = t_3$，$x = -t_3$ となるから，固有ベクトルは

$$\boldsymbol{x}_2 = t_3 \begin{pmatrix} -1 \\ 1 \\ 2 \end{pmatrix} \quad (t_3 \neq 0)$$

□

問 5.12 対称行列 $C = \begin{pmatrix} 1 & 0 & 0 \\ 0 & -1 & -2 \\ 0 & -2 & -1 \end{pmatrix}$ の固有値と固有ベクトルを求めよ．

3 次の正方行列の**対角化**も同様に定められる．88 ページの公式 5.4 も成り立ち，固有値がすべて異なるとき，それぞれの固有値に属する固有ベクトルを列ベクトルとして並べた行列により対角化できる．また，固有方程式が重解をもつときは，重解に属する固有ベクトルの中から解の重複度と同じ数の線形独立なものが選べれば対角化できる．

方程式の解が 2 重解，3 重解のときそれぞれ重複度を 2, 3 とする．

[例題 5.10] 例題 5.7 の A と例題 5.8 の B について，対角化できる場合には対角化せよ．

[解] A の固有値は 1, -1, 2 で，すべて異なるから対角化できる．
実際，それぞれの固有ベクトルを 1 つずつとって並べた行列

$$P = \begin{pmatrix} 1 & -1 & 0 \\ 1 & 2 & 1 \\ 1 & 1 & 1 \end{pmatrix}$$

によって

$$P^{-1}AP = \begin{pmatrix} 1 & 0 & 0 \\ 0 & -1 & 0 \\ 0 & 0 & 2 \end{pmatrix}$$

B の固有値は 1, -2 の 2 個であり，それぞれの固有ベクトル

$$\boldsymbol{x}_1 = t_1 \begin{pmatrix} 1 \\ 1 \\ 2 \end{pmatrix}, \quad \boldsymbol{x}_2 = t_2 \begin{pmatrix} 0 \\ 1 \\ 2 \end{pmatrix}$$

から線形独立なベクトルは 1 個ずつしかとれないから，対角化できない．□

問 5.13 問 5.10 の A と問 5.11 の B について，対角化できる場合は対角化せよ．

3 次の対称行列についても，公式 5.5 が成り立つ．また，この節の最後で証明するように，対称行列は常に直交行列により対角化することができる．

［例題 5.11］　例題 5.9 の対称行列 C を直交行列により対角化せよ．

［解］　C の固有値と固有ベクトルは

$$\lambda = 2,\ \boldsymbol{x}_1 = t_1\begin{pmatrix}1\\1\\0\end{pmatrix} + t_2\begin{pmatrix}2\\0\\1\end{pmatrix},\qquad \lambda = -4,\ \boldsymbol{x}_2 = t_3\begin{pmatrix}-1\\1\\2\end{pmatrix}$$

であり

$$\boldsymbol{q}_1 = \begin{pmatrix}1\\1\\0\end{pmatrix},\quad \boldsymbol{q}_2 = \begin{pmatrix}2\\0\\1\end{pmatrix},\quad \boldsymbol{q}_3 = \begin{pmatrix}-1\\1\\2\end{pmatrix}$$

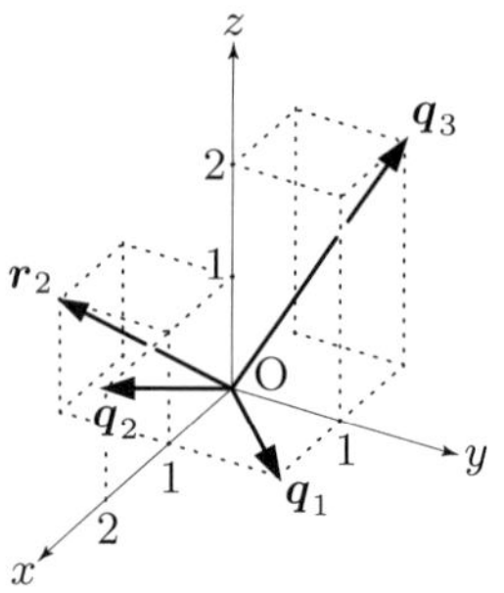

は線形独立，すなわち基である．しかし，$\boldsymbol{q}_1$ と $\boldsymbol{q}_3$ および $\boldsymbol{q}_2$ と $\boldsymbol{q}_3$ は直交するが，$\boldsymbol{q}_1$ と $\boldsymbol{q}_2$ は直交していない．

そこで

$$\boldsymbol{r}_2 = \boldsymbol{q}_2 - k\boldsymbol{q}_1$$

とおき，$\boldsymbol{q}_1$ と $\boldsymbol{r}_2$ が直交するように k を定めると

$$\boldsymbol{q}_1 \cdot \boldsymbol{r}_2 = \boldsymbol{q}_1 \cdot \boldsymbol{q}_2 - k|\boldsymbol{q}_1|^2 = 0$$

より

$$k = \frac{\boldsymbol{q}_1 \cdot \boldsymbol{q}_2}{|\boldsymbol{q}_1|^2}\quad \text{すなわち}\quad \boldsymbol{r}_2 = \boldsymbol{q}_2 - \frac{\boldsymbol{q}_1 \cdot \boldsymbol{q}_2}{|\boldsymbol{q}_1|^2}\boldsymbol{q}_1 = \begin{pmatrix}1\\-1\\1\end{pmatrix}$$

$\boldsymbol{q}_2$ は $\boldsymbol{q}_1, \boldsymbol{q}_2$ の線形結合だから，固有値 2 に属する固有ベクトルであり，$\boldsymbol{q}_1$，$\boldsymbol{r}_2$，$\boldsymbol{q}_3$ は互いに直交する．それぞれを大きさで割って

$$\boldsymbol{p}_1 = \frac{\boldsymbol{q}_1}{|\boldsymbol{q}_1|} = \frac{1}{\sqrt{2}}\begin{pmatrix}1\\1\\0\end{pmatrix},\ \boldsymbol{p}_2 = \frac{\boldsymbol{r}_2}{|\boldsymbol{r}_2|} = \frac{1}{\sqrt{3}}\begin{pmatrix}1\\-1\\1\end{pmatrix},\ \boldsymbol{p}_3 = \frac{\boldsymbol{q}_3}{|\boldsymbol{q}_3|} = \frac{1}{\sqrt{6}}\begin{pmatrix}-1\\1\\2\end{pmatrix}$$

とおくと，$\boldsymbol{p}_1$，$\boldsymbol{p}_2$，$\boldsymbol{p}_3$ は正規直交基である．

したがって，$P = \begin{pmatrix}\boldsymbol{p}_1 & \boldsymbol{p}_2 & \boldsymbol{p}_3\end{pmatrix}$ とおくと，P は直交行列で

$$^tPCP = \begin{pmatrix}2 & 0 & 0\\0 & 2 & 0\\0 & 0 & -4\end{pmatrix}$$ □

注意　例題 5.11 の解の手順で，線形独立なベクトルから直交する単位ベクトルを作る方法を**グラム・シュミットの直交化**という．

121 ページ参照

問 5.14　問 5.12 の対称行列 C を直交行列により対角化せよ．

対称行列の直交行列による対角化可能性

3 次の対称行列 A が直交行列により対角化できることを証明しよう．

まず，A の固有方程式 $|A - \lambda E| = 0$ は λ についての 3 次方程式だから，少なくとも 1 つの実数解 λ_1 をもつ．

λ_1 に属する大きさが 1 の固有ベクトル $\boldsymbol{p}_1$ をとって，$\boldsymbol{p}_1$ を含む正規直交基 $\boldsymbol{p}_1$，$\boldsymbol{q}_2$，$\boldsymbol{q}_3$ を作り，$Q = \begin{pmatrix}\boldsymbol{p}_1 & \boldsymbol{q}_2 & \boldsymbol{q}_3\end{pmatrix}$ とおくと

$$\begin{aligned} {}^t\!QAQ &= {}^t\!Q\begin{pmatrix}A\boldsymbol{p}_1 & A\boldsymbol{q}_2 & A\boldsymbol{q}_3\end{pmatrix} = {}^t\!Q\begin{pmatrix}\lambda_1\boldsymbol{p}_1 & A\boldsymbol{q}_2 & A\boldsymbol{q}_3\end{pmatrix} \\ &= \begin{pmatrix} {}^t\boldsymbol{p}_1 \\ {}^t\boldsymbol{q}_2 \\ {}^t\boldsymbol{q}_3 \end{pmatrix}\begin{pmatrix}\lambda_1\boldsymbol{p}_1 & A\boldsymbol{q}_2 & A\boldsymbol{q}_3\end{pmatrix} \\ &= \begin{pmatrix} \lambda_1{}^t\boldsymbol{p}_1\boldsymbol{p}_1 & {}^t\boldsymbol{p}_1A\boldsymbol{q}_2 & {}^t\boldsymbol{p}_1A\boldsymbol{q}_3 \\ \lambda_1{}^t\boldsymbol{q}_2\boldsymbol{p}_1 & {}^t\boldsymbol{q}_2A\boldsymbol{q}_2 & {}^t\boldsymbol{q}_2A\boldsymbol{q}_3 \\ \lambda_1{}^t\boldsymbol{q}_3\boldsymbol{p}_1 & {}^t\boldsymbol{q}_3A\boldsymbol{q}_2 & {}^t\boldsymbol{q}_3A\boldsymbol{q}_3 \end{pmatrix} \end{aligned}$$

$\boldsymbol{p}_1$，$\boldsymbol{q}_2$，$\boldsymbol{q}_3$ が正規直交基であることから

$${}^t\boldsymbol{p}_1\boldsymbol{p}_1 = \boldsymbol{p}_1 \cdot \boldsymbol{p}_1 = 1, \quad {}^t\boldsymbol{q}_2\boldsymbol{p}_1 = \boldsymbol{q}_2 \cdot \boldsymbol{p}_1 = 0, \quad {}^t\boldsymbol{q}_3\boldsymbol{p}_1 = \boldsymbol{q}_3 \cdot \boldsymbol{p}_1 = 0$$

A が対称行列，すなわち ${}^tA = A$ であることから

$$\begin{aligned} {}^t\boldsymbol{p}_1A\boldsymbol{q}_2 &= {}^t(A\boldsymbol{p}_1)\boldsymbol{q}_2 = \lambda_1\boldsymbol{p}_1 \cdot \boldsymbol{q}_2 = 0 \\ {}^t\boldsymbol{p}_1A\boldsymbol{q}_3 &= {}^t(A\boldsymbol{p}_1)\boldsymbol{q}_3 = \lambda_1\boldsymbol{p}_1 \cdot \boldsymbol{q}_3 = 0 \end{aligned}$$

さらに，$a = {}^t\boldsymbol{q}_2A\boldsymbol{q}_2$，$b = {}^t\boldsymbol{q}_2A\boldsymbol{q}_3$，$c = {}^t\boldsymbol{q}_3A\boldsymbol{q}_3$ とおくと

$${}^t\boldsymbol{q}_3A\boldsymbol{q}_2 = {}^t(A\boldsymbol{q}_3)\boldsymbol{q}_2 = (A\boldsymbol{q}_3) \cdot \boldsymbol{q}_2 = {}^t\boldsymbol{q}_2A\boldsymbol{q}_3 = b$$

したがって，次の等式が成り立つ．

$${}^t\!QAQ = \begin{pmatrix} \lambda_1 & 0 & 0 \\ 0 & a & b \\ 0 & b & c \end{pmatrix}$$

92 ページより，2 次の対称行列 $\begin{pmatrix} a & b \\ b & c \end{pmatrix}$ は実数の固有値 λ_2，λ_3 をもち，適当な直交行列 $\begin{pmatrix} r_{22} & r_{23} \\ r_{32} & r_{33} \end{pmatrix}$ によって対角化される．

$$\begin{pmatrix} r_{22} & r_{32} \\ r_{23} & r_{33} \end{pmatrix}\begin{pmatrix} a & b \\ b & c \end{pmatrix}\begin{pmatrix} r_{22} & r_{23} \\ r_{32} & r_{33} \end{pmatrix} = \begin{pmatrix} \lambda_2 & 0 \\ 0 & \lambda_3 \end{pmatrix}$$

$R = \begin{pmatrix} 1 & 0 & 0 \\ 0 & r_{22} & r_{23} \\ 0 & r_{32} & r_{33} \end{pmatrix}$ とおくと

$${}^tR\,{}^t\!QAQR = \begin{pmatrix} \lambda_1 & 0 & 0 \\ 0 & \lambda_2 & 0 \\ 0 & 0 & \lambda_3 \end{pmatrix} \tag{5.17}$$

Q，R は直交行列だから，$P = QR$ は直交行列である．

よって，(5.17) より，対称行列 A は直交行列 P によって対角化されることがわかる．

5.5 ケイリー・ハミルトンの定理

固有方程式 $|A-\lambda E|=0$ の左辺の多項式を**固有多項式**といい，$p_A(\lambda)$ と表す．$A=\begin{pmatrix} a & b \\ c & d \end{pmatrix}$ の場合は

$$p_A(\lambda)=\begin{vmatrix} a-\lambda & b \\ c & d-\lambda \end{vmatrix}$$

である．p_A の λ に A を代入し，定数項の $ad-bc$ は $(ad-bc)E$ で置き換えた式を $p_A(A)$ とおくと

$$\begin{aligned} p_A(A) &= A^2-(a+d)A+(ad-bc)E \\ &= \begin{pmatrix} a & b \\ c & d \end{pmatrix}^2-(a+d)\begin{pmatrix} a & b \\ c & d \end{pmatrix}+\begin{pmatrix} ad-bc & 0 \\ 0 & ad-bc \end{pmatrix} \\ &= \begin{pmatrix} 0 & 0 \\ 0 & 0 \end{pmatrix} \end{aligned}$$

したがって，$p_A(A)=O$ が成り立つ．

このことは一般の正方行列についても成り立つことが知られている．

ケイリー，Cayley (1821-1895)

ハミルトン，Hamilton (1805-1865)

公式 5.6 (ケイリー・ハミルトンの定理)

$$p_A(A)=O$$

例 5.2 $A=\begin{pmatrix} 1 & 1 & 2 \\ 0 & 1 & 1 \\ 1 & 0 & 1 \end{pmatrix}$ とすると，$p_A(\lambda)=-\lambda^3+3\lambda^2-\lambda$ であり

$$\begin{aligned} p_A(A) &= -A^3+3A^2-A \\ &= -\begin{pmatrix} 1 & 1 & 2 \\ 0 & 1 & 1 \\ 1 & 0 & 1 \end{pmatrix}^3+3\begin{pmatrix} 1 & 1 & 2 \\ 0 & 1 & 1 \\ 1 & 0 & 1 \end{pmatrix}^2-\begin{pmatrix} 1 & 1 & 2 \\ 0 & 1 & 1 \\ 1 & 0 & 1 \end{pmatrix}=O \end{aligned}$$

例 5.3 $A=\begin{pmatrix} 2 & -4 \\ -1 & -2 \end{pmatrix}$ とすると，$p_A(\lambda)=\lambda^2-8$ だから

$$A^2-8E=O \quad \text{すなわち} \quad A^2=8E$$

n が偶数のとき，$n=2m$ (m は整数) とおくと

$$A^n=(A^2)^m=(8E)^m=8^mE=8^{\frac{n}{2}}E$$

問 5.15 $A=\begin{pmatrix} 1 & 2 \\ 2 & 4 \end{pmatrix}$ のとき，A^n を求めよ．ただし，n は正の整数とする．

Column

2 次曲線と 2 次曲面　平面において，例えば $2x^2+2xy+2y^2=3$ のように，方程式 $ax^2+2bxy+cy^2=d$ で表される図形を 2 次曲線という．行列の対角化を利用して，2 次曲線がどんな図形であるかを調べることができる．最初の例で説明しよう．

$$A=\begin{pmatrix}2&1\\1&2\end{pmatrix},\qquad \boldsymbol{x}=\begin{pmatrix}x\\y\end{pmatrix}$$

とおくと，A は対称行列で

$$ {}^t\boldsymbol{x}A\boldsymbol{x}=\begin{pmatrix}x&y\end{pmatrix}\begin{pmatrix}2&1\\1&2\end{pmatrix}\begin{pmatrix}x\\y\end{pmatrix}=2x^2+2xy+2y^2$$

A の固有値は 3, 1 で，次の直交行列 P により対角化される．

$$P=\begin{pmatrix}\boldsymbol{p}_1&\boldsymbol{p}_2\end{pmatrix}=\frac{1}{\sqrt{2}}\begin{pmatrix}1&-1\\1&1\end{pmatrix}$$

標準基によって定まる座標系 O-xy の座標 $\boldsymbol{x}$ と正規直交基 $\boldsymbol{p}_1$, $\boldsymbol{p}_2$ によって定まる直交座標系 O-$x'y'$ の座標 $\boldsymbol{x}'$ の間に $\boldsymbol{x}=P\boldsymbol{x}'$ が成り立つから

$$\begin{aligned}2x^2+2xy+2y^2&={}^t\boldsymbol{x}A\boldsymbol{x}={}^t\boldsymbol{x}'\,{}^tPAP\boldsymbol{x}'\\&=\begin{pmatrix}x'&y'\end{pmatrix}\begin{pmatrix}3&0\\0&1\end{pmatrix}\begin{pmatrix}x'\\y'\end{pmatrix}\\&=3x'^2+y'^2=3\end{aligned}$$

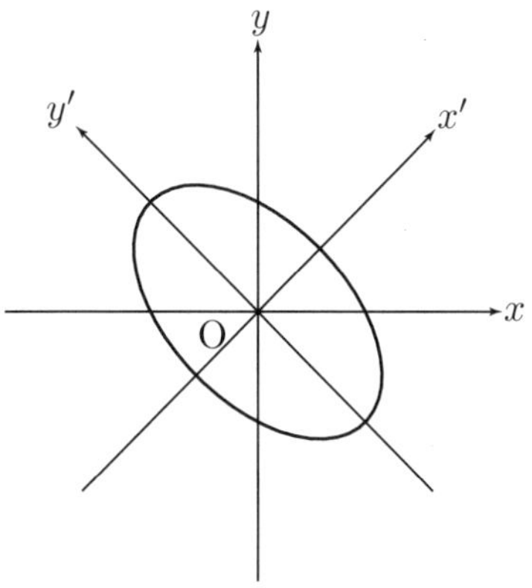

よって，この図形は O-$x'y'$ に関して $x'^2+\dfrac{y'^2}{3}=1$ と表される楕円である．

空間において，方程式 $ax^2+by^2+cz^2+2dxy+2eyz+2fzx=g$ で表される図形 (2 次曲面) についても同様であり，係数から定まる対称行列 A の固有値 λ_1, λ_2, λ_3 と固有ベクトルから定まる直交座標系 O-$x'y'z'$ により

$$\lambda_1x'^2+\lambda_2y'^2+\lambda_3z'^2=g$$

となる．$g>0$ のとき，この方程式を満たす点 $(x',\ y',\ z')$ が存在するのは λ_1, λ_2, λ_3 のいずれかが正のときであり，3 つとも正のときは楕円面 (下左図)，2 つが正で 1 つが負のときは一葉双曲面 (下中図)，1 つが正で 2 つが負のときは二葉双曲面 (下右図) という．

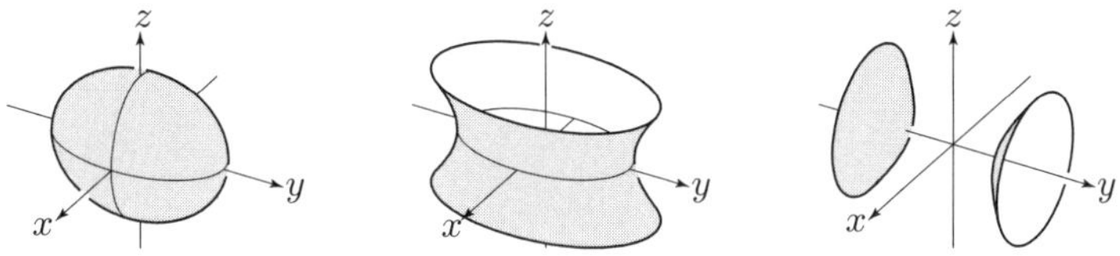

章末問題 5

— **A** —

5.1 次の成分を求めよ.

(1) 基 $\boldsymbol{p}_1 = \begin{pmatrix} 1 \\ -1 \end{pmatrix}$, $\boldsymbol{p}_2 = \begin{pmatrix} 3 \\ 1 \end{pmatrix}$ に関する $\boldsymbol{x} = \begin{pmatrix} 2 \\ 4 \end{pmatrix}$ の成分

(2) 基 $\boldsymbol{p}_1 = \begin{pmatrix} 3 \\ 1 \\ -2 \end{pmatrix}$, $\boldsymbol{p}_2 = \begin{pmatrix} -2 \\ -2 \\ 3 \end{pmatrix}$, $\boldsymbol{p}_3 = \begin{pmatrix} 0 \\ -1 \\ 1 \end{pmatrix}$ に関する $\boldsymbol{x} = \begin{pmatrix} 1 \\ 0 \\ 1 \end{pmatrix}$ の成分

5.2 次の基 $\boldsymbol{p}_1$, $\boldsymbol{p}_2$, $\boldsymbol{p}_3$ が正規直交基となるような a, b, c, d を求めよ. ただし, $a > 0$ とする.

$$\boldsymbol{p}_1 = \begin{pmatrix} a \\ \frac{1}{\sqrt{3}} \\ \frac{1}{\sqrt{3}} \end{pmatrix}, \quad \boldsymbol{p}_2 = \begin{pmatrix} \frac{1}{\sqrt{6}} \\ b \\ c \end{pmatrix}, \quad \boldsymbol{p}_3 = \begin{pmatrix} \frac{1}{\sqrt{2}} \\ 0 \\ d \end{pmatrix}$$

5.3 標準基に関して, 次の行列 A で表される線形変換 f の与えられた基に関する表現行列を求めよ.

$$A = \begin{pmatrix} 0 & 1 & 1 \\ 2 & 0 & 1 \\ -1 & 1 & 1 \end{pmatrix}; \qquad \text{基 } \boldsymbol{p}_1 = \begin{pmatrix} 0 \\ 1 \\ -1 \end{pmatrix}, \ \boldsymbol{p}_2 = \begin{pmatrix} 0 \\ 1 \\ -2 \end{pmatrix}, \ \boldsymbol{p}_3 = \begin{pmatrix} 1 \\ 1 \\ 2 \end{pmatrix}$$

5.4 次の表現行列を求めよ.

(1) 平面の点を x 軸に対称な点に写す線形変換の基 $\boldsymbol{p}_1 = \begin{pmatrix} 0 \\ 1 \end{pmatrix}$, $\boldsymbol{p}_2 = \begin{pmatrix} 2 \\ -4 \end{pmatrix}$ に関する表現行列

(2) 空間の点を x 軸を中心に 90° 回転する線形変換の基 $\boldsymbol{p}_1 = \begin{pmatrix} 1 \\ 0 \\ -1 \end{pmatrix}$, $\boldsymbol{p}_2 = \begin{pmatrix} 2 \\ 1 \\ -2 \end{pmatrix}$, $\boldsymbol{p}_3 = \begin{pmatrix} -1 \\ 2 \\ 0 \end{pmatrix}$ に関する表現行列

5.5 次の行列の固有値と固有ベクトルを求め, 対角化できる場合には対角化せよ. 対称行列の場合は, 直交行列により対角化せよ.

(1) $\begin{pmatrix} 1 & -1 \\ 4 & -3 \end{pmatrix}$ (2) $\begin{pmatrix} 2 & -1 \\ -1 & 2 \end{pmatrix}$ (3) $\begin{pmatrix} 1 & 0 & 1 \\ 2 & 5 & -4 \\ 2 & 4 & -4 \end{pmatrix}$ (4) $A = \begin{pmatrix} 3 & 2 & 2 \\ 2 & 3 & 2 \\ 2 & 2 & 3 \end{pmatrix}$

— **B** —

5.6 $\boldsymbol{R}^3$ の点を平面 $x_1 + x_2 + x_3 = 0$ に対称な点に写す線形変換を f とする. f の標準基に関する表現行列を求めよ.

5.7 n 次正方行列 A, B と正則行列 P について, $B = P^{-1}AP$ が成り立つとする. このとき, 次を示せ.

(1) $A^n = PB^nP^{-1}$

(2) $|A| = |B|$

(3) A と B の固有方程式は一致する.

(4) $\mathrm{tr}\ A = \mathrm{tr}\ B$ を示せ.

5.8 行列の対角化を用いて, 行列 $A = \begin{pmatrix} 3 & -1 \\ 4 & -2 \end{pmatrix}$ の n 乗を求めよ.

6 ベクトル空間

6.1 数ベクトル空間

平面のベクトルおよび空間のベクトルはそれぞれ2個および3個の実数の成分をもち．列ベクトルを用いると

$$\boldsymbol{x} = \begin{pmatrix} x_1 \\ x_2 \end{pmatrix}, \quad \begin{pmatrix} x_1 \\ x_2 \\ x_3 \end{pmatrix} \quad (x_1,\ x_2,\ x_3 \text{ は実数})$$

のように表すことができた．また，平面のベクトル全体および空間のベクトル全体をそれぞれ $\boldsymbol{R}^2$ および $\boldsymbol{R}^3$ と表した．

一般に，正の整数 n について，$\boldsymbol{x}$ は n 個の実数の**成分**をもつとする．

$$\boldsymbol{x} = \begin{pmatrix} x_1 \\ x_2 \\ \vdots \\ x_n \end{pmatrix} \quad (x_1,\ x_2,\ \cdots,\ x_n \text{ は実数})$$

このような $\boldsymbol{x}$ の全体を $\boldsymbol{R}^n$ と表し，**$\boldsymbol{n}$ 次元数ベクトル空間**という．また，$\boldsymbol{x}$ を **$\boldsymbol{n}$ 次元数ベクトル**または $\boldsymbol{R}^n$ の**数ベクトル**という．以後，数ベクトルを単に**ベクトル**ということにする．

例 6.1 $\boldsymbol{x} = \begin{pmatrix} 1 \\ \sqrt{2} \\ -2 \\ 5 \end{pmatrix}$ は $\boldsymbol{R}^4$ のベクトルである．

問 6.1 $\boldsymbol{R}^5$ のベクトルの例を1つあげよ．

$\boldsymbol{R}^n$ において，すべての成分が0であるベクトルを**零ベクトル**といい，$\boldsymbol{o}$ と表す．また，$\boldsymbol{x}$ のすべての成分に − (マイナス) をつけたベクトルを $-\boldsymbol{x}$ と表す．

問 6.2 $\boldsymbol{R}^4$ における $\boldsymbol{o}$ を求めよ．また，例 6.1 の $\boldsymbol{x}$ について $-\boldsymbol{x}$ を求めよ．

$\boldsymbol{R}^n$ の 2 つのベクトル $\boldsymbol{x}$, $\boldsymbol{y}$ と実数 λ について，**和** $\boldsymbol{x}+\boldsymbol{y}$ および**スカラー倍** $\lambda\boldsymbol{x}$ は次のように定義される．

$$\boldsymbol{x}+\boldsymbol{y}=\begin{pmatrix} x_1 \\ x_2 \\ \vdots \\ x_n \end{pmatrix}+\begin{pmatrix} y_1 \\ y_2 \\ \vdots \\ y_n \end{pmatrix}=\begin{pmatrix} x_1+y_1 \\ x_2+y_2 \\ \vdots \\ x_n+y_n \end{pmatrix}$$

$$\lambda\boldsymbol{x}=\lambda\begin{pmatrix} x_1 \\ x_2 \\ \vdots \\ x_n \end{pmatrix}=\begin{pmatrix} \lambda x_1 \\ \lambda x_2 \\ \vdots \\ \lambda x_n \end{pmatrix}$$

また，$\boldsymbol{x}-\boldsymbol{y}=\boldsymbol{x}+(-\boldsymbol{y})$ とする．

ベクトルの和とスカラー倍について，次の性質が成り立つ．

公式 6.1

$\boldsymbol{x}$, $\boldsymbol{y}$, $\boldsymbol{z}$ は $\boldsymbol{R}^n$ のベクトルで，λ, μ を実数とするとき

(1) $\boldsymbol{x}+\boldsymbol{y}=\boldsymbol{y}+\boldsymbol{x}$ (交換法則)

(2) $(\boldsymbol{x}+\boldsymbol{y})+\boldsymbol{z}=\boldsymbol{x}+(\boldsymbol{y}+\boldsymbol{z})$ (結合法則)

(3) $\lambda(\mu\boldsymbol{x})=(\lambda\mu)\boldsymbol{x}$

(4) $(\lambda+\mu)\boldsymbol{x}=\lambda\boldsymbol{x}+\mu\boldsymbol{x}$

(5) $\lambda(\boldsymbol{x}+\boldsymbol{y})=\lambda\boldsymbol{x}+\lambda\boldsymbol{y}$

(6) $\boldsymbol{x}+\boldsymbol{o}=\boldsymbol{x}$

(7) $\boldsymbol{x}+(-\boldsymbol{x})=\boldsymbol{o}$

例 6.2 $\boldsymbol{x}=\begin{pmatrix} 1 \\ 2 \\ -2 \\ 5 \end{pmatrix}$, $\boldsymbol{y}=\begin{pmatrix} 3 \\ 1 \\ 1 \\ -2 \end{pmatrix}$ のとき

$$\boldsymbol{x}+\boldsymbol{y}=\begin{pmatrix} 1+3 \\ 2+1 \\ -2+1 \\ 5-2 \end{pmatrix}=\begin{pmatrix} 4 \\ 3 \\ -1 \\ 3 \end{pmatrix},\quad 10\boldsymbol{x}+10\boldsymbol{y}=10(\boldsymbol{x}+\boldsymbol{y})=\begin{pmatrix} 40 \\ 30 \\ -10 \\ 30 \end{pmatrix}$$

問 6.3 $\boldsymbol{x}=\begin{pmatrix} 3 \\ -5 \\ 2 \\ -6 \end{pmatrix}$, $\boldsymbol{y}=\begin{pmatrix} -2 \\ 3 \\ 1 \\ 4 \end{pmatrix}$ のとき，次を計算せよ．

(1) $2\boldsymbol{x}-\boldsymbol{y}$ (2) $-3(\boldsymbol{x}+\boldsymbol{y})+5\boldsymbol{x}$

12 ページ参照

3 つのベクトル $\boldsymbol{a}$, $\boldsymbol{b}$, $\boldsymbol{c}$ が線形独立とは，次が成り立つことであった．

$$l\boldsymbol{a}+m\boldsymbol{b}+n\boldsymbol{c}=\boldsymbol{o} \quad ならば \quad l=0,\ m=0,\ n=0 \qquad (l,\ m,\ n\ は実数)$$

同様に，$\boldsymbol{R}^n$ の m 個のベクトル $\boldsymbol{a}_1$，$\boldsymbol{a}_2$，$\cdots$，$\boldsymbol{a}_m$ が

$$\lambda_1\boldsymbol{a}_1+\lambda_2\boldsymbol{a}_2+\cdots+\lambda_m\boldsymbol{a}_m=\boldsymbol{o} \text{ ならば } \lambda_1=\lambda_2=\cdots=\lambda_m=0 \quad (6.1)$$
$$(\lambda_1,\ \lambda_2,\ \cdots,\ \lambda_m \text{ は実数})$$

を満たすとき，**線形独立**といい，そうでないとき，**線形従属**という．

注意　$\lambda_1\boldsymbol{a}_1+\lambda_2\boldsymbol{a}_2+\cdots+\lambda_m\boldsymbol{a}_m$ を $\boldsymbol{a}_1$，$\boldsymbol{a}_2$，$\cdots$，$\boldsymbol{a}_m$ の**線形結合**，$\lambda_1, \lambda_2, \cdots, \lambda_m$ をその**係数**という．

$\boldsymbol{a}_1$，$\boldsymbol{a}_2$，$\cdots$，$\boldsymbol{a}_m$ が線形従属であれば，少なくとも 1 つは 0 ではない実数 λ_1，λ_2，$\cdots$，λ_m があって

$$\lambda_1\boldsymbol{a}_1+\lambda_2\boldsymbol{a}_2+\cdots+\lambda_m\boldsymbol{a}_m=\boldsymbol{o}$$

が成り立つ．例えば，$\lambda_1 \neq 0$ とすると

$$\boldsymbol{a}_1=-\frac{\lambda_2}{\lambda_1}\boldsymbol{a}_2-\frac{\lambda_3}{\lambda_1}\boldsymbol{a}_3-\cdots-\frac{\lambda_{m-1}}{\lambda_1}\boldsymbol{a}_{m-1}$$

すなわち，$\boldsymbol{a}_1$ は他のベクトルの線形結合で表される．

[例題 6.1]　次のベクトル $\boldsymbol{a}_1$，$\boldsymbol{a}_2$，$\boldsymbol{a}_3$，$\boldsymbol{a}_4$ は線形独立か線形従属かを調べよ．

$$\boldsymbol{a}_1=\begin{pmatrix}1\\1\\2\\-2\end{pmatrix},\quad \boldsymbol{a}_2=\begin{pmatrix}2\\3\\1\\1\end{pmatrix},\quad \boldsymbol{a}_3=\begin{pmatrix}-1\\1\\2\\0\end{pmatrix},\quad \boldsymbol{a}_4=\begin{pmatrix}4\\3\\1\\-1\end{pmatrix}$$

[解]　$\lambda_1\boldsymbol{a}_1+\lambda_2\boldsymbol{a}_2+\lambda_3\boldsymbol{a}_3+\lambda_4\boldsymbol{a}_4=\boldsymbol{o}$ とおく．これを λ_1，λ_2，λ_3，λ_4 についての連立 1 次方程式と考えて，行列を用いて表すと

$$(\boldsymbol{a}_1\ \ \boldsymbol{a}_2\ \ \boldsymbol{a}_3\ \ \boldsymbol{a}_4)\begin{pmatrix}\lambda_1\\\lambda_2\\\lambda_3\\\lambda_4\end{pmatrix}=\begin{pmatrix}1&2&-1&4\\1&3&1&3\\2&1&2&1\\-2&1&0&-1\end{pmatrix}\begin{pmatrix}\lambda_1\\\lambda_2\\\lambda_3\\\lambda_4\end{pmatrix}=\begin{pmatrix}0\\0\\0\\0\end{pmatrix}$$

拡大係数行列に行基本変形を行うと

$$\begin{pmatrix}1&2&-1&4&0\\1&3&1&3&0\\2&1&2&1&0\\-2&1&0&-1&0\end{pmatrix}\longrightarrow\begin{pmatrix}1&2&-1&4&0\\0&1&2&-1&0\\0&0&1&-1&0\\0&0&0&0&0\end{pmatrix}$$

$\lambda_4=t$ (t は任意の数) とおくと

$$\lambda_3=t,\quad \lambda_2=-2\lambda_3+\lambda_4=-t,\quad \lambda_1=-2\lambda_2+\lambda_3-4\lambda_4=-t$$

したがって，t に 0 以外の数を代入することにより，$\lambda_1=\lambda_2=\lambda_3=\lambda_4=0$ 以外の解が得られるから，$\boldsymbol{a}_1$，$\boldsymbol{a}_2$，$\boldsymbol{a}_3$，$\boldsymbol{a}_4$ は線形従属である．　□

注意　$\operatorname{rank}(\boldsymbol{a}_1\ \boldsymbol{a}_2\ \boldsymbol{a}_3\ \boldsymbol{a}_4)=3<4$ であることから，39 ページの公式 2.12 を使っても線形従属であることがわかる．

問 6.4 次のベクトル $\boldsymbol{a}_1$, $\boldsymbol{a}_2$, $\boldsymbol{a}_3$ は線形独立か線形従属かを調べよ．

$$\boldsymbol{a}_1 = \begin{pmatrix} 1 \\ -1 \\ 2 \end{pmatrix}, \quad \boldsymbol{a}_2 = \begin{pmatrix} 1 \\ 0 \\ 3 \end{pmatrix}, \quad \boldsymbol{a}_3 = \begin{pmatrix} 2 \\ 4 \\ 5 \end{pmatrix}$$

6.2 基と次元

$\boldsymbol{R}^n$ のベクトル $\boldsymbol{e}_1$, $\boldsymbol{e}_2$, $\cdots$, $\boldsymbol{e}_n$ を次のように定める．

$$\boldsymbol{e}_1 = \begin{pmatrix} 1 \\ 0 \\ \vdots \\ 0 \end{pmatrix}, \quad \boldsymbol{e}_2 = \begin{pmatrix} 0 \\ 1 \\ \vdots \\ 0 \end{pmatrix}, \quad \cdots, \quad \boldsymbol{e}_n = \begin{pmatrix} 0 \\ 0 \\ \vdots \\ 1 \end{pmatrix}$$

このとき，$\boldsymbol{e}_1$, $\boldsymbol{e}_2$, $\cdots$, $\boldsymbol{e}_n$ は線形独立であり，$\boldsymbol{R}^n$ の任意のベクトル $\boldsymbol{x}$ は，$\boldsymbol{e}_1$, $\boldsymbol{e}_2$, $\cdots$, $\boldsymbol{e}_n$ の線形結合で表される．

$$\boldsymbol{x} = \begin{pmatrix} x_1 \\ x_2 \\ \vdots \\ x_n \end{pmatrix} = x_1\boldsymbol{e}_1 + x_2\boldsymbol{e}_2 + \cdots + x_n\boldsymbol{e}_n$$

一般に，$\boldsymbol{R}^n$ の m 個のベクトル $\boldsymbol{a}_1$, $\boldsymbol{a}_2$, $\cdots$, $\boldsymbol{a}_m$ が，性質

(1) $\boldsymbol{a}_1$, $\boldsymbol{a}_2$, $\cdots$, $\boldsymbol{a}_m$ は線形独立である．

(2) $\boldsymbol{R}^n$ の任意のベクトルは，$\boldsymbol{a}_1$, $\boldsymbol{a}_2$, $\cdots$, $\boldsymbol{a}_m$ の線形結合で表される．

を満たすとき，$\boldsymbol{R}^n$ の**基**という．特に，$\boldsymbol{e}_1$, $\boldsymbol{e}_2$, $\cdots$, $\boldsymbol{e}_n$ を**標準基**という．

$\boldsymbol{R}^n$ の任意のベクトル $\boldsymbol{x}$ を基 $\boldsymbol{a}_1$, $\boldsymbol{a}_2$, $\cdots$, $\boldsymbol{a}_m$ の線形結合で表すとき，その表し方は一意的である．実際

$$\boldsymbol{x} = \lambda_1\boldsymbol{a}_1 + \lambda_2\boldsymbol{a}_2 + \cdots + \lambda_m\boldsymbol{a}_m = \mu_1\boldsymbol{a}_1 + \mu_2\boldsymbol{a}_2 + \cdots + \mu_m\boldsymbol{a}_m$$

とすると

$$(\lambda_1 - \mu_1)\boldsymbol{a}_1 + (\lambda_2 - \mu_2)\boldsymbol{a}_2 + \cdots + (\lambda_m - \mu_m)\boldsymbol{a}_m = \boldsymbol{o}$$

したがって，線形独立であることから

$$\lambda_1 - \mu_1 = \lambda_2 - \mu_2 = \cdots = \lambda_m - \mu_m = 0$$

すなわち，$\lambda_1 = \mu_1$, $\lambda_2 = \mu_2$, $\cdots$, $\lambda_m = \mu_m$ である．

$\boldsymbol{R}^n$ のベクトル $\boldsymbol{x}$ を基 $\boldsymbol{a}_1$, $\boldsymbol{a}_2$, $\cdots$, $\boldsymbol{a}_m$ の線形結合で表したときの係数を，ベクトル $\boldsymbol{x}$ の基 $\boldsymbol{a}_1$, $\boldsymbol{a}_2$, $\cdots$, $\boldsymbol{a}_m$ に関する**成分**という．特に，標準基に関する成分は，本来の成分と一致する．

実は，$\boldsymbol{R}^n$ の任意の基に含まれるベクトルの個数は，常に n である．以下，このことを証明しよう．

l 個のベクトル $\boldsymbol{b}_1$, $\boldsymbol{b}_2$, $\cdots$, $\boldsymbol{b}_l$ は，基 $\boldsymbol{a}_1$, $\boldsymbol{a}_2$, $\cdots$, $\boldsymbol{a}_m$ の線形結合により次のように表されているとする．

$$\begin{aligned} \boldsymbol{b}_1 &= a_{11}\boldsymbol{a}_1 + a_{21}\boldsymbol{a}_2 + \cdots + a_{m1}\boldsymbol{a}_m \\ \boldsymbol{b}_2 &= a_{12}\boldsymbol{a}_1 + a_{22}\boldsymbol{a}_2 + \cdots + a_{m2}\boldsymbol{a}_m \\ &\cdots\cdots \\ \boldsymbol{b}_l &= a_{1l}\boldsymbol{a}_1 + a_{2l}\boldsymbol{a}_2 + \cdots + a_{ml}\boldsymbol{a}_m \end{aligned} \tag{6.2}$$

(6.2) は，行列を用いて次のように表すこともできる．

$$\begin{pmatrix} \boldsymbol{b}_1 & \boldsymbol{b}_2 & \cdots & \boldsymbol{b}_l \end{pmatrix} = \begin{pmatrix} \boldsymbol{a}_1 & \boldsymbol{a}_2 & \cdots & \boldsymbol{a}_m \end{pmatrix} \begin{pmatrix} a_{11} & a_{12} & \cdots & a_{1l} \\ a_{21} & a_{22} & \cdots & a_{2l} \\ \vdots & \vdots & \cdots & \vdots \\ a_{m1} & a_{m2} & \cdots & a_{ml} \end{pmatrix} \tag{6.3}$$

$\boldsymbol{b}_1$, $\boldsymbol{b}_2$, $\cdots$, $\boldsymbol{b}_l$ が線形独立かどうかを調べるために

$$\lambda_1\boldsymbol{b}_1 + \lambda_2\boldsymbol{b}_2 + \cdots + \lambda_l\boldsymbol{b}_l = \boldsymbol{o} \tag{6.4}$$

とおく．(6.4) も，行列を用いて次のように表すことができる．

$$\begin{pmatrix} \boldsymbol{b}_1 & \boldsymbol{b}_2 & \cdots & \boldsymbol{b}_l \end{pmatrix} \begin{pmatrix} \lambda_1 \\ \lambda_2 \\ \vdots \\ \lambda_l \end{pmatrix} = \boldsymbol{o} \tag{6.5}$$

(6.3) を (6.5) に代入すると

$$\begin{pmatrix} \boldsymbol{a}_1 & \boldsymbol{a}_2 & \cdots & \boldsymbol{a}_m \end{pmatrix} \begin{pmatrix} a_{11} & a_{12} & \cdots & a_{1l} \\ a_{21} & a_{22} & \cdots & a_{2l} \\ \vdots & \vdots & \cdots & \vdots \\ a_{m1} & a_{m2} & \cdots & a_{ml} \end{pmatrix} \begin{pmatrix} \lambda_1 \\ \lambda_2 \\ \vdots \\ \lambda_l \end{pmatrix} = \boldsymbol{o}$$

左辺で，$\begin{pmatrix} \boldsymbol{a}_1 & \boldsymbol{a}_2 & \cdots & \boldsymbol{a}_m \end{pmatrix}$ を除いた行列の積の成分が $\boldsymbol{a}_1$, $\boldsymbol{a}_2$, $\cdots$, $\boldsymbol{a}_m$ の線形結合の係数であることに注意すると，$\boldsymbol{a}_1$, $\boldsymbol{a}_2$, $\cdots$, $\boldsymbol{a}_m$ の線形独立性より

$$\begin{pmatrix} a_{11} & a_{12} & \cdots & a_{1l} \\ a_{21} & a_{22} & \cdots & a_{2l} \\ \vdots & \vdots & \cdots & \vdots \\ a_{m1} & a_{m2} & \cdots & a_{ml} \end{pmatrix} \begin{pmatrix} \lambda_1 \\ \lambda_2 \\ \vdots \\ \lambda_l \end{pmatrix} = \boldsymbol{o} \tag{6.6}$$

(6.6) は λ_1, λ_2, $\cdots$, λ_l についての斉次連立 1 次方程式であるが，方程式の個数 m が未知数の個数 l より小さい，すなわち $m < l$ であれば，$\boldsymbol{o}$ 以外の解をもつことになり，$\boldsymbol{b}_1$, $\boldsymbol{b}_2$, $\cdots$, $\boldsymbol{b}_l$ は線形従属となる．

このことから，$\boldsymbol{b}_1$, $\boldsymbol{b}_2$, $\cdots$, $\boldsymbol{b}_l$ が $\boldsymbol{R}^n$ の基であれば，$m \geqq l$ が成り立つ．

また，$\boldsymbol{a}_1$, $\boldsymbol{a}_2$, $\cdots$, $\boldsymbol{a}_m$ と $\boldsymbol{b}_1$, $\boldsymbol{b}_2$, $\cdots$, $\boldsymbol{b}_l$ を逆にして考えれば，$l \geqq m$ となるから，$l = m$ が得られる．したがって，$\boldsymbol{b}_1$, $\boldsymbol{b}_2$, $\cdots$, $\boldsymbol{b}_l$ を標準基にとることにより，$m = n$ が成り立つことがわかる．

一般に，基に含まれるベクトルの個数を**次元**という．$\boldsymbol{R}^n$ の次元は n であり，このことを $\dim \boldsymbol{R}^n = n$ と書く．

"dim" は dimension の略

$\boldsymbol{R}^n$ の n 個のベクトル $\boldsymbol{a}_1, \boldsymbol{a}_2, \cdots, \boldsymbol{a}_n$ が基である条件を求めよう．ただし，これらを並べてできる正方行列 $\big(\boldsymbol{a}_1\ \boldsymbol{a}_2\ \cdots\ \boldsymbol{a}_n\big)$ を A とおく．

$\boldsymbol{a}_1, \boldsymbol{a}_2, \cdots, \boldsymbol{a}_n$ が基のとき，それらの線形結合により $\boldsymbol{e}_1, \boldsymbol{e}_2, \cdots, \boldsymbol{e}_n$ の各ベクトルを表すことができる．

$$\big(\boldsymbol{e}_1\ \boldsymbol{e}_2\ \cdots\ \boldsymbol{e}_n\big) = \big(\boldsymbol{a}_1\ \boldsymbol{a}_2\ \cdots\ \boldsymbol{a}_n\big)B \quad (B \text{ は正方行列})$$

すなわち，$E = AB$ となるから，A は正則である．

逆に，A が正則であるとすると

$$\lambda_1\boldsymbol{a}_1 + \lambda_2\boldsymbol{a}_2 + \cdots + \lambda_n\boldsymbol{a}_n = \boldsymbol{o} \quad \text{すなわち} \quad A\begin{pmatrix}\lambda_1\\ \lambda_2\\ \vdots\\ \lambda_n\end{pmatrix} = \boldsymbol{o}$$

の両辺に左から A^{-1} を掛けることにより，$\lambda_1 = \lambda_2 = \cdots = \lambda_n = 0$ が得られるから，$\boldsymbol{a}_1, \boldsymbol{a}_2, \cdots, \boldsymbol{a}_n$ は線形独立である．

また，任意のベクトル $\boldsymbol{x}$ について

$$\boldsymbol{x} = \lambda_1\boldsymbol{a}_1 + \lambda_2\boldsymbol{a}_2 + \cdots + \lambda_n\boldsymbol{a}_n \quad \text{すなわち} \quad \boldsymbol{x} = A\begin{pmatrix}\lambda_1\\ \lambda_2\\ \vdots\\ \lambda_n\end{pmatrix}$$

の両辺に左から A^{-1} を掛けることにより，$\lambda_1, \lambda_2, \cdots, \lambda_n$ を求めることができるから，$\boldsymbol{a}_1, \boldsymbol{a}_2, \cdots, \boldsymbol{a}_n$ は基であることがわかる．

以上より，$\boldsymbol{a}_1, \boldsymbol{a}_2, \cdots, \boldsymbol{a}_n$ が基である条件は，A が正則であることである．

[例題 6.2] $\boldsymbol{a}_1 = \begin{pmatrix}1\\3\\4\end{pmatrix}$, $\boldsymbol{a}_2 = \begin{pmatrix}3\\2\\1\end{pmatrix}$, $\boldsymbol{a}_3 = \begin{pmatrix}-1\\1\\2\end{pmatrix}$, $\boldsymbol{x} = \begin{pmatrix}6\\2\\-2\end{pmatrix}$ とするとき，$\boldsymbol{a}_1, \boldsymbol{a}_2, \boldsymbol{a}_3$ は $\boldsymbol{R}^3$ の基であることを示せ．また，この基に関する $\boldsymbol{x}$ の成分を求めよ．

[解] $A = \begin{pmatrix}1 & 3 & -1\\ 3 & 2 & 1\\ 4 & 1 & 2\end{pmatrix}$ とおくと $|A| = 2$

したがって，A は正則となるから，$\boldsymbol{a}_1, \boldsymbol{a}_2, \boldsymbol{a}_3$ は $\boldsymbol{R}^3$ の基である．また

$$A^{-1} = \frac{1}{2}\begin{pmatrix}3 & -7 & 5\\ -2 & 6 & -4\\ -5 & 11 & -7\end{pmatrix}, \qquad A^{-1}\boldsymbol{x} = \begin{pmatrix}-3\\ 4\\ 3\end{pmatrix}$$

より，この基に関する $\boldsymbol{x}$ の成分は $-3, 4, 3$ である． □

問 6.5 $\boldsymbol{a}_1 = \begin{pmatrix} 1 \\ 2 \\ -1 \end{pmatrix}$, $\boldsymbol{a}_2 = \begin{pmatrix} 2 \\ 3 \\ 4 \end{pmatrix}$, $\boldsymbol{a}_3 = \begin{pmatrix} 1 \\ 3 \\ -6 \end{pmatrix}$, $\boldsymbol{x} = \begin{pmatrix} 1 \\ 2 \\ -2 \end{pmatrix}$ とするとき，$\boldsymbol{a}_1, \boldsymbol{a}_2, \boldsymbol{a}_3$ は $\boldsymbol{R}^3$ の基であることを示せ．また，この基に関する $\boldsymbol{x}$ の成分を求めよ．

6.3 部分空間

$\boldsymbol{R}^n$ の 1 つの部分集合 V をとり，V に属するベクトルを V のベクトルということにする．V の任意のベクトル $\boldsymbol{x}$, $\boldsymbol{y}$ と任意の実数 λ について

(1) $\boldsymbol{x}+\boldsymbol{y}$ も V のベクトルである．
(2) $\lambda\boldsymbol{x}$ も V のベクトルである． (6.7)

が成り立つとき，V を $\boldsymbol{R}^n$ の**部分空間**という．

(6.7) の (2) で $\lambda=0$, -1 とおくと，次が導かれる．

(3) $\boldsymbol{o}$ は常に V のベクトルである．
(4) $-\boldsymbol{x}$, $\boldsymbol{x}-\boldsymbol{y}$ も V のベクトルである．

例 6.3 $\boldsymbol{R}^3$ において，原点 O を通る平面 α 上の点の位置ベクトル全体からなる集合を V とすると，$\boldsymbol{x}+\boldsymbol{y}$, $\lambda\boldsymbol{x}$ は図のようになり，やはり V のベクトルである．したがって，V は $\boldsymbol{R}^3$ の部分空間である．

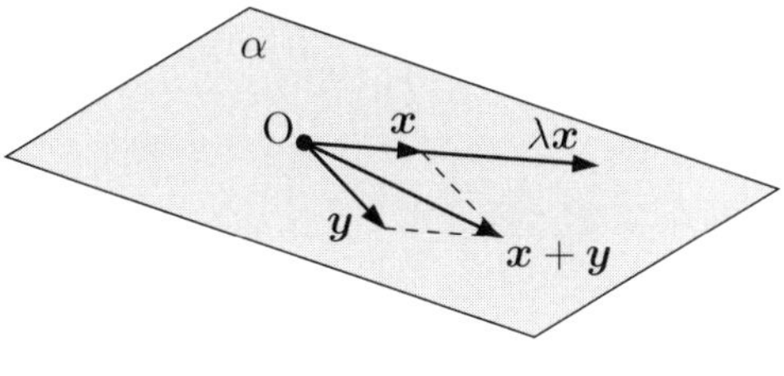

[例題 6.3] $\boldsymbol{R}^4$ のベクトルのうち，その成分の和が 0 であるものの全体を V とするとき，V は $\boldsymbol{R}^4$ の部分空間であることを示せ．

[解] $\boldsymbol{x} = \begin{pmatrix} x_1 \\ x_2 \\ x_3 \\ x_4 \end{pmatrix}$, $\boldsymbol{y} = \begin{pmatrix} y_1 \\ y_2 \\ y_3 \\ y_4 \end{pmatrix}$ を V のベクトルとすると

$$x_1+x_2+x_3+x_4=0, \qquad y_1+y_2+y_3+y_4=0$$

このとき，$\boldsymbol{x}+\boldsymbol{y}$ の成分の和は

$$\begin{aligned}(x_1+y_1)+(x_2+y_2)+(x_3+y_3)+(x_4+y_4)& \\ =(x_1+x_2+x_3+x_4)+(y_1+y_2+y_3+y_4)&=0\end{aligned}$$

したがって，$\boldsymbol{x}+\boldsymbol{y}$ も V のベクトルである．

また，実数 λ について，$\lambda\boldsymbol{x}$ の成分の和は

$$\lambda x_1 + \lambda x_2 + \lambda x_3 + \lambda x_4 = \lambda(x_1 + x_2 + x_3 + x_4) = 0$$

よって，$\lambda\boldsymbol{x}$ も V のベクトルである．以上より，V は $\boldsymbol{R}^4$ の部分空間である．□

注意 集合の記法を用いると，例題 6.3 の V は次のように表される．

$$V = \left\{ \begin{pmatrix} x_1 \\ x_2 \\ x_3 \\ x_4 \end{pmatrix} \middle| \; x_1 + x_2 + x_3 + x_4 = 0 \right\}$$

問 6.6 $\boldsymbol{R}^3$ のベクトルのうち，そのすべての成分が等しいものの全体を W とするとき，W は $\boldsymbol{R}^3$ の部分空間であることを示せ．

問 6.7 $\boldsymbol{R}^3$ のベクトルのうち，その成分の和が 1 であるものの全体 U は $\boldsymbol{R}^3$ の部分空間でないことを示せ．

問 6.8 $\boldsymbol{R}^n$ の $\boldsymbol{o}$ だけからなる集合 $\{\boldsymbol{o}\}$ は $\boldsymbol{R}^n$ の部分空間であることを示せ．

V は $\boldsymbol{R}^n$ の部分空間とする．このとき，V のベクトル $\boldsymbol{a}_1, \boldsymbol{a}_2, \cdots, \boldsymbol{a}_m$ の線形結合は，やはり V のベクトルである．

V のベクトル $\boldsymbol{a}_1$，$\boldsymbol{a}_2$，$\cdots$，$\boldsymbol{a}_m$ が

(1) $\boldsymbol{a}_1$，$\boldsymbol{a}_2$，$\cdots$，$\boldsymbol{a}_m$ は線形独立である．

(2) V の任意のベクトルは，$\boldsymbol{a}_1$，$\boldsymbol{a}_2$，$\cdots$，$\boldsymbol{a}_m$ の線形結合で表される．

を満たすとき，部分空間 V の**基**という．

$\boldsymbol{R}^n$ の場合と同様に，V の基に含まれるベクトルの個数は一定であることが証明される．この個数を V の**次元**といい，$\dim V$ で表す．

特に，$\boldsymbol{o}$ だけからなる部分空間 $\{\boldsymbol{o}\}$ の次元は 0 と定める．また，$\boldsymbol{R}^n$ 自身も部分空間で，$\dim \boldsymbol{R}^n = n$ である．

V の任意のベクトルは基のベクトルの線形結合で一意的に表される．

[**例題 6.4**] 例題 6.3 の部分空間 V の次元を求めよ．

[**解**] $x_1 + x_2 + x_3 + x_4 = 0$ を x_1，x_2，x_3，x_4 についての (連立) 1 次方程式として解く．$x_4 = t_1$，$x_3 = t_2$，$x_2 = t_3$ (t_1，t_2，t_3 は任意の数) とおくと

$$x_1 = -t_1 - t_2 - t_3, \quad x_2 = t_3, \quad x_3 = t_2, \quad x_4 = t_1$$

よって，V の任意のベクトル $\boldsymbol{x}$ は

$$\boldsymbol{x} = \begin{pmatrix} x_1 \\ x_2 \\ x_3 \\ x_4 \end{pmatrix} = \begin{pmatrix} -t_1 - t_2 - t_3 \\ t_3 \\ t_2 \\ t_1 \end{pmatrix} = t_1 \begin{pmatrix} -1 \\ 0 \\ 0 \\ 1 \end{pmatrix} + t_2 \begin{pmatrix} -1 \\ 0 \\ 1 \\ 0 \end{pmatrix} + t_3 \begin{pmatrix} -1 \\ 1 \\ 0 \\ 0 \end{pmatrix}$$

右辺に現れる 3 つのベクトルを順に $\boldsymbol{a}_1$, $\boldsymbol{a}_2$, $\boldsymbol{a}_3$ とおくと，V の任意のベクトル $\boldsymbol{x}$ が $\boldsymbol{a}_1$, $\boldsymbol{a}_2$, $\boldsymbol{a}_3$ の線形結合で表されことになる．また

$$\lambda_1\boldsymbol{a}_1 + \lambda_2\boldsymbol{a}_2 + \lambda\boldsymbol{a}_3 = \begin{pmatrix} -\lambda_1 - \lambda_2 - \lambda_3 \\ \lambda_1 \\ \lambda_2 \\ \lambda_3 \end{pmatrix} = \boldsymbol{o}$$

より，$\lambda_1 = \lambda_2 = \lambda_3 = 0$ が導かれるから，$\boldsymbol{a}_1$, $\boldsymbol{a}_2$, $\boldsymbol{a}_3$ は線形独立である．
よって，$\boldsymbol{a}_1$, $\boldsymbol{a}_2$, $\boldsymbol{a}_3$ は V の基であり　$\dim V = 3$ □

問 6.9　問 6.6 の部分空間 W の次元を求めよ．

$\boldsymbol{R}^n$ のベクトル $\boldsymbol{a}_1$, $\boldsymbol{a}_2$, $\cdots$, $\boldsymbol{a}_m$ をとり，それらの線形結合で表されるベクトル全体を V とおく．このとき，V の任意のベクトル $\boldsymbol{x}$, $\boldsymbol{y}$ は

$$\boldsymbol{x} = \lambda_1\boldsymbol{a}_1 + \lambda_2\boldsymbol{a}_2 + \cdots + \lambda_m\boldsymbol{a}_m, \qquad \boldsymbol{y} = \mu_1\boldsymbol{a}_1 + \mu_2\boldsymbol{a}_2 + \cdots + \mu_m\boldsymbol{a}_m$$

と表されるから

$$\boldsymbol{x} + \boldsymbol{y} = (\lambda_1 + \mu_1)\boldsymbol{a}_1 + (\lambda_2 + \mu_2)\boldsymbol{a}_2 + \cdots + (\lambda_m + \mu_m)\boldsymbol{a}_m$$

よって，$\boldsymbol{x} + \boldsymbol{y}$ は V のベクトルである．同様に，任意の実数 λ について，$\lambda\boldsymbol{x}$ も V のベクトルであることが示される．

以上より，V は $\boldsymbol{R}^n$ の部分空間となる．この部分空間 V を $\boldsymbol{a}_1$, $\boldsymbol{a}_2$, $\cdots$, $\boldsymbol{a}_m$ で**生成される部分空間**といい，$\langle \boldsymbol{a}_1, \boldsymbol{a}_2, \cdots, \boldsymbol{a}_m \rangle$ で表す．

$V = \langle \boldsymbol{a}_1, \boldsymbol{a}_2, \cdots, \boldsymbol{a}_m \rangle$ の基と次元を求めよう．

それには，$\boldsymbol{a}_1$, $\boldsymbol{a}_2$, $\cdots$, $\boldsymbol{a}_m$ のうち，線形独立である最大の個数のベクトルの組をとればよい．すなわち，適当に番号を付け替えたとき

(1) $\boldsymbol{a}_1$, $\boldsymbol{a}_2$, $\cdots$, $\boldsymbol{a}_r$ は線形独立である．

(2) $k > r$ とするとき，$\boldsymbol{a}_1$, $\boldsymbol{a}_2$, $\cdots$, $\boldsymbol{a}_r$, $\boldsymbol{a}_k$ は線形従属である．

を満たす $\boldsymbol{a}_1$, $\boldsymbol{a}_2$, $\cdots$, $\boldsymbol{a}_r$ を見つければよい．

このとき

$$\lambda_1\boldsymbol{a}_1 + \lambda_2\boldsymbol{a}_2 + \cdots + \lambda_r\boldsymbol{a}_r + \lambda_k\boldsymbol{a}_k = \boldsymbol{o}$$

において，$\lambda_k = 0$ と仮定すると

$$\lambda_1\boldsymbol{a}_1 + \lambda_2\boldsymbol{a}_2 + \cdots + \lambda_r\boldsymbol{a}_r = \boldsymbol{o}$$

(1) より，$\lambda_1 = \lambda_2 = \cdots = \lambda_r = 0$ となり，(2) に反する．

したがって，$\lambda_k \neq 0$ となり，ベクトル $\boldsymbol{a}_k$ $(k > r)$ は $\boldsymbol{a}_1$, $\boldsymbol{a}_2$, $\cdots$, $\boldsymbol{a}_r$ の線形結合で表されるから，V の任意のベクトルもこれらの線形結合で表されることになり，$\boldsymbol{a}_1$, $\boldsymbol{a}_2$, $\cdots$, $\boldsymbol{a}_r$ は V の基であり，$\dim V = r$ であることがわかる．

行列の行基本変形を用いて，V の基を求める方法がある．

$A = \begin{pmatrix} \boldsymbol{a}_1 & \boldsymbol{a}_2 & \cdots & \boldsymbol{a}_m \end{pmatrix}$ とし，その成分を

$$A = \begin{pmatrix} a_{11} & a_{12} & \cdots & a_{1m} \\ a_{21} & a_{22} & \cdots & a_{2m} \\ \vdots & \vdots & \cdots & \vdots \\ a_{n1} & a_{n2} & \cdots & a_{nm} \end{pmatrix}$$

とおく．A の第 j 列ベクトルは $\boldsymbol{a}_j$ の成分である．

また，$\boldsymbol{a}_1$，$\boldsymbol{a}_2$，$\cdots$，$\boldsymbol{a}_m$ について

$$\lambda_1 \boldsymbol{a}_1 + \lambda_2 \boldsymbol{a}_2 + \cdots + \lambda_m \boldsymbol{a}_m = \boldsymbol{o} \tag{6.8}$$

が成り立っているとする．

このとき，行基本変形

(Ⅰ) 1 つの行に 0 でない数を掛ける．

(Ⅱ) 1 つの行にある数を掛けたものを他の行に加える (または減ずる)．

(Ⅲ) 2 つの行を入れ換える．

を行ってできる行列の列ベクトル $\boldsymbol{a}'_1$，$\boldsymbol{a}'_2$，$\cdots$，$\boldsymbol{a}'_m$ についても，次が成り立つ．

$$\lambda_1 \boldsymbol{a}'_1 + \lambda_2 \boldsymbol{a}'_2 + \cdots + \lambda_m \boldsymbol{a}'_m = \boldsymbol{o} \tag{6.9}$$

例えば，行列 A に第 2 行に第 1 行の k 倍を加える変形を行ったとき，第 j 列ベクトル $\boldsymbol{a}'_j$ の第 2 成分だけが $a_{2j} + ka_{1j}$ に変わる．(6.9) の第 2 成分を計算すると

$$\begin{aligned} &\lambda_1(a_{21} + ka_{11}) + \lambda_2(a_{22} + ka_{12}) + \cdots + \lambda_m(a_{2m} + ka_{1m}) \\ &\quad = (\lambda_1 a_{21} + \lambda_2 a_{22} + \cdots + \lambda_m a_{2m}) + k(\lambda_1 a_{11} + \lambda_2 a_{12} + \cdots + \lambda_m a_{1m}) \\ &\quad = 0 \end{aligned}$$

よって，(6.9) が成り立つ．このことから，$(\boldsymbol{a}_j)$ の中の線形独立なベクトルに対応する $(\boldsymbol{a}'_j)$ の中のベクトルは線形独立になり，逆もいえることがわかる．

したがって，行列 A に行基本変形を行って階段行列に変形することにより，V の基を容易に求めることができる．

[例題 6.5] $\boldsymbol{a}_1 = \begin{pmatrix} 1 \\ 2 \\ 3 \end{pmatrix}$，$\boldsymbol{a}_2 = \begin{pmatrix} 3 \\ 1 \\ 0 \end{pmatrix}$，$\boldsymbol{a}_3 = \begin{pmatrix} 5 \\ 5 \\ 6 \end{pmatrix}$ とするとき，部分空間 $V = \langle \boldsymbol{a}_1, \boldsymbol{a}_2, \boldsymbol{a}_3 \rangle$ の基と次元を求めよ．

[解] $A = \begin{pmatrix} \boldsymbol{a}_1 & \boldsymbol{a}_2 & \boldsymbol{a}_3 \end{pmatrix}$ に基本変形を行うと

$$\begin{pmatrix} 1 & 3 & 5 \\ 2 & 1 & 5 \\ 3 & 0 & 6 \end{pmatrix} \longrightarrow \begin{pmatrix} 1 & 3 & 5 \\ 0 & -5 & -5 \\ 0 & -9 & -9 \end{pmatrix} \longrightarrow \begin{pmatrix} 1 & 3 & 5 \\ 0 & 1 & 1 \\ 0 & 0 & 0 \end{pmatrix}$$

階段行列の第 1 列，第 2 列のベクトルは線形独立で，かつ最大の個数の組である．したがって，これに対応するベクトル $\boldsymbol{a}_1$，$\boldsymbol{a}_2$ も同様であり，V の基となる．また，$\dim V = 2$ である． □

問 6.10 $\boldsymbol{a}_1 = \begin{pmatrix} 1 \\ 2 \\ 0 \\ 3 \end{pmatrix}$, $\boldsymbol{a}_2 = \begin{pmatrix} 0 \\ 0 \\ 1 \\ 1 \end{pmatrix}$, $\boldsymbol{a}_3 = \begin{pmatrix} 1 \\ 2 \\ 3 \\ 6 \end{pmatrix}$, $\boldsymbol{a}_4 = \begin{pmatrix} -1 \\ -2 \\ 1 \\ -2 \end{pmatrix}$ とするとき，部分空間 $V = \langle \boldsymbol{a}_1, \boldsymbol{a}_2, \boldsymbol{a}_3, \boldsymbol{a}_4 \rangle$ の基と次元を求めよ．

行列の階数は，行基本変形を行って階段行列に変形するとき，0 でない成分が 1 つ以上ある行の個数により定められた．例題 6.5 の解を見ればわかるように，それは，線形独立である列ベクトルの最大の個数，すなわち列ベクトルで生成される部分空間の次元である．このことから，次の公式が得られる．

公式 6.2

行列の階数は，行基本変形の仕方によらず一定に定まる．

6.4 線形変換

$\boldsymbol{R}^n$ の 1 つの部分空間 V をとる．ただし，V は $\boldsymbol{R}^n$ 自身の場合もあるが，$\{\boldsymbol{o}\}$ ではないとする．すなわち，$\dim V = m$ とおくとき，$1 \leqq m \leqq n$ とする．ここでは，V を**ベクトル空間**とよぶ．

V の基 $\boldsymbol{a}_1$, $\boldsymbol{a}_2$, $\cdots$, $\boldsymbol{a}_m$ を 1 つ定め，V のベクトル $\boldsymbol{x}$ を基のベクトルの線形結合で表したときの係数 (成分) を列ベクトルとして表すことにする．

$$\boldsymbol{x} = \begin{pmatrix} x_1 \\ x_2 \\ \vdots \\ x_m \end{pmatrix} = x_1\boldsymbol{a}_1 + x_2\boldsymbol{a}_2 + \cdots + x_m\boldsymbol{a}_m \tag{6.10}$$

第 4 章と同様に，V のベクトル $\boldsymbol{x}$ を V のベクトル $\boldsymbol{x}'$ に対応させる規則 f が，任意のベクトル $\boldsymbol{x}$, $\boldsymbol{y}$ および任意の実数 λ について，線形性

$$\begin{cases} f(\boldsymbol{x}+\boldsymbol{y}) = f(\boldsymbol{x}) + f(\boldsymbol{y}) \\ f(\lambda\boldsymbol{x}) = \lambda f(\boldsymbol{x}) \end{cases} \tag{6.11}$$

を満たすとき，f を V の**線形変換**といい，$f\colon V \to V$ で表す．

(6.10) のベクトル $\boldsymbol{x}$ の**像** $f(\boldsymbol{x})$ を求めよう．線形性 (6.11) より

$$f(\boldsymbol{x}) = x_1 f(\boldsymbol{a}_1) + x_2 f(\boldsymbol{a}_2) + \cdots + x_m f(\boldsymbol{a}_m)$$

ベクトル $f(\boldsymbol{a}_1)$, $f(\boldsymbol{a}_2)$, $\cdots$, $f(\boldsymbol{a}_m)$ の成分を列ベクトルで表し

$$f(\boldsymbol{a}_1) = \begin{pmatrix} a_{11} \\ a_{21} \\ \vdots \\ a_{m1} \end{pmatrix}, \quad f(\boldsymbol{a}_2) = \begin{pmatrix} a_{12} \\ a_{22} \\ \vdots \\ a_{m2} \end{pmatrix}, \quad \cdots, \quad f(\boldsymbol{a}_m) = \begin{pmatrix} a_{1m} \\ a_{2m} \\ \vdots \\ a_{mm} \end{pmatrix}$$

とおくと

$$f(\boldsymbol{x}) = x_1 \begin{pmatrix} a_{11} \\ a_{21} \\ \vdots \\ a_{m1} \end{pmatrix} + x_2 \begin{pmatrix} a_{12} \\ a_{22} \\ \vdots \\ a_{m2} \end{pmatrix} + \cdots + x_m \begin{pmatrix} a_{1m} \\ a_{2m} \\ \vdots \\ a_{mm} \end{pmatrix}$$

$$= \begin{pmatrix} a_{11} & a_{12} & \cdots & a_{1m} \\ a_{21} & a_{22} & \cdots & a_{2m} \\ \vdots & \vdots & \ddots & \vdots \\ a_{m1} & a_{m2} & \cdots & a_{mm} \end{pmatrix} \begin{pmatrix} x_1 \\ x_2 \\ \vdots \\ x_m \end{pmatrix} \tag{6.12}$$

(6.12) の m 次正方行列を A とおくことにより，次の公式が得られる．

公式 6.3

ベクトル空間 V の基 $\boldsymbol{a}_1$，$\boldsymbol{a}_2$，$\cdots$，$\boldsymbol{a}_m$ を 1 つ定め，V のベクトルをその基に関する成分で表すとき，任意の線形変換 f は適当な正方行列 A を用いて

$$f(\boldsymbol{x}) = A\boldsymbol{x}$$

と表される．A を f の基 $\boldsymbol{a}_1$，$\boldsymbol{a}_2$，$\cdots$，$\boldsymbol{a}_m$ に関する**表現行列**という．

[例題 6.6] $\boldsymbol{R}^n$ の線形独立なベクトル $\boldsymbol{a}_1$，$\boldsymbol{a}_2$ について，$\boldsymbol{a}_1$，$\boldsymbol{a}_2$ で生成される部分空間を V とする．V の線形変換 f が

$$f(\boldsymbol{a}_1 + 2\boldsymbol{a}_2) = 5\boldsymbol{a}_1, \quad f(\boldsymbol{a}_2) = 2\boldsymbol{a}_1 - \boldsymbol{a}_2$$

を満たすとき，f の $\boldsymbol{a}_1$，$\boldsymbol{a}_2$ に関する表現行列 A を求めよ．

[解] 第 1 式より　$f(\boldsymbol{a}_1) + 2f(\boldsymbol{a}_2) = 5\boldsymbol{a}_1$

第 2 式を代入して，$f(\boldsymbol{a}_1)$ を求めると

$$f(\boldsymbol{a}_1) = 5\boldsymbol{a}_1 - 2f(\boldsymbol{a}_2) = 5\boldsymbol{a}_1 - 2(2\boldsymbol{a}_1 - \boldsymbol{a}_2) = \boldsymbol{a}_1 + 2\boldsymbol{a}_2$$

したがって，$f(\boldsymbol{a}_1) = \begin{pmatrix} 1 \\ 2 \end{pmatrix}$，$f(\boldsymbol{a}_2) = \begin{pmatrix} 2 \\ -1 \end{pmatrix}$ より　$A = \begin{pmatrix} 1 & 2 \\ 2 & -1 \end{pmatrix}$ □

問 6.11　例題 6.6 において，次の等式を満たす線形変換 g の $\boldsymbol{a}_1$，$\boldsymbol{a}_2$ に関する表現行列 B を求めよ．

$$g(\boldsymbol{a}_1 + \boldsymbol{a}_2) = 2\boldsymbol{a}_1 - \boldsymbol{a}_2, \quad g(3\boldsymbol{a}_1 + 2\boldsymbol{a}_2) = 2\boldsymbol{a}_1 + 3\boldsymbol{a}_2$$

第 4 章と同様に，恒等変換，合成変換，逆変換を定める．恒等変換の表現行列は，常に単位行列 E である．また，1 つの基に関して，f, g の表現行列をそれぞれ A, B とおくとき，合成変換 $g \circ f$ の表現行列は BA，逆変換 f^{-1} が存在するとき，その表現行列は A^{-1} である．

簡単のため，以下では $V=\boldsymbol{R}^n$ とし，標準基 $\boldsymbol{e}_1$, $\boldsymbol{e}_2$, $\cdots$, $\boldsymbol{e}_n$ をとることにする．したがって，ベクトルの成分は本来の数ベクトルの成分である．

V の線形変換 f について

$$f(\boldsymbol{x})=\boldsymbol{o}$$

を満たすベクトル全体を f の**核**といい，$\mathrm{Ker}\, f$ と書く．

$\mathrm{Ker}\, f$ の任意のベクトル $\boldsymbol{x}$, $\boldsymbol{y}$ と任意の実数 λ について

$$f(\boldsymbol{x})=\boldsymbol{o}, \quad f(\boldsymbol{y})=\boldsymbol{o}$$

より

$$f(\boldsymbol{x}+\boldsymbol{y})=f(\boldsymbol{x})+f(\boldsymbol{y})=\boldsymbol{o}, \quad f(\lambda\boldsymbol{x})=\lambda f(\boldsymbol{x})=\boldsymbol{o}$$

が成り立つから，$\boldsymbol{x}+\boldsymbol{y}$, $\lambda\boldsymbol{x}$ も $\mathrm{Ker}\, f$ のベクトルである．したがって，$\mathrm{Ker}\, f$ は V の部分空間である．

また，あるベクトル $\boldsymbol{x}$ により

$$\boldsymbol{x}'=f(\boldsymbol{x})$$

と表されるベクトル $\boldsymbol{x}'$ 全体を f の**像**といい，$\mathrm{Image}\, f$ と書く．

$\mathrm{Image}\, f$ の任意のベクトル $\boldsymbol{x}'$, $\boldsymbol{y}'$ と任意の実数 λ について

$$f(\boldsymbol{x})=\boldsymbol{x}', \quad f(\boldsymbol{y}')=\boldsymbol{x}'$$

となるベクトル $\boldsymbol{x}$, $\boldsymbol{y}$ が存在することより

$$f(\boldsymbol{x}+\boldsymbol{y})=f(\boldsymbol{x})+f(\boldsymbol{y})=\boldsymbol{x}'+\boldsymbol{y}', \quad f(\lambda\boldsymbol{x})=\lambda f(\boldsymbol{x})=\lambda\boldsymbol{x}'$$

したがって，$\boldsymbol{x}'+\boldsymbol{y}'$, $\lambda\boldsymbol{x}'$ も $\mathrm{Image}\, f$ のベクトルとなり，$\mathrm{Image}\, f$ も V の部分空間であることがわかる．

f の表現行列を A とおくと，$\mathrm{Ker}\, f$ は，連立1次方程式 $A\boldsymbol{x}=\boldsymbol{o}$ の解全体であり，$\mathrm{Image}\, f$ は，連立1次方程式 $A\boldsymbol{x}=\boldsymbol{b}$ が解をもつような $\boldsymbol{b}$ の全体である．

[例題 6.7] $A=\begin{pmatrix}1&1&-2\\-1&-2&3\\2&2&-4\end{pmatrix}$ を表現行列にもつ線形変換 f の核と像を求めよ．

[解] 連立1次方程式 $A\boldsymbol{x}=\boldsymbol{o}$ の拡大係数行列に行基本変形を行うと

$$\begin{pmatrix}1&1&-2&0\\-1&-2&3&0\\2&2&-4&0\end{pmatrix}\longrightarrow\begin{pmatrix}1&1&-2&0\\0&-1&1&0\\0&0&0&0\end{pmatrix}\longrightarrow\begin{pmatrix}1&1&-2&0\\0&1&-1&0\\0&0&0&0\end{pmatrix}$$

$x_3=t$ とおくと，$x_2=t$, $x_1=t$ となるから

$$\mathrm{Ker}\, f=\left\{ t\begin{pmatrix}1\\1\\1\end{pmatrix} \;\middle|\; t\text{ は実数}\right\}$$

また，連立 1 次方程式 $A\boldsymbol{x}=\boldsymbol{b}$ の拡大係数行列に行基本変形を行うと

$$\begin{pmatrix} 1 & 1 & -2 & b_1 \\ -1 & -2 & 3 & b_2 \\ 2 & 2 & -4 & b_3 \end{pmatrix} \longrightarrow \begin{pmatrix} 1 & 1 & -2 & b_1 \\ 0 & -1 & 1 & b_2+b_1 \\ 0 & 0 & 0 & b_3-2b_1 \end{pmatrix}$$

解をもつための条件は $b_3-2b_1=0$ となるから，$b_1=t$, $b_2=s$ とおくと

$$\boldsymbol{b}=\begin{pmatrix} t \\ s \\ 2t \end{pmatrix}=t\begin{pmatrix} 1 \\ 0 \\ 2 \end{pmatrix}+s\begin{pmatrix} 0 \\ 1 \\ 0 \end{pmatrix}$$

よって　$\mathrm{Image}\, f=\left\{ t\begin{pmatrix} 1 \\ 0 \\ 2 \end{pmatrix}+s\begin{pmatrix} 0 \\ 1 \\ 0 \end{pmatrix} \,\middle|\, t,\ s \text{ は実数} \right\}$ □

注意　任意のベクトル $\boldsymbol{x}$ の成分を x_1, x_2, x_3 とおくと

$$A\boldsymbol{x}=\begin{pmatrix} x_1+x_2-2x_3 \\ -x_1-x_2+3x_3 \\ 2x_1+2x_2-4x_3 \end{pmatrix}=x_1\begin{pmatrix} 1 \\ -1 \\ 2 \end{pmatrix}+x_2\begin{pmatrix} 1 \\ -2 \\ 2 \end{pmatrix}+x_3\begin{pmatrix} -2 \\ 3 \\ -4 \end{pmatrix}$$

したがって，$\mathrm{Image}\, f$ は A の列ベクトルで生成される部分空間である．このことを用いて，例題 6.5 の方法で基を求めてもよい．

問 6.12　$A=\begin{pmatrix} 1 & 3 & 2 \\ 2 & 6 & 4 \\ 3 & 9 & 6 \end{pmatrix}$ を表現行列にもつ線形変換 f の核と像を求めよ．

$\mathrm{Ker}\, f$ の次元 l と $\mathrm{Image}\, f$ の次元 m の関係式を求めよう．そのために，$\mathrm{Ker}\, f$ の基 $\boldsymbol{a}_1$, $\boldsymbol{a}_2$, $\cdots$, $\boldsymbol{a}_l$ と $\mathrm{Image}\, f$ の基 $\boldsymbol{b}_1{}'$, $\boldsymbol{b}_2{}'$, $\cdots$, $\boldsymbol{b}_m{}'$ をとると，$\mathrm{Image}\, f$ の定義から，次を満たす $\boldsymbol{b}_1$, $\boldsymbol{b}_2$, $\cdots$, $\boldsymbol{b}_m$ が存在する．

$$f(\boldsymbol{b}_1)=\boldsymbol{b}_1{}', \quad f(\boldsymbol{b}_2)=\boldsymbol{b}_2{}', \quad \cdots, \quad f(\boldsymbol{b}_m)=\boldsymbol{b}_m{}' \tag{6.13}$$

$\boldsymbol{a}_1$, $\boldsymbol{a}_2$, $\cdots$, $\boldsymbol{a}_l$, $\boldsymbol{b}_1$, $\boldsymbol{b}_2$, $\cdots$, $\boldsymbol{b}_m$ の線形独立性を示すために

$$\lambda_1\boldsymbol{a}_1+\lambda_2\boldsymbol{a}_2+\cdots+\lambda_l\boldsymbol{a}_l+\mu_1\boldsymbol{b}_1+\mu_2\boldsymbol{b}_2+\cdots+\mu_m\boldsymbol{b}_m=\boldsymbol{o} \tag{6.14}$$

とおき，左辺の f による像を求めると

$$\lambda_1 f(\boldsymbol{a}_1)+\lambda_2 f(\boldsymbol{a}_2)+\cdots+\lambda_l f(\boldsymbol{a}_l)+\mu_1 f(\boldsymbol{b}_1)+\mu_2 f(\boldsymbol{b}_2)+\cdots+\mu_m f(\boldsymbol{b}_m)$$

$\mathrm{Ker}\, f$ の定義と (6.13) を用いると

$$\mu_1\boldsymbol{b}_1{}'+\mu_2\boldsymbol{b}_2{}'+\cdots+\mu_m\boldsymbol{b}_m{}'=\boldsymbol{o}$$

基であることから，$\mu_1=\mu_2=\cdots=\mu_m=0$ となる．これを (6.14) に代入することにより，$\lambda_1=\lambda_2=\cdots=\lambda_l=0$ が得られる．

また，任意のベクトル $\boldsymbol{x}$ について，$f(\boldsymbol{x})$ は基 $\boldsymbol{b}_1{}'$, $\boldsymbol{b}_2{}'$, $\cdots$, $\boldsymbol{b}_m{}'$ の線形結合で表されるから

$$f(\boldsymbol{x}) = \mu_1 f(\boldsymbol{b}_1) + \mu_2 f(\boldsymbol{b}_2) + \cdots + \mu_m f(\boldsymbol{b}_m)$$
$$f(\boldsymbol{x} - \mu_1\boldsymbol{b}_1 - \mu_2\boldsymbol{b}_2 - \cdots - \mu_m\boldsymbol{b}_m) = \boldsymbol{o}$$

したがって，$\boldsymbol{x} - \mu_1\boldsymbol{b}_1 - \mu_2\boldsymbol{b}_2 - \cdots - \mu_m\boldsymbol{b}_m$ は $\mathrm{Ker}\, f$ のベクトルとなるから，基 $\boldsymbol{a}_1$，$\boldsymbol{a}_2$，$\cdots$，$\boldsymbol{a}_l$ の線形結合で表される．

このことから，任意のベクトル $\boldsymbol{x}$ は $\boldsymbol{a}_1$，$\boldsymbol{a}_2$，$\cdots$，$\boldsymbol{a}_l$，$\boldsymbol{b}_1$，$\boldsymbol{b}_2$，$\cdots$，$\boldsymbol{b}_m$ の線形結合で表されることがわかるから，これらは $\boldsymbol{R}^n$ の基であることがわかる．よって，次の公式が得られる．

公式 6.4 (次元定理)

$\boldsymbol{R}^n$ の線形変換 f について

$$\dim \mathrm{Ker}\, f + \dim \mathrm{Image}\, f = n$$

$\dim \mathrm{Image}\, f$ を f の**階数**といい，$\mathrm{rank}\, f$ で表す．$\mathrm{rank}\, f$ は f の表現行列の階数と一致する．

34 ページ参照

6.5　基の変換と線形変換

ベクトル空間 V において，2 つの基 $\boldsymbol{a}_1$，$\boldsymbol{a}_2$，$\cdots$，$\boldsymbol{a}_m$ および $\boldsymbol{b}_1$，$\boldsymbol{b}_2$，$\cdots$，$\boldsymbol{b}_m$ をとる．ここでは，基 $\boldsymbol{a}_1$，$\boldsymbol{a}_2$，$\cdots$，$\boldsymbol{a}_m$ および基 $\boldsymbol{b}_1$，$\boldsymbol{b}_2$，$\cdots$，$\boldsymbol{b}_m$ を簡単にそれぞれ基 $\boldsymbol{a}$ および基 $\boldsymbol{b}$ とよぶことにする．

また，V のベクトル $\boldsymbol{x}$ について，どの基に関する成分であるかを明示する場合は，次のように書く．

$$\boldsymbol{x} = \begin{pmatrix} x_1 \\ x_2 \\ \vdots \\ x_m \end{pmatrix}_{\boldsymbol{a}} = x_1\boldsymbol{a}_1 + x_2\boldsymbol{a}_2 + \cdots + x_m\boldsymbol{a}_m$$

$$\boldsymbol{x} = \begin{pmatrix} y_1 \\ y_2 \\ \vdots \\ y_m \end{pmatrix}_{\boldsymbol{b}} = y_1\boldsymbol{b}_1 + y_2\boldsymbol{b}_2 + \cdots + y_m\boldsymbol{b}_m$$

基 $\boldsymbol{b}$ のすべてのベクトルは基 $\boldsymbol{a}$ の線形結合で表すことができる．

$$\begin{aligned} \boldsymbol{b}_1 &= p_{11}\boldsymbol{a}_1 + p_{21}\boldsymbol{a}_2 + \cdots + p_{m1}\boldsymbol{a}_m \\ \boldsymbol{b}_2 &= p_{12}\boldsymbol{a}_1 + p_{22}\boldsymbol{a}_2 + \cdots + p_{m2}\boldsymbol{a}_m \\ &\cdots\cdots \\ \boldsymbol{b}_m &= p_{1m}\boldsymbol{a}_1 + p_{2m}\boldsymbol{a}_2 + \cdots + p_{mm}\boldsymbol{a}_m \end{aligned}$$

行列を用いて表すと

$$\begin{pmatrix}\boldsymbol{b}_1 & \boldsymbol{b}_2 & \cdots & \boldsymbol{b}_m\end{pmatrix} = \begin{pmatrix}\boldsymbol{a}_1 & \boldsymbol{a}_2 & \cdots & \boldsymbol{a}_m\end{pmatrix}\begin{pmatrix} p_{11} & p_{12} & \cdots & p_{1m} \\ p_{21} & p_{22} & \cdots & p_{2m} \\ \vdots & \vdots & \ddots & \vdots \\ p_{m1} & p_{m2} & \cdots & p_{mm} \end{pmatrix}$$

右辺に現れる正方行列を P とおくと

$$\begin{pmatrix}\boldsymbol{b}_1 & \boldsymbol{b}_2 & \cdots & \boldsymbol{b}_m\end{pmatrix} = \begin{pmatrix}\boldsymbol{a}_1 & \boldsymbol{a}_2 & \cdots & \boldsymbol{a}_m\end{pmatrix}P \tag{6.15}$$

となる．この P を基 $\boldsymbol{a}$ から基 $\boldsymbol{b}$ への**変換行列**という．

同様にして，基 $\boldsymbol{b}$ から基 $\boldsymbol{a}$ への変換行列が求められる．この変換行列は P^{-1} であり，したがって，行列 P は正則であることを証明しよう．

(6.15) と同様にして，次の等式を満たす正方行列 Q が存在する．

$$\begin{pmatrix}\boldsymbol{a}_1 & \boldsymbol{a}_2 & \cdots & \boldsymbol{a}_m\end{pmatrix} = \begin{pmatrix}\boldsymbol{b}_1 & \boldsymbol{b}_2 & \cdots & \boldsymbol{b}_m\end{pmatrix}Q$$

(6.15) の右辺に代入して，$\begin{pmatrix}\boldsymbol{b}_1 & \boldsymbol{b}_2 & \cdots & \boldsymbol{b}_m\end{pmatrix} = \begin{pmatrix}\boldsymbol{b}_1 & \boldsymbol{b}_2 & \cdots & \boldsymbol{b}_m\end{pmatrix}E$ を用いると

$$\begin{pmatrix}\boldsymbol{b}_1 & \boldsymbol{b}_2 & \cdots & \boldsymbol{b}_m\end{pmatrix}E = \begin{pmatrix}\boldsymbol{b}_1 & \boldsymbol{b}_2 & \cdots & \boldsymbol{b}_m\end{pmatrix}QP$$

基 $\boldsymbol{b}$ は線形独立だから，線形結合の係数の一意性より $QP = E$ が成り立つ．

次に，ベクトル $\boldsymbol{x}$ の基 $\boldsymbol{a}$ および基 $\boldsymbol{b}$ に関する成分の間の関係式を求めよう．

$$x_1\boldsymbol{a}_1 + x_2\boldsymbol{a}_2 + \cdots + x_m\boldsymbol{a}_m = y_1\boldsymbol{b}_1 + y_2\boldsymbol{b}_2 + \cdots + y_m\boldsymbol{b}_m$$

の両辺を行列を用いて表すと

$$\begin{pmatrix}\boldsymbol{a}_1 & \boldsymbol{a}_2 & \cdots & \boldsymbol{a}_m\end{pmatrix}\begin{pmatrix} x_1 \\ x_2 \\ \vdots \\ x_m \end{pmatrix} = \begin{pmatrix}\boldsymbol{b}_1 & \boldsymbol{b}_2 & \cdots & \boldsymbol{b}_m\end{pmatrix}\begin{pmatrix} y_1 \\ y_2 \\ \vdots \\ y_m \end{pmatrix}$$

(6.15) を左辺に代入して

$$\begin{pmatrix}\boldsymbol{a}_1 & \boldsymbol{a}_2 & \cdots & \boldsymbol{a}_m\end{pmatrix}\begin{pmatrix} x_1 \\ x_2 \\ \vdots \\ x_m \end{pmatrix} = \begin{pmatrix}\boldsymbol{a}_1 & \boldsymbol{a}_2 & \cdots & \boldsymbol{a}_m\end{pmatrix}P\begin{pmatrix} y_1 \\ y_2 \\ \vdots \\ y_m \end{pmatrix}$$

基 $\boldsymbol{a}$ は線形独立だから，線形結合の係数の一意性より

$$\begin{pmatrix} x_1 \\ x_2 \\ \vdots \\ x_m \end{pmatrix} = P\begin{pmatrix} y_1 \\ y_2 \\ \vdots \\ y_m \end{pmatrix} \tag{6.16}$$

が成り立つ．これが求める関係式である．

公式 6.5

ベクトル空間 V の基 $\boldsymbol{a}_1$, $\boldsymbol{a}_2$, $\cdots$, $\boldsymbol{a}_m$ から基 $\boldsymbol{b}_1$, $\boldsymbol{b}_2$, $\cdots$, $\boldsymbol{b}_m$ への変換行列を P とおくと

$$(\boldsymbol{b}_1\ \boldsymbol{b}_2\ \cdots\ \boldsymbol{b}_m) = (\boldsymbol{a}_1\ \boldsymbol{a}_2\ \cdots\ \boldsymbol{a}_m)P$$

ベクトル $\boldsymbol{x}$ のそれぞれの基に関する成分の間に次の関係式が成り立つ.

$$\begin{pmatrix} x_1 \\ x_2 \\ \vdots \\ x_m \end{pmatrix}_{\boldsymbol{a}} = P\begin{pmatrix} y_1 \\ y_2 \\ \vdots \\ y_m \end{pmatrix}_{\boldsymbol{b}}, \qquad \begin{pmatrix} y_1 \\ y_2 \\ \vdots \\ y_m \end{pmatrix}_{\boldsymbol{b}} = P^{-1}\begin{pmatrix} x_1 \\ x_2 \\ \vdots \\ x_m \end{pmatrix}_{\boldsymbol{a}}$$

[**例題 6.8**] 2 次元のベクトル空間 V の基 $\boldsymbol{a}_1$, $\boldsymbol{a}_2$ をとり, $\boldsymbol{b}_1$, $\boldsymbol{b}_2$ を次のように定める.

$$\boldsymbol{b}_1 = \boldsymbol{a}_1 - \boldsymbol{a}_2, \qquad \boldsymbol{b}_2 = -3\boldsymbol{a}_1 + 5\boldsymbol{a}_2$$

$\boldsymbol{b}_1$, $\boldsymbol{b}_2$ は基であることを示し, $\boldsymbol{x} = \begin{pmatrix} 2 \\ -4 \end{pmatrix}_{\boldsymbol{a}}$ の基 $\boldsymbol{b}$ に関する成分を求めよ.

[解] $P = \begin{pmatrix} 1 & -3 \\ -1 & 5 \end{pmatrix}$ とおくと $(\boldsymbol{b}_1\ \ \boldsymbol{b}_2) = (\boldsymbol{a}_1\ \ \boldsymbol{a}_2)P$

また, $|P| = 2$ より, P は正則である. $\boldsymbol{b}_1$, $\boldsymbol{b}_2$ が線形独立であることを示すために

$$\lambda_1\boldsymbol{b}_1 + \lambda_2\boldsymbol{b}_2 = (\boldsymbol{b}_1\ \ \boldsymbol{b}_2)\begin{pmatrix} \lambda_1 \\ \lambda_2 \end{pmatrix} = \boldsymbol{o}$$

とおき, $(\boldsymbol{b}_1\ \ \boldsymbol{b}_2) = (\boldsymbol{a}_1\ \ \boldsymbol{a}_2)P$ を代入すると

$$(\boldsymbol{a}_1\ \ \boldsymbol{a}_2)P\begin{pmatrix} \lambda_1 \\ \lambda_2 \end{pmatrix} = \boldsymbol{o}$$

$\boldsymbol{a}_1$, $\boldsymbol{a}_2$ は線形独立で, P は正則だから

$$P\begin{pmatrix} \lambda_1 \\ \lambda_2 \end{pmatrix} = \boldsymbol{o} \qquad \therefore \begin{pmatrix} \lambda_1 \\ \lambda_2 \end{pmatrix} = P^{-1}\boldsymbol{o} = \boldsymbol{o}$$

よって, $\boldsymbol{b}_1$, $\boldsymbol{b}_2$ は線形独立, すなわち基である.

また, $\boldsymbol{x}$ の基 $\boldsymbol{b}$ の関する成分は

$$\begin{pmatrix} y_1 \\ y_2 \end{pmatrix}_{\boldsymbol{b}} = P^{-1}\begin{pmatrix} 2 \\ -4 \end{pmatrix}_{\boldsymbol{a}} = \frac{1}{2}\begin{pmatrix} 5 & 3 \\ 1 & 1 \end{pmatrix}\begin{pmatrix} 2 \\ -4 \end{pmatrix} = \begin{pmatrix} -1 \\ -1 \end{pmatrix}$$ □

注意 例題と同様にして, V の基 $\boldsymbol{a}_1$, $\boldsymbol{a}_2$, $\cdots$, $\boldsymbol{a}_m$ と m 次の正則な行列 P について, $(\boldsymbol{b}_1\ \boldsymbol{b}_2\ \cdots\ \boldsymbol{b}_m) = (\boldsymbol{a}_1\ \boldsymbol{a}_2\ \cdots\ \boldsymbol{a}_m)P$ で定められる $\boldsymbol{b}_1$, $\boldsymbol{b}_2$, $\cdots$, $\boldsymbol{b}_m$ は V の基であることが示される.

問 6.13 V の基 $\boldsymbol{a}_1$, $\boldsymbol{a}_2$ から基 $\boldsymbol{b}_1$, $\boldsymbol{b}_2$ への変換行列が $\begin{pmatrix} 5 & 3 \\ 7 & 4 \end{pmatrix}$ のとき，次の問いに答えよ．

(1) $\begin{pmatrix} 2 \\ 1 \end{pmatrix}_{\boldsymbol{b}}$ の基 $\boldsymbol{a}$ に関する成分を求めよ．

(2) $\begin{pmatrix} 3 \\ 4 \end{pmatrix}_{\boldsymbol{a}}$ の基 $\boldsymbol{b}$ に関する成分を求めよ．

ベクトル空間 V において，基 $\boldsymbol{a}_1$, $\boldsymbol{a}_2$, $\cdots$, $\boldsymbol{a}_m$ および基 $\boldsymbol{b}_1, \boldsymbol{b}_2, \cdots, \boldsymbol{b}_m$ をとり，V の線形変換 f の基 $\boldsymbol{a}$, 基 $\boldsymbol{b}$ に関する表現行列をそれぞれ A, B とおく．すなわち

$$\boldsymbol{x} = \begin{pmatrix} x_1 \\ x_2 \\ \vdots \\ x_m \end{pmatrix}_{\boldsymbol{a}} = \begin{pmatrix} y_1 \\ y_2 \\ \vdots \\ y_m \end{pmatrix}_{\boldsymbol{b}}, \quad f(\boldsymbol{x}) = \begin{pmatrix} x_1' \\ x_2' \\ \vdots \\ x_m' \end{pmatrix}_{\boldsymbol{a}} = \begin{pmatrix} y_1' \\ y_2' \\ \vdots \\ y_m' \end{pmatrix}_{\boldsymbol{b}}$$

とおくとき

$$\begin{pmatrix} x_1' \\ x_2' \\ \vdots \\ x_m' \end{pmatrix}_{\boldsymbol{a}} = A \begin{pmatrix} x_1 \\ x_2 \\ \vdots \\ x_m \end{pmatrix}_{\boldsymbol{a}}, \quad \begin{pmatrix} y_1' \\ y_2' \\ \vdots \\ y_m' \end{pmatrix}_{\boldsymbol{b}} = B \begin{pmatrix} y_1 \\ y_2 \\ \vdots \\ y_m \end{pmatrix}_{\boldsymbol{b}} \tag{6.17}$$

基 $\boldsymbol{a}$ から基 $\boldsymbol{b}$ への変換行列を P とおくと

$$\begin{pmatrix} x_1 \\ x_2 \\ \vdots \\ x_m \end{pmatrix}_{\boldsymbol{a}} = P \begin{pmatrix} y_1 \\ y_2 \\ \vdots \\ y_m \end{pmatrix}_{\boldsymbol{b}}, \quad \begin{pmatrix} x_1' \\ x_2' \\ \vdots \\ x_m' \end{pmatrix}_{\boldsymbol{a}} = P \begin{pmatrix} y_1' \\ y_2' \\ \vdots \\ y_m' \end{pmatrix}_{\boldsymbol{b}}$$

これを (6.17) の第 1 式に代入すると

$$P \begin{pmatrix} y_1' \\ y_2' \\ \vdots \\ y_m' \end{pmatrix}_{\boldsymbol{b}} = AP \begin{pmatrix} y_1 \\ y_2 \\ \vdots \\ y_m \end{pmatrix}_{\boldsymbol{b}} \quad \text{すなわち} \quad \begin{pmatrix} y_1' \\ y_2' \\ \vdots \\ y_m' \end{pmatrix}_{\boldsymbol{b}} = P^{-1}AP \begin{pmatrix} y_1 \\ y_2 \\ \vdots \\ y_m \end{pmatrix}_{\boldsymbol{b}}$$

(6.17) の第 2 式と比較することにより，$B = P^{-1}AP$ が得られる．

公式 6.6

ベクトル空間 V の基 $\boldsymbol{a}$, $\boldsymbol{b}$ と線形変換 f について，f の基 $\boldsymbol{a}$, 基 $\boldsymbol{b}$ に関する表現行列をそれぞれ A, B, 基 $\boldsymbol{a}$ から基 $\boldsymbol{b}$ への変換行列を P とすると

$$B = P^{-1}AP$$

注意 2つの正方行列 A, B について，$B = P^{-1}AP$ を満たす正則行列 P が存在するとき，A と B は**相似**であるという．

例 6.4 $\boldsymbol{R}^2$ の線形変換 f の標準基に関する表現行列を $A = \begin{pmatrix} 4 & -6 \\ 1 & -1 \end{pmatrix}$ とする．標準基から基 $\boldsymbol{a}_1 = \begin{pmatrix} 3 \\ 1 \end{pmatrix}$, $\boldsymbol{a}_2 = \begin{pmatrix} 5 \\ 2 \end{pmatrix}$ への変換行列は $P = \begin{pmatrix} 3 & 5 \\ 1 & 2 \end{pmatrix}$ だから，f の基 $\boldsymbol{a}_1$, $\boldsymbol{a}_2$ に関する表現行列は

$$\begin{pmatrix} 3 & 5 \\ 1 & 2 \end{pmatrix}^{-1} \begin{pmatrix} 4 & -6 \\ 1 & -1 \end{pmatrix} \begin{pmatrix} 3 & 5 \\ 1 & 2 \end{pmatrix} = \begin{pmatrix} 2 & 1 \\ 0 & 1 \end{pmatrix}$$

問 6.14 例 6.4 において，f の基 $\boldsymbol{a}_1$, $\boldsymbol{a}_2$ に関する表現行列が $B = \begin{pmatrix} 4 & -6 \\ 1 & -1 \end{pmatrix}$ のとき，f の標準基に関する表現行列を求めよ．

6.6 内積空間

平面や空間の場合と同様に，$\boldsymbol{R}^n$ においても**内積**を次のように定義することができる．

$$\boldsymbol{x} \cdot \boldsymbol{y} = x_1 y_1 + x_2 y_2 + \cdots + x_n y_n \quad \text{ただし } \boldsymbol{x} = \begin{pmatrix} x_1 \\ x_2 \\ \vdots \\ x_n \end{pmatrix}, \ \boldsymbol{y} = \begin{pmatrix} y_1 \\ y_2 \\ \vdots \\ y_n \end{pmatrix}$$

特に，$\sqrt{\boldsymbol{x} \cdot \boldsymbol{x}}$ を $\boldsymbol{x}$ の**大きさ**といい，$|\boldsymbol{x}|$ で表す．

$$|\boldsymbol{x}| = \sqrt{{x_1}^2 + {x_2}^2 + \cdots + {x_n}^2}$$

例 6.5 $\boldsymbol{x} = \begin{pmatrix} 2 \\ 3 \\ -2 \\ 1 \end{pmatrix}$, $\boldsymbol{y} = \begin{pmatrix} -4 \\ 2 \\ 1 \\ 4 \end{pmatrix}$ のとき $\boldsymbol{x} \cdot \boldsymbol{y} = -8 + 6 - 2 + 4 = 0$

$\boldsymbol{x} \cdot \boldsymbol{y} = 0$ のとき，$\boldsymbol{x}$, $\boldsymbol{y}$ は**直交**するという．

また，内積の性質についても，平面や空間の場合と同様である．

(1) $\boldsymbol{x} \cdot \boldsymbol{x} = |\boldsymbol{x}|^2$

(2) $\boldsymbol{x} \cdot \boldsymbol{y} = \boldsymbol{y} \cdot \boldsymbol{x}$

(3) $\boldsymbol{x} \cdot (\boldsymbol{y} + \boldsymbol{z}) = \boldsymbol{x} \cdot \boldsymbol{y} + \boldsymbol{x} \cdot \boldsymbol{z}$

(4) $(m\boldsymbol{x}) \cdot \boldsymbol{y} = \boldsymbol{x} \cdot (m\boldsymbol{y}) = m(\boldsymbol{x} \cdot \boldsymbol{y})$ (m は実数)

内積が定められたベクトル空間を**内積空間**という．

$\boldsymbol{R}^n$ の $\boldsymbol{o}$ でないベクトル $\boldsymbol{a}_1$, $\boldsymbol{a}_2$, $\cdots$, $\boldsymbol{a}_m$ は，互いに直交するならば，線形独立である．これを証明しよう．

$$\lambda_1\boldsymbol{a}_1 + \lambda_2\boldsymbol{a}_2 + \cdots + \lambda_m\boldsymbol{a}_m = \boldsymbol{o}$$

とし，両辺の $\boldsymbol{a}_1$ との内積を求めると

$$\lambda_1\boldsymbol{a}_1\cdot\boldsymbol{a}_1 + \lambda_2\boldsymbol{a}_1\cdot\boldsymbol{a}_2 + \cdots + \lambda_m\boldsymbol{a}_1\cdot\boldsymbol{a}_m = 0$$

$\boldsymbol{a}_1\cdot\boldsymbol{a}_2 = \cdots = \boldsymbol{a}_1\cdot\boldsymbol{a}_m = 0$ だから

$$\lambda_1\left|\boldsymbol{a}_1\right|^2 = 0$$

これから，$\lambda_1 = 0$ となる．他も同様である．

$\boldsymbol{R}^n$ の部分空間 V の次元が m のとき，m 個の V のベクトル $\boldsymbol{a}_1, \boldsymbol{a}_2, \cdots, \boldsymbol{a}_m$ について，それらの大きさがすべて 1 で，互いに直交するとする．このとき，$\boldsymbol{a}_1, \boldsymbol{a}_2, \cdots, \boldsymbol{a}_m$ は線形独立だから，V の基になる．これを V の**正規直交基**という．特に，標準基 $\boldsymbol{e}_1$, $\boldsymbol{e}_2$, $\cdots$, $\boldsymbol{e}_n$ は正規直交基である．

$\boldsymbol{R}^n$ の部分空間 V の基 $\boldsymbol{a}_1$, $\boldsymbol{a}_2$, $\cdots$, $\boldsymbol{a}_m$ をとる．この基から，次のようにして正規直交基を作ることができる．

まず，$\boldsymbol{b}_1 = \boldsymbol{a}_1$ とおく．

次に，$\boldsymbol{b}_2 = \boldsymbol{a}_2 - k\boldsymbol{b}_1$ とおいて，$\boldsymbol{b}_1\cdot\boldsymbol{b}_2 = 0$ であるように実数 k を定めると

$$\boldsymbol{b}_1\cdot\boldsymbol{a}_2 - k\left|\boldsymbol{b}_1\right|^2 = 0 \quad \text{より} \quad k = \frac{\boldsymbol{b}_1\cdot\boldsymbol{a}_2}{\left|\boldsymbol{b}_1\right|^2}$$

よって，$\boldsymbol{b}_2 = \boldsymbol{a}_2 - \dfrac{\boldsymbol{b}_1\cdot\boldsymbol{a}_2}{\left|\boldsymbol{b}_1\right|^2}\boldsymbol{b}_1$ とおくと，$\boldsymbol{b}_2$ は $\boldsymbol{a}_1$, $\boldsymbol{a}_2$ の線形結合で表されて，かつ，$\boldsymbol{b}_1\cdot\boldsymbol{b}_2 = 0$ が成り立つ．

また，$\boldsymbol{b}_2 = \boldsymbol{o}$ と仮定すると，$\boldsymbol{a}_2$ の係数が 0 でない線形結合で $\boldsymbol{o}$ が表されることになるから，$\boldsymbol{a}_1$, $\boldsymbol{a}_2$ の線形独立性に反する．したがって，$\boldsymbol{b}_2 \neq \boldsymbol{o}$ である．

同様にして，$\boldsymbol{b}_1, \boldsymbol{b}_2, \cdots, \boldsymbol{b}_k$ が定められたとする．すなわち

(1) $\boldsymbol{b}_j \neq \boldsymbol{o} \quad (1 \leqq j \leqq k)$

(2) $\boldsymbol{b}_i\cdot\boldsymbol{b}_j = 0 \quad (i \neq j,\ 1 \leqq i,\ j \leqq k)$

(3) $\boldsymbol{b}_j$ は $\boldsymbol{a}_1$, $\boldsymbol{a}_2$, $\cdots$, $\boldsymbol{a}_j$ の線形結合で表される．$(1 \leqq j \leqq k)$

を満たすように作られたとする．

このとき，$\boldsymbol{b}_{k+1}$ を次のようにおく．

$$\boldsymbol{b}_{k+1} = \boldsymbol{a}_{k+1} - \frac{\boldsymbol{b}_1\cdot\boldsymbol{a}_{k+1}}{\left|\boldsymbol{b}_1\right|^2}\boldsymbol{b}_1 - \cdots - \frac{\boldsymbol{b}_k\cdot\boldsymbol{a}_{k+1}}{\left|\boldsymbol{b}_k\right|^2}\boldsymbol{b}_k$$

とおくと，上の (1), (2), (3) の性質を満たすことが示される．

このように作られた $\boldsymbol{b}_1$, $\boldsymbol{b}_2$, $\cdots$, $\boldsymbol{b}_m$ について

$$\boldsymbol{c}_k = \frac{\boldsymbol{b}_k}{|\boldsymbol{b}_k|} \quad (1 \leqq k \leqq m)$$

とおくと，$\boldsymbol{c}_1$, $\boldsymbol{c}_2$, $\cdots$, $\boldsymbol{c}_m$ は正規直交基になる．

この方法を，**グラム・シュミットの直交化**という．

グラム，Gram (1850-1916)

シュミット，Schmidt (1876-1959)

[例題 6.9] $\boldsymbol{R}^4$ の部分空間 V が次の基をもつとき，V の正規直交基を求めよ．

$$\boldsymbol{a}_1 = \begin{pmatrix} 1 \\ -1 \\ -1 \\ 1 \end{pmatrix}, \quad \boldsymbol{a}_2 = \begin{pmatrix} 1 \\ 2 \\ 2 \\ -1 \end{pmatrix}, \quad \boldsymbol{a}_3 = \begin{pmatrix} 2 \\ 0 \\ -1 \\ 1 \end{pmatrix}$$

[解] $\boldsymbol{b}_1 = \boldsymbol{a}_1$

$|\boldsymbol{b}_1| = \sqrt{1+1+1+1} = 2$, $\boldsymbol{b}_1 \cdot \boldsymbol{a}_2 = 1 - 2 - 2 - 1 = -4$ より

$$\boldsymbol{b}_2 = \boldsymbol{a}_2 - \frac{\boldsymbol{b}_1 \cdot \boldsymbol{a}_2}{|\boldsymbol{b}_1|^2}\boldsymbol{b}_1 = \begin{pmatrix} 1 \\ 2 \\ 2 \\ -1 \end{pmatrix} + \frac{4}{4}\begin{pmatrix} 1 \\ -1 \\ -1 \\ 1 \end{pmatrix} = \begin{pmatrix} 2 \\ 1 \\ 1 \\ 0 \end{pmatrix}$$

$|\boldsymbol{b}_2| = \sqrt{6}$, $\boldsymbol{b}_1 \cdot \boldsymbol{a}_3 = 4$, $\boldsymbol{b}_2 \cdot \boldsymbol{a}_3 = 3$ より

$$\boldsymbol{b}_3 = \boldsymbol{a}_3 - \frac{\boldsymbol{b}_1 \cdot \boldsymbol{a}_3}{|\boldsymbol{b}_1|^2}\boldsymbol{b}_1 - \frac{\boldsymbol{b}_2 \cdot \boldsymbol{a}_3}{|\boldsymbol{b}_2|^2}\boldsymbol{b}_2 = \begin{pmatrix} 2 \\ 0 \\ -1 \\ 1 \end{pmatrix} - \frac{4}{4}\begin{pmatrix} 1 \\ -1 \\ -1 \\ 1 \end{pmatrix} - \frac{3}{6}\begin{pmatrix} 2 \\ 1 \\ 1 \\ 0 \end{pmatrix} = \frac{1}{2}\begin{pmatrix} 0 \\ 1 \\ -1 \\ 0 \end{pmatrix}$$

したがって，求める正規直交基は

$$\boldsymbol{c}_1 = \frac{1}{2}\begin{pmatrix} 1 \\ -1 \\ -1 \\ 1 \end{pmatrix}, \quad \boldsymbol{c}_2 = \frac{1}{\sqrt{6}}\begin{pmatrix} 2 \\ 1 \\ 1 \\ 0 \end{pmatrix}, \quad \boldsymbol{c}_3 = \frac{1}{\sqrt{2}}\begin{pmatrix} 0 \\ 1 \\ -1 \\ 0 \end{pmatrix}$$

□

問 6.15 $\boldsymbol{R}^3$ の次の基から正規直交基を求めよ．

$$\boldsymbol{a}_1 = \begin{pmatrix} 1 \\ 0 \\ 2 \end{pmatrix}, \quad \boldsymbol{a}_2 = \begin{pmatrix} -1 \\ 1 \\ 3 \end{pmatrix}, \quad \boldsymbol{a}_3 = \begin{pmatrix} 3 \\ -2 \\ 2 \end{pmatrix}$$

直交変換と直交行列

V の線形変換 f について次が成り立つとき，f を**直交変換**という．

$$|f(\boldsymbol{x})| = |\boldsymbol{x}| \quad (\boldsymbol{x} \text{ は任意のベクトル}) \tag{6.18}$$

任意のベクトル $\boldsymbol{x}$, $\boldsymbol{y}$ の内積は

$$\boldsymbol{x} \cdot \boldsymbol{y} = \frac{1}{2}\left(|\boldsymbol{x}+\boldsymbol{y}|^2 - |\boldsymbol{x}|^2 - |\boldsymbol{y}|^2\right)$$

により大きさ $|\boldsymbol{x}|$, $|\boldsymbol{y}|$ で表されるから，直交変換は内積を保つこともわかる．

f を $\boldsymbol{R}^n$ の直交変換とし，$A = (a_{ij})$ を標準基 $\boldsymbol{e}_1$, $\boldsymbol{e}_2$, $\cdots$, $\boldsymbol{e}_n$ に関する表現行列とすると

$$f(\boldsymbol{e}_1) = \begin{pmatrix} a_{11} \\ a_{21} \\ \vdots \\ a_{n1} \end{pmatrix}, \quad f(\boldsymbol{e}_2) = \begin{pmatrix} a_{12} \\ a_{22} \\ \vdots \\ a_{n2} \end{pmatrix}, \quad \cdots, \quad f(\boldsymbol{e}_n) = \begin{pmatrix} a_{1n} \\ a_{2n} \\ \vdots \\ a_{nn} \end{pmatrix}$$

f が内積を保つことから

$$f(\boldsymbol{e}_i) \cdot f(\boldsymbol{e}_j) = {}^t(f(\boldsymbol{e}_i))\, f(\boldsymbol{e}_j) = \begin{cases} 1 & (i = j \text{ のとき}) \\ 0 & (i \neq j \text{ のとき}) \end{cases}$$

したがって，A の列ベクトルは正規直交基をなすことがわかる．また，A について次が成り立つ．

$$ {}^tAA = E \tag{6.19}$$

73 ページ, 74 ページ参照

この条件を満たす行列を**直交行列**という．

6.7 固 有 空 間

ベクトル空間 $V = \boldsymbol{R}^n$ においても，84 ページと同様に線形変換 f の**固有値**，**固有ベクトル**が定められる．

$$f(\boldsymbol{x}) = \lambda \boldsymbol{x}, \quad \boldsymbol{x} \neq \boldsymbol{o} \quad (\lambda \text{ は実数}) \tag{6.20}$$

また，V の 1 つの基 $\boldsymbol{a}$ に関する f の表現行列を A とおくとき，公式 5.2 が成り立つ．ただし，公式 5.2 における $\boldsymbol{x}$ は，$\boldsymbol{a}$ に関する成分とする．

さらに，固有値および固有ベクトルは (6.20) によって定まるから，線形変換 f に固有な数およびベクトルであり，f の表現行列によらない．

例えば，別の基に関する f の表現行列を B とすると，**固有方程式**

$$|A - \lambda E| = 0 \quad \text{および} \quad |B - \lambda E| = 0$$

はまったく同じ方程式である．このことを直接確かめておこう．

基の変換行列を P とおくと，$B = P^{-1}AP$ となるから

$$B - \lambda E = P^{-1}AP - \lambda P^{-1}P = P^{-1}(A - \lambda E)P$$

行列式をとると

$$|B - \lambda E| = |P^{-1}(A - \lambda E)P| = |P^{-1}||A - \lambda E||P| = |A - \lambda E|$$

したがって

$$|B - \lambda E| = |A - \lambda E| \tag{6.21}$$

が成り立つ．(6.21) で定まる多項式を f の**固有多項式**といい，$p_f(\lambda)$ と表す．

(6.20) の等式は，V の恒等変換を i_V とおくとき

$$(f - \lambda i_V)\boldsymbol{x} = \boldsymbol{o} \tag{6.22}$$

と変形される．以後，線形変換 $f - \lambda i_V$ を単に $f - \lambda$ と書くことにする．

(6.22) は $f - \lambda$ の核 $\mathrm{Ker}(f - \lambda)$ を定義する式である．すなわち，固有値に属する固有ベクトルは，$\mathrm{Ker}(f - \lambda)$ の要素である．さらに，$\boldsymbol{o}$ も明らかに $\mathrm{Ker}(f - \lambda)$ の要素である．

f の固有値 λ に対して，$\mathrm{Ker}(f - \lambda)$，すなわち，$\lambda$ に属する固有ベクトル全体と $\boldsymbol{o}$ からなる部分空間を，f の固有値 λ に属する**固有空間**という．

［例題 6.10］ 線形変換 f の標準基に関する表現行列が次の行列 A のとき，f の各固有値に属する固有空間とその次元を求めよ．

$$A = \begin{pmatrix} 0 & 0 & 1 & 0 \\ 1 & 1 & -1 & 0 \\ -3 & 0 & 4 & 0 \\ -2 & -1 & 1 & 1 \end{pmatrix}$$

［解］ $|A - \lambda E| = (\lambda - 1)^3(\lambda - 3)$ より，固有値は 1 (3 重解), 3

$\lambda = 1$ のとき

$$A - 1E \longrightarrow \begin{pmatrix} 1 & 0 & -1 & 0 \\ 0 & 1 & 1 & 0 \\ 0 & 0 & 0 & 0 \\ 0 & 0 & 0 & 0 \end{pmatrix} \quad \text{より} \quad \mathrm{Ker}(f-1) = \left\{ s\begin{pmatrix} 1 \\ -1 \\ 1 \\ 0 \end{pmatrix} + t\begin{pmatrix} 0 \\ 0 \\ 0 \\ 1 \end{pmatrix} \,\middle|\, s,\ t \text{ は実数} \right\}$$

$\lambda = 3$ のとき

$$A - 3E \longrightarrow \begin{pmatrix} 1 & -2 & -1 & 0 \\ 0 & 3 & 1 & 0 \\ 0 & 0 & 1 & -3 \\ 0 & 0 & 0 & 0 \end{pmatrix} \quad \text{より} \quad \mathrm{Ker}(f-3) = \left\{ t\begin{pmatrix} 1 \\ -1 \\ 3 \\ 1 \end{pmatrix} \,\middle|\, t \text{ は実数} \right\}$$

それぞれの次元は，2，1 である． □

問 6.16 標準基に関して $A = \begin{pmatrix} 4 & 3 & -3 \\ 0 & 1 & 0 \\ 6 & 6 & -5 \end{pmatrix}$ を表現行列とする線形変換 f の各固有値に属する固有空間とその次元を求めよ．

線形変換 f の 1 つの基に関する表現行列 A が対角化可能であるとする．

$$P^{-1}AP = \begin{pmatrix} \lambda_1 & 0 & \cdots & 0 \\ 0 & \lambda_2 & \cdots & 0 \\ \vdots & \vdots & \ddots & \vdots \\ 0 & 0 & \cdots & \lambda_n \end{pmatrix}$$

いま，$\lambda_1 = \lambda_2 = \cdots = \lambda_r$ とし，それ以外は λ_1 とは異なるとする．P を変換行列として得られる基を $\boldsymbol{b}_1$，$\boldsymbol{b}_2$，$\cdots$，$\boldsymbol{b}_r$，$\cdots$，$\boldsymbol{b}_n$ とすると

$$f(\boldsymbol{b}_1) = \lambda_1 \boldsymbol{b}_1, \quad f(\boldsymbol{b}_2) = \lambda_1 \boldsymbol{b}_2, \quad \cdots, \quad f(\boldsymbol{b}_r) = \lambda_1 \boldsymbol{b}_r$$

したがって，$\boldsymbol{b}_1$，$\boldsymbol{b}_2$，$\cdots$，$\boldsymbol{b}_r$ は $\mathrm{Ker}(f - \lambda_1)$ の線形独立なベクトルである．

また，$\mathrm{Ker}(f - \lambda_1)$ の任意のベクトル $\boldsymbol{x}$ について

$$\boldsymbol{x} = x_1 \boldsymbol{b}_1 + \cdots + x_r \boldsymbol{b}_r + \cdots + x_n \boldsymbol{b}_n$$

とするとき，両辺の f による像を求めると

$$\begin{aligned} &\lambda_1(x_1 \boldsymbol{b}_1 + x_2 \boldsymbol{b}_2 + \cdots + x_r \boldsymbol{b}_r + \cdots + x_n \boldsymbol{b}_n) \\ &\qquad = \lambda_1(x_1 \boldsymbol{b}_1 + \cdots + x_r \boldsymbol{b}_r) + \lambda_{r+1} x_{r+1} \boldsymbol{b}_{r+1} + \cdots + \lambda_n x_n \boldsymbol{b}_n \end{aligned}$$

$\boldsymbol{b}_1$，$\boldsymbol{b}_2$，$\cdots$，$\boldsymbol{b}_n$ は線形独立だから

$$\lambda_1 x_j = \lambda_j x_j \quad (j > r)$$

$\lambda_1 \fallingdotseq \lambda_j$ だから，$x_j = 0 \ (j > r)$ となる．

したがって，$\mathrm{Ker}(f - \lambda_1)$ の任意のベクトルは，$\boldsymbol{b}_1$，$\boldsymbol{b}_2$，$\cdots$，$\boldsymbol{b}_r$ の線形結合で表されることになるから

$$\dim \mathrm{Ker}(f - \lambda_1) = r$$

が成り立ち，他の固有値についても同様にすると

$$\dim \mathrm{Ker}(f - \lambda_1) + \dim \mathrm{Ker}(f - \lambda_2) + \cdots + \dim \mathrm{Ker}(f - \lambda_m) = n \qquad (6.23)$$

が成り立つ．

逆に，(6.23) が成り立つとする．このとき，各固有値に属する固有空間の基をあわせて $V = \boldsymbol{R}^n$ の基を作ることができて，この基に関する f の表現行列は対角行列になる．

以上より，次が得られる．

公式 6.7

$V = \boldsymbol{R}^n$ の線形変換 f の相異なる固有値を λ_1，λ_2，$\cdots$，λ_m とする．1 つの基に関する f の表現行列 A が対角化可能である条件は

$$\dim \mathrm{Ker}(f - \lambda_1) + \dim \mathrm{Ker}(f - \lambda_2) + \cdots + \dim \mathrm{Ker}(f - \lambda_m) = n$$

例 6.6　例題 6.10 の f，A について

$$\dim \mathrm{Ker}(f - 1) + \dim \mathrm{Ker}(f - 3) = 2 + 1 = 3 < 4$$

だから，A は対角化できない．

問 6.17　問 6.16 の A は対角化できるか．

章末問題 6

— **A** —

6.1 $\boldsymbol{R}^3$ の部分空間について，次の問いに答えよ．

(1) 次元が 1 である部分空間は，どんな点の位置ベクトルの集合か．

(2) 次元が 2 である部分空間は，どんな点の位置ベクトルの集合か．

6.2 $\boldsymbol{R}^4$ の次の 4 つのベクトルで生成される部分空間を V とするとき，以下の問いに答えよ．

$$\boldsymbol{a}_1 = \begin{pmatrix} 1 \\ 2 \\ 4 \\ 1 \end{pmatrix}, \quad \boldsymbol{a}_2 = \begin{pmatrix} 2 \\ 5 \\ 3 \\ -2 \end{pmatrix}, \quad \boldsymbol{a}_3 = \begin{pmatrix} -1 \\ -3 \\ 1 \\ 3 \end{pmatrix}, \quad \boldsymbol{a}_4 = \begin{pmatrix} 0 \\ 1 \\ -5 \\ -4 \end{pmatrix}$$

(1) V の基および次元を求めよ．

(2) V の正規直交基を求めよ．

6.3 $\boldsymbol{R}^n$ の部分空間 V, W の共通部分 $V \cap W$ は $\boldsymbol{R}^n$ の部分空間であることを示せ．

6.4 $\boldsymbol{R}^n$ の正規直交基 $\boldsymbol{a}_1$, $\boldsymbol{a}_2$, $\cdots$, $\boldsymbol{a}_n$ から正規直交基 $\boldsymbol{b}_1$, $\boldsymbol{b}_2$, $\cdots$, $\boldsymbol{b}_n$ への変換行列を P とし，その列ベクトルを $\boldsymbol{p}_1$, $\boldsymbol{p}_2$, $\cdots$, $\boldsymbol{p}_n$ とおく．

$$\begin{pmatrix} \boldsymbol{b}_1 & \boldsymbol{b}_2 & \cdots & \boldsymbol{b}_n \end{pmatrix} = \begin{pmatrix} \boldsymbol{a}_1 & \boldsymbol{a}_2 & \cdots & \boldsymbol{a}_n \end{pmatrix} P = \begin{pmatrix} \boldsymbol{a}_1 & \boldsymbol{a}_2 & \cdots & \boldsymbol{a}_n \end{pmatrix} \begin{pmatrix} \boldsymbol{p}_1 & \boldsymbol{p}_2 & \cdots & \boldsymbol{p}_n \end{pmatrix}$$

$1 \leqq i,\ j \leqq n$ とするとき，次の問いに答えよ．

(1) $\boldsymbol{p}_i$ の成分を p_{1i}, p_{2i}, $\cdots$, p_{ni} とするとき，次の等式が成り立つことを示せ．

$$\boldsymbol{b}_i = \boldsymbol{a}_1 p_{1i} + \boldsymbol{a}_2 p_{2i} + \cdots + \boldsymbol{a}_n p_{ni}$$

(2) $\boldsymbol{b}_i \cdot \boldsymbol{b}_j = \boldsymbol{p}_i \cdot \boldsymbol{p}_j$ であることを示せ．

(3) P は直交行列であることを示せ．

6.5 $\begin{pmatrix} 1 & 1 & 1 & 1 \\ 0 & 1 & 1 & 1 \\ 0 & 0 & 1 & 1 \\ 0 & 0 & 0 & 1 \end{pmatrix}$ の固有値と固有空間の次元を求めよ．

— **B** —

6.6 $\boldsymbol{R}^n$ の部分空間 V, W について，V のベクトルおよび W のベクトルの線形結合で表されるベクトル全体を $V + W$ とおく．

$$V + W = \{\lambda \boldsymbol{x} + \mu \boldsymbol{y} \mid \boldsymbol{x},\ \boldsymbol{y} \text{ はそれぞれ } V,\ W \text{ のベクトル，} \lambda,\ \mu \text{ は実数}\}$$

このとき，次の問いに答えよ．

(1) $V + W$ は $\boldsymbol{R}^n$ の部分空間であることを示せ．

(2) $V \cap W = \{\boldsymbol{o}\}$ とする．V の基 $\boldsymbol{a}_1$, $\boldsymbol{a}_2$, $\cdots$, $\boldsymbol{a}_l$ と W の基 $\boldsymbol{b}_1$, $\boldsymbol{b}_2$, $\cdots$, $\boldsymbol{b}_m$ をとるとき

$$\boldsymbol{a}_1,\ \boldsymbol{a}_2,\ \cdots,\ \boldsymbol{a}_l,\ \boldsymbol{b}_1,\ \boldsymbol{b}_2,\ \cdots,\ \boldsymbol{b}_m$$

は $V + W$ の基であること，すなわち，$\dim(V + W) = \dim V + \dim W$ であることを示せ．

注意 $V \cap W = \{\boldsymbol{o}\}$ のとき $V + W$ を V と W の**直和**といい，$V \oplus W$ で表す．

6.7 $\boldsymbol{R}^n$ のベクトル $\boldsymbol{a}$, $\boldsymbol{b}$ について

$$\left| t\boldsymbol{a} - \boldsymbol{b} \right|^2 \quad (t \text{ は実数})$$

を展開した式を用いて，次の不等式を証明せよ．

$$|\boldsymbol{a} \cdot \boldsymbol{b}| \leqq |\boldsymbol{a}||\boldsymbol{b}|$$

7

付　　録

7.1 複素ベクトル空間

これまでの章では，ベクトルや行列の成分はすべて実数としてきたが，複素数に対しても同じ議論が成り立つ．

7.1.1 複素数ベクトル空間

複素数とは，**虚数単位** i と実数 a, b に対し $a+bi$ と表される数のことをいう．ここで，虚数単位 i は $i^2=-1$ を満たす数とする．複素数全体の集合を $\boldsymbol{C}$ で表す．複素数 $x=a+bi$ に対し $a-bi$ を x の**複素共役**といい，$\overline{x}$ で表す．また $|x|=\sqrt{x\overline{x}}=\sqrt{a^2+b^2}$ とし，x の**大きさ**という．

実数のときと同様に，正の整数 n について，n 個の複素数の成分を並べたものを，**n 次元複素数ベクトル**または単に**数ベクトル**という．

$$\boldsymbol{x}=\begin{pmatrix} x_1 \\ x_2 \\ \vdots \\ x_n \end{pmatrix} \quad (x_1,\ x_2,\ \cdots,\ x_n \text{ は複素数})$$

このような $\boldsymbol{x}$ の全体を $\boldsymbol{C}^n$ と表し，**n 次元複素数ベクトル空間**という．複素数ベクトルの和とスカラー倍は，複素数としての和と積によって定義される．

$\boldsymbol{R}^n$ の m 個のベクトルの場合と同様にして，$\boldsymbol{C}^n$ の m 個のベクトルについて，**線形独立**が定義される．

$$\lambda_1\boldsymbol{a}_1+\lambda_2\boldsymbol{a}_2+\cdots+\lambda_m\boldsymbol{a}_m=\boldsymbol{o} \iff \lambda_1=\lambda_2=\cdots=\lambda_m=0$$
$$(\lambda_1,\ \lambda_2,\ \cdots,\ \lambda_m \text{ は複素数})$$

$\boldsymbol{C}^n$ の**基**も同様に定義される．$\boldsymbol{C}^n$ の基となるベクトルの個数は $\boldsymbol{R}^n$ の場合と同様に n 個である．

次に，$\boldsymbol{C}^n$ における内積を次のように定義する．

$$\boldsymbol{x}\cdot\boldsymbol{y}=x_1\overline{y_1}+x_2\overline{y_2}+\cdots+x_n\overline{y_n} \quad \text{ただし}\ \boldsymbol{x}=\begin{pmatrix}x_1\\x_2\\\vdots\\x_n\end{pmatrix},\ \boldsymbol{y}=\begin{pmatrix}y_1\\y_2\\\vdots\\y_n\end{pmatrix}$$

エルミート，Hermite (1822-1901)

この内積を**エルミート内積**という．成分がすべて実数であるベクトルについては，エルミート内積は $\boldsymbol{R}^n$ の内積に一致する．

一般に，エルミート内積について，次の性質が成り立つ．

(1) $\boldsymbol{x}\cdot\boldsymbol{y}=\overline{\boldsymbol{y}\cdot\boldsymbol{x}}$

(2) $\boldsymbol{x}\cdot(\boldsymbol{y}+\boldsymbol{z})=\boldsymbol{x}\cdot\boldsymbol{y}+\boldsymbol{x}\cdot\boldsymbol{z}$

(3) $(m\boldsymbol{x})\cdot\boldsymbol{y}=m(\boldsymbol{x}\cdot\boldsymbol{y}),\quad \boldsymbol{x}\cdot(m\boldsymbol{y})=\overline{m}(\boldsymbol{x}\cdot\boldsymbol{y})$ (m は複素数)

例 7.1 $\boldsymbol{C}^3$ のベクトル $\boldsymbol{x}=\begin{pmatrix}2\\i\\-i\end{pmatrix},\ \boldsymbol{y}=\begin{pmatrix}i\\1\\1\end{pmatrix}$ について

$$\boldsymbol{x}\cdot\boldsymbol{y}=2(-i)+i\cdot1+(-i)\cdot1=-2i$$
$$\boldsymbol{y}\cdot\boldsymbol{x}=i\cdot2+1(-i)+1\cdot i=2i$$

これから，$\boldsymbol{y}\cdot\boldsymbol{x}=\overline{\boldsymbol{x}\cdot\boldsymbol{y}}$ が確かめられる．

エルミート内積の値は一般には複素数となるが，同じ複素数ベクトルどうしの内積は

$$\boldsymbol{x}\cdot\boldsymbol{x}=x_1\overline{x_1}+x_2\overline{x_2}+\cdots+x_n\overline{x_n}=|x_1|^2+|x_2|^2+\cdots+|x_n|^2$$

より，0 または正の実数となる．そこで，$\boldsymbol{R}^n$ の内積と同様に，$\sqrt{\boldsymbol{x}\cdot\boldsymbol{x}}$ を $\boldsymbol{x}$ の**大きさ**といい，$|\boldsymbol{x}|$ で表すことにする．

2 つの複素数ベクトル $\boldsymbol{x}$, $\boldsymbol{y}$ が $\boldsymbol{x}\cdot\boldsymbol{y}=0$ を満たすとき，$\boldsymbol{x}$, $\boldsymbol{y}$ は**直交**するという．$\boldsymbol{C}^n$ の基 $\boldsymbol{a}_1, \boldsymbol{a}_2, \cdots, \boldsymbol{a}_n$ は，それらの大きさがすべて 1 で，互いに直交するならば，**正規直交基**であるという．

例 7.2 $\boldsymbol{C}^2$ のベクトル $\boldsymbol{x}=\dfrac{1}{\sqrt2}\begin{pmatrix}1\\-i\end{pmatrix},\ \boldsymbol{y}=\dfrac{1}{\sqrt2}\begin{pmatrix}1\\i\end{pmatrix}$ は $\boldsymbol{C}^2$ の基である．

$$|\boldsymbol{x}|=\sqrt{\frac{1}{\sqrt2}\cdot\frac{1}{\sqrt2}+\left(\frac{-i}{\sqrt2}\right)\cdot\frac{i}{\sqrt2}}=1$$

$$|\boldsymbol{y}|=\sqrt{\frac{1}{\sqrt2}\cdot\frac{1}{\sqrt2}+\frac{i}{\sqrt2}\cdot\left(\frac{-i}{\sqrt2}\right)}=1$$

$$\boldsymbol{x}\cdot\boldsymbol{y}=\frac{1}{\sqrt2}\cdot\frac{1}{\sqrt2}+\left(\frac{-i}{\sqrt2}\right)\cdot\left(\frac{-i}{\sqrt2}\right)=0$$

よって，$\boldsymbol{x}$, $\boldsymbol{y}$ は $\boldsymbol{C}^2$ の正規直交基である．

7.1.2 複素行列

複素数を成分とする行列を**複素行列**という．これまで扱っていた実数のみを成分とする行列は，複素行列に対して**実行列**ともいう．また，実行列は複素行列のひとつとみなすこともできる．

複素行列 A に対し，A のすべての成分を複素共役に変えた行列を $\overline{A}$ で表し，さらにその転置をとった行列を

$$ {}^t\overline{A} = A^* $$

で表し，A の**随伴行列**という．

例 7.3 $A = \begin{pmatrix} 1 & 2+i \\ 3-i & i \end{pmatrix}$ とすると $A^* = \begin{pmatrix} 1 & 3+i \\ 2-i & -i \end{pmatrix}$

複素行列 A が

$$ A^* = A $$

を満たすとき，A を**エルミート行列**という．また，A が

$$ A^* = -A $$

を満たすとき，A を**歪**(わい)**エルミート行列**という．A が実行列のとき，$A^* = {}^tA$ が成り立つから，実行列がエルミート行列であるとは対称行列であることを意味し，歪エルミート行列は交代行列であることを意味する．

例 7.4 $A = \begin{pmatrix} 1 & i & -i \\ -i & 2 & 0 \\ i & 0 & 3 \end{pmatrix}$ はエルミート行列であり，$B = \begin{pmatrix} 0 & 2i & 1 \\ 2i & 0 & -i \\ -1 & -i & i \end{pmatrix}$ は歪エルミート行列である．

$$ A^*A = E $$

を満たす行列を**ユニタリ行列**という．この定義は，$A^{-1} = A^*$ と書き換えることもできる．

例 7.5 $A = \dfrac{1}{\sqrt{2}}\begin{pmatrix} 1 & 1 \\ -i & i \end{pmatrix}$ とすると

$$ A^*A = \frac{1}{\sqrt{2}}\begin{pmatrix} 1 & i \\ 1 & -i \end{pmatrix}\frac{1}{\sqrt{2}}\begin{pmatrix} 1 & 1 \\ -i & i \end{pmatrix} = \frac{1}{2}\begin{pmatrix} 1-i^2 & 1+i^2 \\ 1+i^2 & i-i^2 \end{pmatrix} = E $$

したがって，A はユニタリ行列である．

実行列 A については，ユニタリ行列と直交行列は同義である．また，実直交行列と同様に，複素行列がユニタリ行列であることは，列ベクトルがエルミート内積に関して正規直交基であることと同値である．

7.1.3 複素行列の対角化

複素行列 A について

$$A\boldsymbol{x} = \lambda\boldsymbol{x}, \quad \boldsymbol{x} \neq \boldsymbol{o}$$

となる複素数 λ とベクトル $\boldsymbol{x}$ があるとき，λ を A の**固有値**，ベクトル $\boldsymbol{x}$ を A の λ に属する**固有ベクトル**という．実行列では，実数の固有値が存在しない場合もあったが，複素行列とみなして複素数の固有値まで考慮すれば，必ず固有値は存在する．

複素行列として対角化ができる場合を，例題で示そう．

[例題 7.1] 行列 $A = \begin{pmatrix} 3 & 1 \\ -1 & 3 \end{pmatrix}$ を複素行列として対角化せよ．

[解] $|A - \lambda E|$ を計算すると

$$(3-\lambda)^2 + 1 = \{\lambda - (3+i)\}\{\lambda - (3-i)\}$$

$|A - \lambda E| = 0$ とおいて，固有値は $\lambda = 3+i,\ 3-i$ とわかる．
(i) $\lambda = 3+i$ のとき

$$\{A - (3+i)E\}\boldsymbol{x} = \boldsymbol{o} \quad \text{より} \quad \begin{pmatrix} -i & 1 \\ -1 & -i \end{pmatrix}\begin{pmatrix} x \\ y \end{pmatrix} = \begin{pmatrix} 0 \\ 0 \end{pmatrix}$$

$-x - iy = 0$ より，固有値 $3+i$ に属する固有ベクトルは $t\begin{pmatrix} -i \\ 1 \end{pmatrix} \quad (t \neq 0)$

(ii) $\lambda = 3-i$ のとき

$$\{A - (3-i)E\}\boldsymbol{x} = \boldsymbol{o} \quad \text{より} \quad \begin{pmatrix} i & 1 \\ -1 & i \end{pmatrix}\begin{pmatrix} x \\ y \end{pmatrix} = \begin{pmatrix} 0 \\ 0 \end{pmatrix}$$

$-x + iy = 0$ より，固有値 $3-i$ に属する固有ベクトルは $s\begin{pmatrix} i \\ 1 \end{pmatrix} \quad (s \neq 0)$

$\boldsymbol{p}_1 = \begin{pmatrix} -i \\ 1 \end{pmatrix}$，$\boldsymbol{p}_2 = \begin{pmatrix} i \\ 1 \end{pmatrix}$ とおくと，固有値と固有ベクトルの定義から

$$A\boldsymbol{p}_1 = (3+i)\boldsymbol{p}_1, \quad A\boldsymbol{p}_2 = (3-i)\boldsymbol{p}_2$$

が成立する．したがって，$P = (\boldsymbol{p}_1 \ \ \boldsymbol{p}_2) = \begin{pmatrix} -i & i \\ 1 & 1 \end{pmatrix}$，$D = \begin{pmatrix} 3+i & 0 \\ 0 & 3-i \end{pmatrix}$ とすると $AP = PD$ が成り立つ．

$\boldsymbol{p}_1$，$\boldsymbol{p}_2$ は線形独立だから，$P = (\boldsymbol{p}_1 \ \ \boldsymbol{p}_2)$ は正則行列になる．よって

$$P^{-1}AP = \begin{pmatrix} 3+i & 0 \\ 0 & 3-i \end{pmatrix}$$

となり，A の対角化が得られた． □

問 7.1 次の行列を複素行列として対角化せよ．

(1) $\begin{pmatrix} 0 & -1 \\ 1 & 0 \end{pmatrix}$ (2) $\begin{pmatrix} 1 & -2i \\ 2i & 1 \end{pmatrix}$ (3) $\begin{pmatrix} 0 & -1 & -2 \\ 1 & 0 & -2 \\ 2 & 2 & 0 \end{pmatrix}$

7.1.4 エルミート行列の対角化

実行列において，対称行列が直交行列で対角化可能であったのと同様に，複素行列 A がエルミート行列のとき，適切に選んだユニタリ行列 U によって対角化することができる．特に，ユニタリ行列 U は $U^{-1} = U^*$ を満たすことから，次のように表すことができる．

$$U^* AU = D \quad (D \text{ は対角行列})$$

[**例題 7.2**] エルミート行列 $A = \begin{pmatrix} 2 & i \\ -i & 2 \end{pmatrix}$ をユニタリ行列により対角化せよ．

[解] A の固有値は

$$\begin{vmatrix} 2-\lambda & i \\ -i & 2-\lambda \end{vmatrix} = \lambda^2 - 4\lambda + 3 = (\lambda - 3)(\lambda - 1) = 0$$

より，1, 3 であり，それぞれの固有ベクトルは

$$\boldsymbol{x}_1 = \begin{pmatrix} -i \\ 1 \end{pmatrix}, \qquad \boldsymbol{x}_2 = \begin{pmatrix} i \\ 1 \end{pmatrix}$$

大きさが 1 の固有ベクトルとして

$$\boldsymbol{u}_1 = \frac{1}{\sqrt{2}}\begin{pmatrix} -i \\ 1 \end{pmatrix}, \quad \boldsymbol{u}_2 = \frac{1}{\sqrt{2}}\begin{pmatrix} i \\ 1 \end{pmatrix}, \quad U = \begin{pmatrix} -\dfrac{i}{\sqrt{2}} & \dfrac{i}{\sqrt{2}} \\ \dfrac{1}{\sqrt{2}} & \dfrac{1}{\sqrt{2}} \end{pmatrix}$$

とおくと，U はユニタリ行列となり，A は次のように対角化される．

$$U^* AU = \begin{pmatrix} 1 & 0 \\ 0 & 3 \end{pmatrix}$$

□

問 7.2 次のエルミート行列をユニタリ行列により対角化せよ．

(1) $\begin{pmatrix} 1 & 1+i \\ 1-i & 2 \end{pmatrix}$ (2) $\begin{pmatrix} 1 & -i & 0 \\ i & 0 & -i \\ 0 & i & 1 \end{pmatrix}$

7.2 ジョルダン標準形

7.2.1 ジョルダン細胞とジョルダン標準形

ジョルダン，Jordan (1838-1922)

複素数 λ に対し，次の k 次正方行列をとる．

$$J = \begin{pmatrix} \lambda & 1 & & & \\ & \lambda & 1 & & \\ & & \ddots & \ddots & \\ & & & \lambda & 1 \\ & & & & \lambda \end{pmatrix}$$

ただし，空白の成分は 0 を表し，1 次の場合は $J = \lambda$ と定める．J を λ に属する**ジョルダン細胞**という．J の固有値は λ (k 重解) だけである．

ジョルダン細胞 J_1, J_2, $\cdots$, J_s を並べた正方行列

$$\begin{pmatrix} J_1 & & & \\ & J_2 & & \\ & & \ddots & \\ & & & J_s \end{pmatrix}$$

を**ジョルダン標準形**という.

例 7.6 $J = \begin{pmatrix} 2 & 1 & 0 & 0 & 0 & 0 \\ 0 & 2 & 0 & 0 & 0 & 0 \\ 0 & 0 & 3 & 1 & 0 & 0 \\ 0 & 0 & 0 & 3 & 1 & 0 \\ 0 & 0 & 0 & 0 & 3 & 0 \\ 0 & 0 & 0 & 0 & 0 & 3 \end{pmatrix} = \begin{pmatrix} \begin{pmatrix} 2 & 1 \\ 0 & 2 \end{pmatrix} & & \\ & \begin{pmatrix} 3 & 1 & 0 \\ 0 & 3 & 1 \\ 0 & 0 & 3 \end{pmatrix} & \\ & & 3 \end{pmatrix}$

はジョルダン標準形である.

ジョルダン細胞について, 次の重要な定理が成り立つ.

定理 7.1 正方行列 A に対し, ある正則行列 P が存在して $P^{-1}AP$ をジョルダン標準形にすることができる. さらに, このときのジョルダン標準形は, ジョルダン細胞の並べ替えを除けば一通りに定まる.

すべてのジョルダン細胞が 1 次のとき, ジョルダン標準形は対角行列となるから, この定理は対角化の一般化ということができる. 定理の証明は後で述べることにして, 主張の意味することを考えてみよう.

122 ページより, 正方行列の固有多項式について次の公式が成り立つ.

公式 7.1

正方行列 A, B が $P^{-1}AP = B$ を満たすとき, $p_A(\lambda) = p_B(\lambda)$ が成り立つ.

この公式から, A の固有値の固有方程式における重複度は, その固有値に属するジョルダン細胞の次数の総和に等しいことがわかる.

例えば, 6 次正方行列 A が正則行列 P により, 例 7.6 の J のジョルダン標準形に対して $P^{-1}AP = J$ となったとすると, A の固有値は 2 と 3 であり, 固有方程式において 2 は 2 重解, 3 は 4 重解である.

また, 同じ例について, $AP = PJ$ だから, $P = (\boldsymbol{p}_1 \ \boldsymbol{p}_2 \ \cdots \ \boldsymbol{p}_6)$ とおくと

$$A(\boldsymbol{p}_1\ \boldsymbol{p}_2\ \cdots\ \boldsymbol{p}_6) = (\boldsymbol{p}_1\ \boldsymbol{p}_2\ \cdots\ \boldsymbol{p}_6)\begin{pmatrix} 2 & 1 & 0 & 0 & 0 & 0 \\ 0 & 2 & 0 & 0 & 0 & 0 \\ 0 & 0 & 3 & 1 & 0 & 0 \\ 0 & 0 & 0 & 3 & 1 & 0 \\ 0 & 0 & 0 & 0 & 3 & 0 \\ 0 & 0 & 0 & 0 & 0 & 3 \end{pmatrix}$$

すなわち，次の関係が成り立つ．

$$
\begin{array}{lll}
A\boldsymbol{p}_1 = 2\boldsymbol{p}_1 & A\boldsymbol{p}_2 = 2\boldsymbol{p}_2 + \boldsymbol{p}_1 & \\
A\boldsymbol{p}_3 = 3\boldsymbol{p}_3 & A\boldsymbol{p}_4 = 3\boldsymbol{p}_4 + \boldsymbol{p}_3 & A\boldsymbol{p}_5 = 3\boldsymbol{p}_5 + \boldsymbol{p}_4 \\
A\boldsymbol{p}_6 = 3\boldsymbol{p}_6 & &
\end{array}
$$

これらの式から，$\boldsymbol{p}_1$ は固有値 2 に属する固有ベクトル，$\boldsymbol{p}_3$，$\boldsymbol{p}_6$ は固有値 3 に属する固有ベクトルであることがわかる．このほかに，2 に属する 2 次のジョルダン細胞に対応して $\boldsymbol{p}_2$ が，3 に属する 3 次のジョルダン細胞に対応して $\boldsymbol{p}_4$，$\boldsymbol{p}_5$ があり，どちらも対応する固有値 λ について，$\boldsymbol{p}_i = \lambda\boldsymbol{p}_i + \boldsymbol{p}_{i-1}$ の形をとっている．つまり，行列 A の固有値を，固有方程式の解の重複度を含めて，$\lambda_1 = \lambda_2 = 2$，$\lambda_3 = \lambda_4 = \lambda_5 = \lambda_6 = 3$ とおくと，行列 P の列ベクトル $\boldsymbol{p}_1$，$\boldsymbol{p}_2$，$\cdots$，$\boldsymbol{p}_6$ は

$$
A\boldsymbol{p}_i = \lambda_i\boldsymbol{p}_i \quad \text{または} \quad A\boldsymbol{p}_i = \lambda_i\boldsymbol{p}_i + \boldsymbol{p}_{i-1}
$$

のいずれか一方を満たしている．この式を満たすベクトル $\boldsymbol{p}_i$ を固有値 λ_i に属する**一般化固有ベクトル**という．

公式 7.2

(1) n 次正方行列 A の固有値 λ_i の重複度が m のとき，ジョルダン標準形は λ_i に属するジョルダン細胞をもち，その次数の総和は m に一致する．

(2) A が s 個の線形独立な固有ベクトルをもつとき，ジョルダン標準形は s 個のジョルダン細胞をもつ．

(3) A の固有値を重複を含めて λ_1，λ_2，$\cdots$，λ_n とおく．ただし，同じ固有値は隣り合うように並べる．このとき，各固有値 λ_i に属する一般化固有ベクトル $\boldsymbol{p}_i$，すなわち

$$
A\boldsymbol{p}_i = \lambda_i\boldsymbol{p}_i \qquad \text{または} \qquad A\boldsymbol{p}_i = \lambda_i\boldsymbol{p}_i + \boldsymbol{p}_{i-1} \quad (\lambda_{i-1} = \lambda_i)
$$

となる $\boldsymbol{p}_i$ が存在し，これらを並べてできる正方行列 P により $P^{-1}AP$ はジョルダン標準形になる．

[例題 7.3] 行列 $A = \begin{pmatrix} 1 & 1 & 2 \\ 0 & 1 & 1 \\ 0 & 0 & 1 \end{pmatrix}$ のジョルダン標準形を求めよ．

[解] A の固有値を求めると

$$
|A - \lambda E| = \begin{vmatrix} 1-\lambda & 1 & 2 \\ 0 & 1-\lambda & 1 \\ 0 & 0 & 1-\lambda \end{vmatrix} = (1-\lambda)^3 = 0
$$

$$
\therefore \quad \lambda = 1 \ \ (3\ \text{重解})
$$

固有値 1 に属する固有ベクトルは

$$\boldsymbol{x} = s\begin{pmatrix} 1 \\ 0 \\ 0 \end{pmatrix} \quad (s \neq 0)$$

ゆえに，ジョルダン標準形は 1 に属する 3 次のジョルダン細胞からなる．

まず，$\boldsymbol{p}_1 = \begin{pmatrix} 1 \\ 0 \\ 0 \end{pmatrix}$ とおくと，公式 7.2 より

$$A\boldsymbol{p}_2 = 1\boldsymbol{p}_2 + \boldsymbol{p}_1 \quad \text{すなわち} \quad (A - E)\boldsymbol{p}_2 = \boldsymbol{p}_1$$

を満たす一般化固有ベクトル $\boldsymbol{p}_2$ をとることができる．行列で表すと

$$(A - E)\boldsymbol{p}_2 = \begin{pmatrix} 0 & 1 & 2 \\ 0 & 0 & 1 \\ 0 & 0 & 0 \end{pmatrix}\begin{pmatrix} x \\ y \\ z \end{pmatrix} = \begin{pmatrix} 1 \\ 0 \\ 0 \end{pmatrix}$$

これから　$\boldsymbol{p}_2 = \begin{pmatrix} 0 \\ 1 \\ 0 \end{pmatrix}$ とおくことができる．

さらに，$A\boldsymbol{p}_3 = 1\boldsymbol{p}_3 + \boldsymbol{p}_2$ を満たすベクトル $\boldsymbol{p}_3$ は

$$(A - E)\boldsymbol{p}_3 = \begin{pmatrix} 0 & 1 & 2 \\ 0 & 0 & 1 \\ 0 & 0 & 0 \end{pmatrix}\begin{pmatrix} x \\ y \\ z \end{pmatrix} = \begin{pmatrix} 0 \\ 1 \\ 0 \end{pmatrix}$$

したがって，$\boldsymbol{p}_3 = \begin{pmatrix} 0 \\ -2 \\ 1 \end{pmatrix}$ とおくことができる．

よって，$P = \begin{pmatrix} 1 & 0 & 0 \\ 0 & 1 & -2 \\ 0 & 0 & 1 \end{pmatrix}$ とおくと　$P^{-1}AP = \begin{pmatrix} 1 & 1 & 0 \\ 0 & 1 & 1 \\ 0 & 0 & 1 \end{pmatrix}$ □

[例題 7.4]　行列 $A = \begin{pmatrix} 2 & 0 & 1 \\ 0 & 1 & 0 \\ 0 & 0 & 2 \end{pmatrix}$ のジョルダン標準形を求めよ．

[解]　A の固有値を求めると

$$|A - \lambda E| = \begin{vmatrix} 2-\lambda & 0 & 1 \\ 0 & 1-\lambda & 0 \\ 0 & 0 & 2-\lambda \end{vmatrix} = (1-\lambda)(2-\lambda)^2 = 0$$

$$\therefore \ \lambda = 1, \ 2 \ \ (2 \text{ 重解})$$

それぞれの固有値に属する固有ベクトルは

$$\lambda = 1 \text{ のとき} \quad \boldsymbol{x} = s\begin{pmatrix} 0 \\ 1 \\ 0 \end{pmatrix}, \quad \lambda = 2 \text{ のとき} \quad \boldsymbol{x} = t\begin{pmatrix} 1 \\ 0 \\ 0 \end{pmatrix} \quad (s, \ t \neq 0)$$

まず，$\boldsymbol{p}_1 = \begin{pmatrix} 0 \\ 1 \\ 0 \end{pmatrix}$，$\boldsymbol{p}_2 = \begin{pmatrix} 1 \\ 0 \\ 0 \end{pmatrix}$ をとり，さらに $\lambda = 2$ に属する一般化固有ベクトル，すなわち $A\boldsymbol{p}_3 = 2\boldsymbol{p}_3 + \boldsymbol{p}_2$ を満たす $\boldsymbol{p}_3$ を求めると

$$(A-2E)\boldsymbol{p}_3 = \boldsymbol{p}_2 = \begin{pmatrix} 0 & 0 & 1 \\ 0 & -1 & 0 \\ 0 & 0 & 0 \end{pmatrix}\begin{pmatrix} x \\ y \\ z \end{pmatrix} = \begin{pmatrix} 1 \\ 0 \\ 0 \end{pmatrix}$$

したがって，$\boldsymbol{p}_3 = \begin{pmatrix} 0 \\ 0 \\ 1 \end{pmatrix}$ とおくことができる．

よって，$P = \begin{pmatrix} 0 & 1 & 0 \\ 1 & 0 & 0 \\ 0 & 0 & 1 \end{pmatrix}$ とおくと　$P^{-1}AP = \begin{pmatrix} 1 & 0 & 0 \\ 0 & 2 & 1 \\ 0 & 0 & 2 \end{pmatrix}$ □

問 7.3　次の行列のジョルダン標準形を求めよ．

(1) $\begin{pmatrix} 3 & 1 \\ -1 & 1 \end{pmatrix}$　　(2) $\begin{pmatrix} 2 & -1 & 1 \\ 5 & -2 & 2 \\ 1 & 0 & 0 \end{pmatrix}$　　(3) $\begin{pmatrix} -4 & 3 & -1 \\ -6 & 5 & -2 \\ -9 & 9 & -4 \end{pmatrix}$

7.2.2 ジョルダン標準形の存在

定理 7.1 を証明しよう．そのためには，公式 7.2 で述べた

$$A\boldsymbol{p}_i = \lambda_i \boldsymbol{p}_i \quad \text{または} \quad A\boldsymbol{p}_i = \lambda_i \boldsymbol{p}_i + \boldsymbol{p}_{i-1}$$

を満たす $\boldsymbol{p}_1$，$\boldsymbol{p}_2$，$\cdots$，$\boldsymbol{p}_n$ が存在して線形独立であること，すなわち，一般化固有ベクトルによる基が存在することを示せばよい．

このことを，行列の次数 n に関する数学的帰納法によって証明しよう．

まず，$n=1$ のとき，つまり 1 次正方行列 $A=\lambda$ は，それ自体がジョルダン標準形とみなすことができ，1 次元ベクトル $\boldsymbol{p}_1 = 1$ をとれば，$A\boldsymbol{p}_1 = \lambda\boldsymbol{p}_1$ を満たす基になる．次に，数学的帰納法を用いるために

$(n-1)$ 次以下のあらゆる正方行列に対して，一般化固有ベクトルによる基が存在する

ということを仮定する．そのうえで，次数 n の正方行列 A に対する一般化固有ベクトルの存在および線形独立性を示せば，任意の自然数 n に対して定理の主張が成立することが証明される．

(1)　一般化固有ベクトルの存在

A の固有値の 1 つを λ とすると，λ に属する固有ベクトル $\boldsymbol{p} \neq \boldsymbol{o}$ が存在し

$$A\boldsymbol{p} = \lambda\boldsymbol{p} \quad \text{すなわち} \quad (A-\lambda E)\boldsymbol{p} = \boldsymbol{o}$$

が成り立つから，行列 $A-\lambda E$ は 0 を固有値にもち，$\dim \operatorname{Ker}(A-\lambda E) > 0$ であることがわかる．すると，115 ページの次元定理から

$$\dim \operatorname{Image}(A-\lambda E) = n - \dim \operatorname{Ker}(A-\lambda E) < n$$

が成り立つ．いま，部分空間 $V = \mathrm{Image}\,(A-\lambda E)$ とおくと，$A-\lambda E$ は V 上の線形変換を定め，次数は $r = \dim V < n$ となるから，帰納法の仮定により，一般化固有ベクトル $\boldsymbol{x}_1$，$\boldsymbol{x}_2$，$\cdots$，$\boldsymbol{x}_r$ による部分空間 V の基をとることができる．すなわち，V 上の $A-\lambda E$ による線形変換としての固有値 μ_i について

$$(A-\lambda E)\boldsymbol{x}_i = \mu_i \boldsymbol{x}_i \quad \text{または} \quad (A-\lambda E)\boldsymbol{x}_i = \mu_i \boldsymbol{x}_i + \boldsymbol{x}_{i-1}$$

となる．この式は

$$A\boldsymbol{x}_i = (\lambda+\mu_i)\boldsymbol{x}_i \quad \text{または} \quad A\boldsymbol{x}_i = (\lambda+\mu_i)\boldsymbol{x}_i + \boldsymbol{x}_{i-1}$$

と表されるから，$\boldsymbol{x}_1$，$\boldsymbol{x}_2$，$\cdots$，$\boldsymbol{x}_r$ は A の一般化固有ベクトルでもある．

次に，$W = \mathrm{Ker}(A-\lambda E)$ とすると，$\dim W = n-r$ だから，W の基は $(n-r)$ 個のベクトルからなる．特に，V と W の共通部分を $U = V \cap W$ とし，$p = \dim U$ $(0 \leqq p \leqq n-r)$ とおくと，W の基を

(a)　U に属する V の基のうちの p 個のベクトル $\boldsymbol{x}_{i_1}$，$\boldsymbol{x}_{i_2}$，$\cdots$，$\boldsymbol{x}_{i_p}$

(b)　U に属さない $(n-r-p)$ 個のベクトル $\boldsymbol{z}_1$，$\boldsymbol{z}_2$，$\cdots$，$\boldsymbol{z}_{n-r-p}$

によって構成することができる．

(a) で選んだ $\boldsymbol{x}_{i_1}$ は W の元で，$(A-\lambda E)\boldsymbol{x}_{i_1} = \boldsymbol{o}$ となるから，固有値 $\mu_i = 0$ に対する $A-\lambda E$ の固有ベクトルである．したがって，次の関係を満たす V の一般化固有ベクトルの列 $\boldsymbol{x}_{i_1}$，$\boldsymbol{x}_{i_1+1}$，$\boldsymbol{x}_{i_1+2}$，$\cdots$，$\boldsymbol{x}_{i_1+l_1}$ をとることができる．

$$(A-\lambda E)\boldsymbol{x}_{i_1+1} = \boldsymbol{x}_{i_1}, \quad (A-\lambda E)\boldsymbol{x}_{i_1+2} = \boldsymbol{x}_{i_1+1},$$
$$(A-\lambda E)\boldsymbol{x}_{i_1+3} = \boldsymbol{x}_{i_1+2}, \ \cdots$$

この列の最後のベクトル $\boldsymbol{x}_{i_1+l_1}$ は $V = \mathrm{Image}(A-\lambda E)$ の元だから

$$\boldsymbol{x}_{i_1+l_1} = (A-\lambda E)\boldsymbol{y}_1 \quad \text{すなわち} \quad A\boldsymbol{y}_1 = \lambda \boldsymbol{y}_1 + \boldsymbol{x}_{i_1+l_1}$$

を満たす $\boldsymbol{y}_1$ が存在する．これは A の固有値 λ に属する一般化固有ベクトルでもある．同様に，$\boldsymbol{x}_{i_2}$，$\boldsymbol{x}_{i_3}$，$\cdots$，$\boldsymbol{x}_{i_p}$ に対して $\boldsymbol{y}_2$，$\boldsymbol{y}_3$，$\cdots$，$\boldsymbol{y}_p$ をとる．

(b) で選んだ $\boldsymbol{z}_1$，$\boldsymbol{z}_2$，$\cdots$，$\boldsymbol{z}_{n-r-p}$ は $W = \mathrm{Ker}(A-\lambda E)$ の元だから

$$(A-\lambda E)\boldsymbol{z}_j = \boldsymbol{o} \quad \text{すなわち} \quad A\boldsymbol{z}_j = \lambda \boldsymbol{z}_j$$

を満たし，A の固有値 λ に属する固有ベクトルである．

以上により，A の一般化固有ベクトルからなる n 個のベクトル

$$\boldsymbol{x}_1,\ \boldsymbol{x}_2,\ \cdots,\ \boldsymbol{x}_r,\ \boldsymbol{y}_1,\ \boldsymbol{y}_2,\ \cdots,\ \boldsymbol{y}_p,\ \boldsymbol{z}_1,\ \boldsymbol{z}_2,\ \cdots,\ \boldsymbol{z}_{n-r-p}$$

が構成された．

(2) 線形独立性

上で構成した n 個のベクトルに対して，関係式

$$\alpha_1 \boldsymbol{x}_1 + \alpha_2 \boldsymbol{x}_2 + \cdots + \alpha_r \boldsymbol{x}_r + \beta_1 \boldsymbol{y}_1 + \beta_2 \boldsymbol{y}_2 + \cdots + \beta_p \boldsymbol{y}_p + \gamma_1 \boldsymbol{z}_1 + \gamma_2 \boldsymbol{z}_2 + \cdots + \gamma_{n-r-p} \boldsymbol{z}_{n-r-p} = \boldsymbol{o} \quad (7.1)$$

が成り立つとする．この関係式の両辺に左から $A-\lambda E$ を掛けると，各ベクトルの構成法から

$$(A-\lambda E)\boldsymbol{x}_i = \mu_i \boldsymbol{x}_i \quad \text{または} \quad (A-\lambda E)\boldsymbol{x}_i = \mu_i \boldsymbol{x}_i + \boldsymbol{x}_{i-1}$$
$$(A-\lambda E)\boldsymbol{y}_j = \boldsymbol{x}_{i_j+l_j} \quad \text{さらに} \quad (A-\lambda E)\boldsymbol{x}_{i_j+l_j} = \boldsymbol{x}_{i_j+l_j-1}$$
$$(A-\lambda E)\boldsymbol{z}_k = \boldsymbol{o}$$

であることを利用して

$$\delta_1 \boldsymbol{x}_1 + \delta_2 \boldsymbol{x}_2 + \cdots + \delta_r \boldsymbol{x}_r = \boldsymbol{o}$$

の形に表すことができ，特に，$(A-\lambda E)\boldsymbol{y}_j = \boldsymbol{x}_{i_j+l_j}$ の係数に関して

$$\delta_{i_1+l_1} = \beta_1, \quad \delta_{i_2+l_2} = \beta_2, \quad \cdots, \quad \delta_{i_p+l_p} = \beta_p$$

帰納法の仮定により，V の基 $\boldsymbol{x}_1$，$\boldsymbol{x}_2$，$\cdots$，$\boldsymbol{x}_r$ は線形独立だから

$$\delta_1 = \delta_2 = \cdots = \delta_r = 0 \quad \text{ゆえに} \quad \beta_1 = \beta_2 = \cdots = \beta_p = 0$$

これを式 (7.1) に代入して移項すると

$$\alpha_1 \boldsymbol{x}_1 + \alpha_2 \boldsymbol{x}_2 + \cdots + \alpha_r \boldsymbol{x}_r = -\gamma_1 \boldsymbol{z}_1 - \gamma_2 \boldsymbol{z}_2 - \cdots - \gamma_{n-r-p} \boldsymbol{z}_{n-r-p}$$

この等式で定まるベクトルを $\boldsymbol{v}$ とおくと，$\boldsymbol{v}$ は左辺より V の元，右辺より W の元だから．$U = V \cap W$ の元である．U の基は $\boldsymbol{x}_{i_1}$，$\boldsymbol{x}_{i_2}$，$\cdots$，$\boldsymbol{x}_{i_p}$ だから

$$\boldsymbol{v} = \varepsilon_1 \boldsymbol{x}_{i_1} + \varepsilon_2 \boldsymbol{x}_{i_2} + \cdots + \varepsilon_p \boldsymbol{x}_{i_p} = -\gamma_1 \boldsymbol{z}_1 - \gamma_2 \boldsymbol{z}_2 - \cdots - \gamma_{n-r-p} \boldsymbol{z}_{n-r-p}$$

一方，$\boldsymbol{x}_{i_1}$，$\boldsymbol{x}_{i_2}$，$\cdots$，$\boldsymbol{x}_{i_p}$，$\boldsymbol{z}_1$，$\boldsymbol{z}_2$，$\cdots$，$\boldsymbol{z}_{n-r-p}$ は W の基で線形独立だから

$$\gamma_1 = \gamma_2 = \cdots = \gamma_{n-r-p} = 0$$

再び式 (7.1) に代入すると，$\boldsymbol{x}_1$，$\boldsymbol{x}_2$，$\cdots$，$\boldsymbol{x}_r$ が線形独立であることから

$$\alpha_1 = \alpha_2 = \cdots = \alpha_r = 0$$

もわかる．以上より

$$\boldsymbol{x}_1, \ \boldsymbol{x}_2, \ \cdots, \ \boldsymbol{x}_r, \ \boldsymbol{y}_1, \ \boldsymbol{y}_2, \ \cdots, \ \boldsymbol{y}_p, \ \boldsymbol{z}_1, \ \boldsymbol{z}_2, \ \cdots, \ \boldsymbol{z}_{n-r-p}$$

は線形独立な n 個のベクトルであり，基をなすことが示された．

7.2.3 行列のべき乗

対角化可能でない行列のべき乗の求め方を例題で示そう．

[**例題 7.5**] $A=\begin{pmatrix}2&0&1\\0&1&0\\0&0&2\end{pmatrix}$ とするとき，A^n を求めよ．ただし n は自然数とする．

[解] 例題 7.3 より，$P=\begin{pmatrix}0&1&0\\1&0&0\\0&0&1\end{pmatrix}$ とおくと，$J=P^{-1}AP=\begin{pmatrix}1&0&0\\0&2&1\\0&0&2\end{pmatrix}$ が A のジョルダン標準形である．

$$D=\begin{pmatrix}1&0&0\\0&2&0\\0&0&2\end{pmatrix},\quad N=\begin{pmatrix}0&0&0\\0&0&1\\0&0&0\end{pmatrix}$$

とおくと

$$J=D+N,\quad DN=ND,\quad D^n=\begin{pmatrix}1&0&0\\0&2^n&0\\0&0&2^n\end{pmatrix},\quad N^2=O$$

2 項定理より

$$\begin{aligned}J^n&=(D+N)^n\\&=D^n+{}_n\mathrm{C}_1D^{n-1}N+{}_n\mathrm{C}_2D^{n-2}N^2+\cdots+N^n\\&=D^n+nD^{n-1}N=\begin{pmatrix}1&0&0\\0&2^n&n2^{n-1}\\0&0&2^n\end{pmatrix}\end{aligned}$$

$J^n=(P^{-1}AP)(P^{-1}AP)\cdots(P^{-1}AP)=P^{-1}A^nP$ より

$$A^n=PJ^nP^{-1}=\begin{pmatrix}2^n&0&n2^{n-1}\\0&1&0\\0&0&2^n\end{pmatrix}$$ □

正方行列 A に対して，A の**指数行列**を次のように定義する．

$$\exp A=E+\frac{1}{1!}A+\frac{1}{2!}A^2+\frac{1}{3!}A^3+\cdots+\frac{1}{n!}A^n+\cdots$$

例 7.7 $A=\begin{pmatrix}2&0&1\\0&1&0\\0&0&2\end{pmatrix}$ のジョルダン標準形 $J=\begin{pmatrix}1&0&0\\0&2&1\\0&0&2\end{pmatrix}$ について

$\exp(tJ)$

$$=\begin{pmatrix}1+\frac{t}{1!}+\frac{t^2}{2!}+\cdots&0&0\\0&1+\frac{2t}{1!}+\frac{(2t)^2}{2!}+\cdots&t\left(1+\frac{2t}{1!}+\frac{(2t)^2}{2!}+\cdots\right)\\0&0&1+\frac{2t}{1!}+\frac{(2t)^2}{2!}+\cdots\end{pmatrix}$$

$$= \begin{pmatrix} e^t & 0 & 0 \\ 0 & e^{2t} & te^{2t} \\ 0 & 0 & e^{2t} \end{pmatrix}$$

したがって

$$\exp(tA) = \exp(tPJP^{-1}) = P\exp(tJ)P^{-1} = \begin{pmatrix} e^{2t} & 0 & te^{2t} \\ 0 & e^t & 0 \\ 0 & 0 & e^{2t} \end{pmatrix}$$

例 7.8　t の関数 $x(t)$，$y(t)$，$z(t)$ の微分方程式

$$\begin{cases} \dfrac{dx}{dt} = 2x(t) + z(t) \\ \dfrac{dy}{dt} = y(t) \\ \dfrac{dz}{dt} = 2z(t) \end{cases}$$

を考える．この方程式は

$$\boldsymbol{x}(t) = \begin{pmatrix} x(t) \\ y(t) \\ z(t) \end{pmatrix}, \qquad A = \begin{pmatrix} 2 & 0 & 1 \\ 0 & 1 & 0 \\ 0 & 0 & 2 \end{pmatrix}$$

とおくと

$$\frac{d\boldsymbol{x}}{dt} = A\boldsymbol{x}(t)$$

と表すことができる．一方

$$\frac{d}{dt}\exp(tA) = A\exp(tA)$$

であることから，一般解は

$$\boldsymbol{x}(t) = \begin{pmatrix} x(t) \\ y(t) \\ z(t) \end{pmatrix} = \exp(tA)\boldsymbol{c} = \begin{pmatrix} c_1e^{2t} + c_3te^{2t} \\ c_2e^t \\ c_3e^{2t} \end{pmatrix} \qquad \text{ただし } \boldsymbol{c} = \begin{pmatrix} c_1 \\ c_2 \\ c_3 \end{pmatrix}$$

で与えられる．

7.3　抽象ベクトル空間

第 6 章では，線形独立・基と次元・部分空間・線形変換など，ベクトルに関するさまざまな概念を学んだが，これらの定義を記述するには，和とスカラー倍があればよく，成分を並べた数ベクトルとしての形は必要ではない．

そこで，この節では，和とスカラー倍が定まる集合をベクトル空間として再定義し，考察の対象を広げることにしよう．

7.3.1 ベクトル空間

集合 V の要素 $\boldsymbol{x}$, $\boldsymbol{y}$ とスカラー λ について，和 $\boldsymbol{x}+\boldsymbol{y}$ とスカラー倍 $\lambda\boldsymbol{x}$ が V の要素として定まり，以下の条件を満たしているとする．

(1) すべての $\boldsymbol{x}$, $\boldsymbol{y} \in V$ に対して　$\boldsymbol{x}+\boldsymbol{y}=\boldsymbol{y}+\boldsymbol{x}$　(交換法則)

(2) すべての $\boldsymbol{x}$, $\boldsymbol{y}$, $\boldsymbol{z} \in V$ に対して　$\boldsymbol{x}+(\boldsymbol{y}+\boldsymbol{z})=(\boldsymbol{x}+\boldsymbol{y})+\boldsymbol{z}$　(結合法則)

(3) $\boldsymbol{o} \in V$ が存在し，すべての $\boldsymbol{x} \in V$ に対して　$\boldsymbol{x}+\boldsymbol{o}=\boldsymbol{x}$　(零ベクトルの存在)

(4) すべての $\boldsymbol{x} \in V$ に対して，$\boldsymbol{x}+\boldsymbol{y}=\boldsymbol{o}$ を満たす $\boldsymbol{y}$ が存在する．この $\boldsymbol{y}$ を $-\boldsymbol{x}$ で表す．　(逆ベクトルの存在)

(5) すべての $\boldsymbol{x} \in V$ に対して　$1\boldsymbol{x}=\boldsymbol{x}$

(6) すべての $\lambda \in \boldsymbol{R}$, $\boldsymbol{x}$, $\boldsymbol{y} \in V$ に対して　$\lambda(\boldsymbol{x}+\boldsymbol{y})=\lambda\boldsymbol{x}+\lambda\boldsymbol{y}$

(7) すべての λ_1, $\lambda_2 \in \boldsymbol{R}$, $\boldsymbol{x} \in V$ に対して　$(\lambda_1+\lambda_2)\boldsymbol{x}=\lambda_1\boldsymbol{x}+\lambda_2\boldsymbol{x}$

(8) λ_1, $\lambda_2 \in \boldsymbol{R}$, $\boldsymbol{x} \in V$ に対して　$(\lambda_1\lambda_2)\boldsymbol{x}=\lambda_1(\lambda_2\boldsymbol{x})$

このとき V を $\boldsymbol{R}$ 上の**ベクトル空間**といい，V の要素を**ベクトル**という．また，定義における $\boldsymbol{R}$ を複素数全体の集合 $\boldsymbol{C}$ に置き換えることにより，$\boldsymbol{C}$ 上のベクトル空間も同様に定義される．以下においては，主に $\boldsymbol{R}$ 上のベクトル空間の例を調べよう．

例 7.9　$\boldsymbol{R}[x]$ を多項式全体の集合とすると，多項式としての和，スカラー倍により，ベクトル空間になる．

例 7.10　実数成分の $(m,\ n)$ 行列全体の集合 $M_{m,n}(\boldsymbol{R})$ は，行列の和とスカラー倍によってベクトル空間になる．この場合の零ベクトルは零行列 O に相当する．

例 7.11　数列 a_1, a_2, a_3, $\cdots$ を $\{a_n\}$ で表す．数列の和とスカラー倍を

$$\{a_n\}+\{b_n\}=\{a_n+b_n\}$$

$$\lambda\{a_n\}=\{\lambda a_n\}$$

で定めることにより，数列全体の集合はベクトル空間になる．

例 7.12　$\boldsymbol{R}$ で定義された連続関数全体の集合を $C(\boldsymbol{R})$ で表す．$C(\boldsymbol{R})$ は，関数の和とスカラー倍によってベクトル空間となる．

ω はギリシャ文字でオメガ (omega) と読む

例 7.13　微分方程式 $\dfrac{d^2x}{dt^2}+\omega^2x=0$ を満たす関数 $x(t)$ 全体の集合を $\mathcal{S}$ とする．$\mathcal{S}$ の要素 $x_1(t)$, $x_2(t)$ と実数 c に対し

$$\frac{d^2}{dt^2}(x_1 + x_2) + \omega^2(x_1 + x_2) = \frac{d^2x_1}{dt^2} + \omega^2 x_1 + \frac{d^2x_2}{dt^2} + \omega^2 x_2 = 0$$
$$\frac{d^2}{dt^2}(cx_1) + \omega^2(cx_1) = c\left(\frac{d^2x_1}{dt^2} + \omega^2 x_1\right) = 0$$

より，$\mathcal{S}$ の要素の和とスカラー倍はまた $\mathcal{S}$ の要素である．よって，$\mathcal{S}$ はベクトル空間である．

7.3.2 基と次元

ベクトル空間 V の m 個のベクトル $\boldsymbol{a}_1$，$\boldsymbol{a}_2$，$\cdots$，$\boldsymbol{a}_m$ が

$$\lambda_1\boldsymbol{a}_1 + \lambda_2\boldsymbol{a}_2 + \cdots + \lambda_m\boldsymbol{a}_m = \boldsymbol{o} \quad \text{ならば} \quad \lambda_1 = \lambda_2 = \cdots = \lambda_m = 0$$
$$(\lambda_1,\ \lambda_2,\ \cdots,\ \lambda_m \text{ は実数})$$

を満たすとき，**線形独立**といい，そうでないとき，**線形従属**という．

また，V の m 個のベクトル $\boldsymbol{a}_1$，$\boldsymbol{a}_2$，$\cdots$，$\boldsymbol{a}_m$ が性質

(1) $\boldsymbol{a}_1$，$\boldsymbol{a}_2$，$\cdots$，$\boldsymbol{a}_m$ は線形独立である．

(2) V の任意のベクトルは，$\boldsymbol{a}_1$，$\boldsymbol{a}_2$，$\cdots$，$\boldsymbol{a}_m$ の線形結合で表される．

を満たすとき，V の**基**という．基に含まれるベクトルの個数を**次元**といい，$\dim V$ で表す．

例 7.14 $\boldsymbol{R}[x]_3$ を，3 次以下の多項式全体のなすベクトル空間とする．$\boldsymbol{R}[x]_3$ の任意の要素は $c_0 + c_1x + c_2x^2 + c_3x^3$ の形に表すことができて

$$c_0 + c_1x + c_2x^2 + c_3x^3 = 0 \iff c_0 = c_1 = c_2 = c_3 = 0$$

となるから，1，x，x^2，x^3 は $\boldsymbol{R}[x]_3$ の基をなし，$\dim \boldsymbol{R}[x]_3 = 4$ である．

例 7.15 $\boldsymbol{R}[x]$ において，1，x，x^2，$\cdots$ に含まれるベクトルは線形独立である．一方，これらのベクトルがあれば $\boldsymbol{R}[x]$ の任意のベクトルを線形結合で表すことができる．よって，1，x，x^2，$\cdots$ は $\boldsymbol{R}[x]$ の基であり，$\boldsymbol{R}[x]$ は無限次元のベクトル空間である．

例 7.16 $M_{m,n}(\boldsymbol{R})$ において，$(i,\ j)$ 成分のみが 1 で，ほかの成分は 0 である行列を E_{ij} で表す．例えば，$M_{2,2}(\boldsymbol{R})$ においては

$$E_{11} = \begin{pmatrix} 1 & 0 \\ 0 & 0 \end{pmatrix},\ E_{12} = \begin{pmatrix} 0 & 1 \\ 0 & 0 \end{pmatrix},\ E_{21} = \begin{pmatrix} 0 & 0 \\ 1 & 0 \end{pmatrix},\ E_{22} = \begin{pmatrix} 0 & 0 \\ 0 & 1 \end{pmatrix}$$

である．一般に，E_{ij} $(1 \leqq i \leqq m,\ 1 \leqq j \leqq n)$ は $M_{m,n}(\boldsymbol{R})$ の基となり，$\dim M_{m,n}(\boldsymbol{R}) = mn$ である．

例 7.17　微分方程式 $\dfrac{d^2x}{dt^2}+\omega^2x=0$ の解のなすベクトル空間を $\mathcal{S}$ とする．$\cos\omega t$，$\sin\omega t$ が $\mathcal{S}$ の要素であることは代入によって確かめられ，またこれらは線形独立でもある．さらに，この方程式のすべての解は定数 A，B をとって $A\cos\omega t+B\sin\omega t$ と表されるから，$\cos\omega t$，$\sin\omega t$ は $\mathcal{S}$ の基であり，$\dim\mathcal{S}=2$ である．

7.3.3 線形写像

ベクトル空間 V の要素からベクトル空間 W の要素への対応 f について，線形性

$$\begin{cases} f(\boldsymbol{x}+\boldsymbol{y})=f(\boldsymbol{x})+f(\boldsymbol{y}) \\ f(\lambda\boldsymbol{x})=\lambda f(\boldsymbol{x}) \end{cases} \qquad (\boldsymbol{x},\ \boldsymbol{y}\text{ は }V\text{ の要素，}\lambda\text{ は実数})$$

が成り立つとき，f を V から W への**線形写像**といい

$$f\colon V\to W$$

で表す．V から V への線形写像を特に，**線形変換**という

V の基 $\boldsymbol{e}_1$，$\boldsymbol{e}_2$，$\cdots$，$\boldsymbol{e}_n$ をとると，V の要素 $\boldsymbol{x}$ は

$$\boldsymbol{x}=x_1\boldsymbol{e}_1+x_2\boldsymbol{e}_2+\cdots+x_n\boldsymbol{e}_n=\begin{pmatrix} x_1 \\ x_2 \\ \vdots \\ x_n \end{pmatrix}$$

のように，列ベクトルで表示することができる．同様に，W の基 $\boldsymbol{f}_1$，$\boldsymbol{f}_2$，$\cdots$，$\boldsymbol{f}_m$ について，W の要素 $\boldsymbol{y}$ を

$$\boldsymbol{y}=y_1\boldsymbol{f}_1+y_2\boldsymbol{f}_2+\cdots+y_m\boldsymbol{f}_m=\begin{pmatrix} y_1 \\ y_2 \\ \vdots \\ y_m \end{pmatrix}$$

と表す．このとき，この基底に関して，線形変換 f は適当な $(m,\ n)$ 行列 A を用いて

$$\boldsymbol{y}=f(\boldsymbol{x}) \quad\Longleftrightarrow\quad \boldsymbol{y}=A\boldsymbol{x}$$

と表される．この行列 A を線形変換 f の**表現行列**という．

例 7.18　$\boldsymbol{R}[x]_3$ の要素である多項式 $p(x)$ に対して，その導関数 $\dfrac{d}{dx}p(x)$ はやはり $\boldsymbol{R}[x]_3$ の要素であり

$$\begin{cases} \dfrac{d}{dx}(p(x)+q(x))=\dfrac{d}{dx}p(x)+\dfrac{d}{dx}q(x) \\ \dfrac{d}{dx}(\lambda p(x))=\lambda\dfrac{d}{dx}p(x) \end{cases}$$

が成り立つ．よって，$p(x)$ から $\dfrac{d}{dx}p(x)$ への対応を

$$D\colon \boldsymbol{R}[x]_3 \to \boldsymbol{R}[x]_3$$

で表すと，D は線形変換である．

$\boldsymbol{R}[x]_3$ の基を

$$\boldsymbol{e}_1 = 1, \quad \boldsymbol{e}_2 = x, \quad \boldsymbol{e}_3 = x^2, \quad \boldsymbol{e}_4 = x^3$$

とおくと

$$D(\boldsymbol{e}_1) = 0, \ \ D(\boldsymbol{e}_2) = 1 = \boldsymbol{e}_1, \ \ D(\boldsymbol{e}_3) = 2x = 2\boldsymbol{e}_2, \ \ D(\boldsymbol{e}_4) = 3x^2 = 3\boldsymbol{e}_3$$

より，D の変換行列 A は

$$A = \begin{pmatrix} 0 & 1 & 0 & 0 \\ 0 & 0 & 2 & 0 \\ 0 & 0 & 0 & 3 \\ 0 & 0 & 0 & 0 \end{pmatrix}$$

となる．

演習問題解答

1章　ベクトル

問 1.1　$\overrightarrow{AB}=\overrightarrow{DC}$, $\overrightarrow{BA}=\overrightarrow{CD}$,　$\overrightarrow{AD}=\overrightarrow{BC}$, $\overrightarrow{DA}=\overrightarrow{CB}$,　$\overrightarrow{AM}=\overrightarrow{MC}$, $\overrightarrow{MA}=\overrightarrow{CM}$,　$\overrightarrow{BM}=\overrightarrow{MD}$, $\overrightarrow{MB}=\overrightarrow{DM}$

問 1.2　(1) $9\boldsymbol{a}+17\boldsymbol{b}$　(2) $-9\boldsymbol{a}+5\boldsymbol{b}$

問 1.3　$\overrightarrow{OA}-2\overrightarrow{OB}+\overrightarrow{OC}$

問 1.4　(1) $(6,\ -4)$, 大きさ $2\sqrt{13}$　(2) $(20,\ -11)$, 大きさ $\sqrt{521}$　(3) $\left(-\frac{1}{4},\ -\frac{3}{4}\right)$, 大きさ $\frac{\sqrt{10}}{4}$

問 1.5　(1) 26　(2) 0

問 1.6　(1) $\left|\boldsymbol{a}+\boldsymbol{b}\right|^2=(\boldsymbol{a}+\boldsymbol{b})\cdot(\boldsymbol{a}+\boldsymbol{b})$ を用いよ.　(2) 左辺を展開せよ.

問 1.7　(1) $\frac{1}{7}$　(2) $-\frac{2}{5}$

問 1.8　(1) $-\frac{2}{3}$　(2) $-2,\ 3$

問 1.9　$\left(-\frac{20}{13},\ -\frac{30}{13}\right)$

問 1.10　$\boldsymbol{c}=(8,\ -5,\ 0)$,　$\boldsymbol{d}=(6,\ 5,\ 10)$,　$\left|\boldsymbol{c}\right|=\sqrt{89}$,　$\left|\boldsymbol{d}\right|=\sqrt{161}$,　$\boldsymbol{a}\cdot\boldsymbol{b}=-7$,　$\boldsymbol{c}\cdot\boldsymbol{d}=23$

問 1.11　(1) $-\frac{1}{\sqrt{2}}$　(2) $\frac{\sqrt{3}}{2}$

問 1.12　$\overrightarrow{OA}\cdot(\overrightarrow{OC}-\overrightarrow{OB})=0$ を用いて, 右辺を計算せよ.

問 1.13　t は媒介変数とする.
(1) $x=1+2t,\ y=6t,\ z=4+3t$　(2) $x=2,\ y=7+t,\ z=3+t$
(3) $x=-1+7t,\ y=3-t,\ z=-2+4t$

問 1.14　(1) $2x+6y+3z-14=0$　(2) $4y+3z-37=0$

問 1.15　$-3x+y-2z+16=0$

問 1.16　(1) $x=\frac{11}{7},\ y=-\frac{6}{7}$　(2) $x=1,\ y=1$

問 1.17　$\overrightarrow{OP}=\frac{1}{4}\overrightarrow{OA}+\frac{3}{4}\overrightarrow{OB}$

問 1.18　$\overrightarrow{OE}=\frac{1}{3}(\boldsymbol{a}+\boldsymbol{b}+\boldsymbol{c})$

章末問題 1

1.1　(1) $\overrightarrow{AP}=\frac{m}{m+n}\overrightarrow{AB}$　(2) $\overrightarrow{OA}+\overrightarrow{AP}$ を計算せよ.

1.2 (1) $\left(0,\ 1,\ \dfrac{5}{2}\right)$ (2) $\left(\dfrac{4}{3},\ \dfrac{7}{3},\ \dfrac{8}{3}\right)$ (3) $\left(\dfrac{4}{3},\ \dfrac{4}{3},\ \dfrac{1}{6}\right)$

1.3 (1) $\left|\overrightarrow{\mathrm{AP}}\right| = r$ を用いよ. (2) $\overrightarrow{\mathrm{OP}} - \overrightarrow{\mathrm{OA}}$ を成分で表せ.

1.4 (1) $x = -1,\ y = 1$ (2) $x = y = z = 1$

1.5 (1) $\overrightarrow{\mathrm{OB}} = \boldsymbol{a} + \boldsymbol{b},\ \overrightarrow{\mathrm{OG}} = \boldsymbol{b} + \boldsymbol{c}$

(2) 平面 OBG 上の点の位置ベクトルは $l\overrightarrow{\mathrm{OB}} + m\overrightarrow{\mathrm{OG}}$ と表されることを用いよ. $\dfrac{1}{3}\boldsymbol{a} + \dfrac{2}{3}\boldsymbol{b} + \dfrac{1}{3}\boldsymbol{c}$

1.6 (1) $\boldsymbol{n} = \dfrac{1}{\sqrt{a^2+b^2+c^2}}(a,\ b,\ c)$ $\left(-\dfrac{1}{\sqrt{a^2+b^2+c^2}}(a,\ b,\ c)\right)$

(2) $x = x_0 + \dfrac{a}{\sqrt{a^2+b^2+c^2}}t,\quad y = y_0 + \dfrac{b}{\sqrt{a^2+b^2+c^2}}t,\quad z = z_0 + \dfrac{c}{\sqrt{a^2+b^2+c^2}}t$

(3) $t = -\dfrac{ax_0 + by_0 + cz_0 + d}{\sqrt{a^2+b^2+c^2}}$ (4) $\left|\overrightarrow{\mathrm{P_0H}}\right| = |t||\boldsymbol{n}|$ を用いよ.

1.7 (1) $\dfrac{13}{\sqrt{14}}$ (2) 0

1.8 (1) $\dfrac{1}{3}(\boldsymbol{a} + \boldsymbol{b} + \boldsymbol{c})$ (2) $\dfrac{1}{8}(\boldsymbol{a} + \boldsymbol{b} + \boldsymbol{c})$

2章 行　列

問 2.1 (1) $\begin{pmatrix} 3 & 5 \\ 3 & 8 \end{pmatrix}$ (2) $\begin{pmatrix} 4 & 8 & 5 \\ 4 & 2 & 3 \end{pmatrix}$ (3) $\begin{pmatrix} 0 & -4 \\ 2 & -5 \\ 9 & -2 \end{pmatrix}$ (4) $\begin{pmatrix} 3a-1 & -b+4 \\ -3c & -1 \end{pmatrix}$

問 2.2 (1) $\begin{pmatrix} 4 & -4 & 4 \\ 2 & 1 & 8 \end{pmatrix}$ (2) $\begin{pmatrix} -5 & -3 \\ -1 & 1 \\ 3 & 5 \end{pmatrix}$

問 2.3 (1) $\begin{pmatrix} 5 & -6 \\ -12 & -5 \\ 11 & 1 \end{pmatrix}$ (2) $\begin{pmatrix} -11 & 16 \\ 29 & 11 \\ -25 & -2 \end{pmatrix}$ (3) $\begin{pmatrix} -7 & 14 \\ 22 & 7 \\ -17 & -1 \end{pmatrix}$ (4) $\begin{pmatrix} -1 & \dfrac{29}{2} \\ \dfrac{59}{4} & 1 \\ -6 & \dfrac{3}{4} \end{pmatrix}$

問 2.4 (1) $\begin{pmatrix} 5 & 1 \\ 3 & -2 \end{pmatrix}$ (2) $\begin{pmatrix} 27 & 54 \\ -9 & 0 \end{pmatrix}$

問 2.5 (1) 2 (2) $\begin{pmatrix} 3 & 6 & 9 \\ -2 & -4 & -6 \\ 1 & 2 & 3 \end{pmatrix}$ (3) $\begin{pmatrix} -2 \\ -31 \end{pmatrix}$ (4) $\begin{pmatrix} 12 & 3 & 6 \\ -8 & -13 & 24 \end{pmatrix}$

問 2.6 (1) $\begin{pmatrix} 5 & -6 \\ 4 & -7 \end{pmatrix}\begin{pmatrix} x \\ y \end{pmatrix} = \begin{pmatrix} -1 \\ 2 \end{pmatrix}$ (2) $\begin{pmatrix} 1 & 2 & -1 \\ 3 & 4 & -2 \\ 4 & 1 & 5 \end{pmatrix}\begin{pmatrix} x \\ y \\ z \end{pmatrix} = \begin{pmatrix} 1 \\ 0 \\ -3 \end{pmatrix}$

問 2.7 右辺が AB と一致することを確認する.

問 2.8 (1) $A^2 = \begin{pmatrix} -5 & 0 \\ 0 & -5 \end{pmatrix},\ A^3 = \begin{pmatrix} -5 & -15 \\ 10 & 5 \end{pmatrix},\ A^4 = \begin{pmatrix} 25 & 0 \\ 0 & 25 \end{pmatrix}$

(2) $A^2 = \begin{pmatrix} -1 & 0 \\ 0 & -1 \end{pmatrix},\ A^3 = \begin{pmatrix} 0 & -1 \\ 1 & 0 \end{pmatrix},\ A^4 = \begin{pmatrix} 1 & 0 \\ 0 & 1 \end{pmatrix}$

(3) $A^2 = \begin{pmatrix} 0 & 0 & 1 \\ 0 & 0 & 0 \\ 0 & 0 & 0 \end{pmatrix},\ A^3 = \begin{pmatrix} 0 & 0 & 0 \\ 0 & 0 & 0 \\ 0 & 0 & 0 \end{pmatrix},\ A^4 = \begin{pmatrix} 0 & 0 & 0 \\ 0 & 0 & 0 \\ 0 & 0 & 0 \end{pmatrix}$

問 2.9 $A \neq O,\ B \neq O,\ AB = O$ であることを確認する．

問 2.10 (1) ${}^tA = \begin{pmatrix} 1 & -4 \\ 2 & -5 \\ 3 & 0 \end{pmatrix}$ (2) ${}^tB = \begin{pmatrix} 5 & 0 & 1 \\ 3 & 2 & -1 \\ 1 & 4 & 1 \end{pmatrix}$ (3) ${}^tC = \begin{pmatrix} 2 & 1 & 0 \end{pmatrix}$

問 2.11 ${}^t(AB) = {}^tB\,{}^tA = \begin{pmatrix} 34 & 13 \\ -2 & 6 \end{pmatrix}$, ${}^t(BA) = {}^tA\,{}^tB = \begin{pmatrix} 13 & 11 \\ 11 & 27 \end{pmatrix}$

問 2.12 $\mathrm{tr}\,(AB) = \mathrm{tr}\,(BA) = 40$

問 2.13 (1) ${}^t(A + {}^tA) = {}^tA + {}^t({}^tA) = {}^tA + A = A + {}^tA$
(2) ${}^t(A - {}^tA) = {}^tA - {}^t({}^tA) = {}^tA - A = -(A - {}^tA)$
(3) ${}^t(A\,{}^tA) = {}^t({}^tA)\,{}^tA = A\,{}^tA$

問 2.14 (1) 正則．$A^{-1} = -\dfrac{1}{2}\begin{pmatrix} 4 & -2 \\ -3 & 1 \end{pmatrix}$ (2) 正則でない．
(3) 正則．$A^{-1} = \begin{pmatrix} 1 & 0 \\ 0 & 1 \end{pmatrix}$

問 2.15 (1) $\begin{pmatrix} -2 & 3 \\ -3 & 4 \end{pmatrix}$ (2) $\begin{pmatrix} -2 & 3 \\ -3 & 4 \end{pmatrix}$ (3) $\begin{pmatrix} 3 & -5 \\ -4 & 7 \end{pmatrix}$

問 2.16 (1) $x = 4,\ y = -3$ (2) $x = \dfrac{1}{3},\ y = 2,\ z = -\dfrac{4}{3}$

問 2.17 (1) $x = \dfrac{3}{2}(t+1),\ y = t$ (t は任意の数) (2) $x = t + 2,\ y = -2t + 3,\ z = t$ (t は任意の数)

問 2.18 消去法で得られる最後の行列で，第 3 行が矛盾した方程式を表していることを確認せよ．

問 2.19 (1) $\dfrac{1}{5}\begin{pmatrix} 2 & -1 \\ -3 & 4 \end{pmatrix}$ (2) $\begin{pmatrix} -11 & 16 & -18 \\ -7 & 10 & -11 \\ 5 & -7 & 8 \end{pmatrix}$ (3) $\begin{pmatrix} 1 & -2 & 1 \\ 0 & 1 & -2 \\ 0 & 0 & 1 \end{pmatrix}$

問 2.20 (1) $x = -2,\ y = 1,\ z = 3$ (2) $x = -58,\ y = -36,\ z = 26$

問 2.21 (1) 3 (2) 2

問 2.22 (1) 正則でない (2) 正則

問 2.23 (1) $x = -5t - 1,\ y = t$ (t は任意の数) 実際，$\mathrm{rank}\,A = \mathrm{rank}\,A' = 1,\ n = 2$ より $\mathrm{rank}\,A = \mathrm{rank}\,A' < n$ だから，解は無数に存在する．
(2) $\mathrm{rank}\,A = 2,\ \mathrm{rank}\,A' = 3,\ n = 3$ より $\mathrm{rank}\,A < \mathrm{rank}\,A'$ だから，解は存在しない．

問 2.24 $d = \dfrac{3}{2}$

問 2.25 (1) 線形独立である． (2) 線形従属である．

章末問題 2

2.1 (1) $\begin{pmatrix} 6 & -7 \\ 10 & 0 \end{pmatrix}$ (2) $\begin{pmatrix} 2 & 14 & 20 \\ -3 & 6 & 7 \\ 10 & 10 & 1 \end{pmatrix}$ (3) $\begin{pmatrix} 22 & 12 \\ -9 & 12 \end{pmatrix}$ (4) $\begin{pmatrix} -2 & -6 & -22 \\ 14 & -6 & 8 \\ 8 & 4 & -12 \end{pmatrix}$

2.2 (1) $\begin{pmatrix} 3 & -5 & -8 \end{pmatrix}$ (2) 3 (3) $\begin{pmatrix} 38 & 24 & 31 \\ 32 & 0 & 4 \\ 36 & 27 & 52 \end{pmatrix}$ (4) $\begin{pmatrix} -14 & -2 & -9 \\ 0 & 2 & -5 \\ 0 & 0 & -9 \end{pmatrix}$

2.3 $A^3 = O$ から $a = c = 0$ を導け．

2.4 (1) $x = -1,\ y = -2,\ z = -3$ (2) $x = t + 2,\ y = -2t - 3,\ z = t$ (t は任意の数)
(3) 解なし

2.5 (1) $\frac{1}{2}\begin{pmatrix} 2 & -1 \\ -6 & 4 \end{pmatrix}$ (2) $\begin{pmatrix} -1 & 2 & 1 \\ -10 & 16 & 9 \\ -3 & 5 & 3 \end{pmatrix}$ (3) $\frac{1}{18}\begin{pmatrix} -5 & 1 & 7 \\ 1 & 7 & -5 \\ 7 & -5 & 1 \end{pmatrix}$

2.6 (1) 3 (2) 1 (3) 2

2.7 十分条件は明らか．必要条件は，$X=\begin{pmatrix} 0 & 1 \\ 1 & 0 \end{pmatrix}$ と $X=\begin{pmatrix} 1 & 0 \\ 0 & -1 \end{pmatrix}$ の場合を適用せよ．

2.8 $a=5$ かつ $b=7$ のとき，解は無数に存在し，$x=t-2$，$y=-2t+3$，$z=t$ (t は任意の数)
$a=5$ かつ $b\neq 7$ のとき，解なし．
それ以外のとき，解は 1 通りに定まり，$x=\dfrac{-2a+b+3}{a-5}$，$y=\dfrac{3a-2b-1}{a-5}$，$z=\dfrac{b-7}{a-5}$

2.9 $(E-A)^{-1}=E+A+A^2+\cdots+A^{n-1}$ であることを導け．

3 章 行 列 式

問 3.1 (1) -9 (2) 0 (3) 55

問 3.2 (1) $+1$ (2) -1 (3) $+1$

問 3.3 (1) -1 (2) x^3 (3) 264

問 3.4 (1) -60 (2) 20

問 3.5 公式 3.1 を繰り返し用いよ．

問 3.6 列番号の順列 $P=(p_1, p_2, \cdots, p_n)$ について，まず，$p_1=1$ である．以下，同様に考えよ．

問 3.7 (1) 公式 3.2 (2) を用いよ．
(2) 公式 3.3 (2) を繰り返し用いよ．

問 3.8 (1) 128 (2) 2

問 3.9 -40

問 3.10 (1) $(x-1)^2(x+2)$ (2) $(a-b)(b-c)(c-a)$

問 3.11 $A(A-E)=O$ と変形し，公式 3.5 を用いよ．

問 3.12 $D_{21}=\begin{vmatrix} a_{12} & a_{13} \\ a_{32} & a_{33} \end{vmatrix}$，$D_{22}=\begin{vmatrix} a_{11} & a_{13} \\ a_{31} & a_{33} \end{vmatrix}$，$D_{23}=\begin{vmatrix} a_{11} & a_{12} \\ a_{31} & a_{32} \end{vmatrix}$

$D_{31}=\begin{vmatrix} a_{12} & a_{13} \\ a_{22} & a_{23} \end{vmatrix}$，$D_{32}=\begin{vmatrix} a_{11} & a_{13} \\ a_{21} & a_{23} \end{vmatrix}$，$D_{33}=\begin{vmatrix} a_{11} & a_{12} \\ a_{21} & a_{22} \end{vmatrix}$

問 3.13 (1) 31 (2) $1-x+x^2-x^3$

問 3.14 (1) 44 (2) 256

問 3.15 (1) $\begin{vmatrix} 1 & -2 & 0 \\ 1 & -1 & 2 \\ -2 & 3 & -2 \end{vmatrix}=0$ より正則でない．

(2) $\begin{vmatrix} 3 & -1 & 4 \\ -1 & 1 & 0 \\ 0 & 2 & 2 \end{vmatrix}=-4\neq 0$ より正則であり，逆行列は $\frac{1}{2}\begin{pmatrix} -1 & -5 & 2 \\ -1 & -3 & 2 \\ 1 & 3 & -1 \end{pmatrix}$

問 3.16 (1) $x=-3$，$y=2$ (2) $x=3$，$y=-2$，$z=-1$

問 3.17 (1) 19 (2) 22

問 3.18 $(-1, 5, -11)$

問 3.19 $S=7\sqrt{3},\ \boldsymbol{e}=\pm\dfrac{1}{7\sqrt{3}}(-1,\ 5,\ -11)$

問 3.20 $\boldsymbol{e}_1=(1,\ 0,\ 0),\ \boldsymbol{e}_2=(0,\ 1,\ 0),\ \boldsymbol{e}_3=(0,\ 0,\ 1)$ を用いて計算せよ．

問 3.21 $\overrightarrow{\mathrm{OA}},\ \overrightarrow{\mathrm{OB}},\ \overrightarrow{\mathrm{OC}}$ の作る平行六面体の体積の $\dfrac{1}{6}$ であることを用いよ．$\dfrac{23}{6}$

章末問題 3

3.1 (1) 31 (2) 2 (3) $-4ab$ (4) 63 (5) 900 (6) 第 3 行に関して展開せよ．60

3.2 各行から共通因数 c を括り出せ．

3.3 $AA^{-1}=E$ より，$|AA^{-1}|=|A||A^{-1}|=1$ である．ゆえに $|A^{-1}|=\dfrac{1}{|A|}$

3.4 $|B|=|P^{-1}AP|=|P^{-1}||A||P|=\dfrac{1}{|P|}|A||P|=|A|$

3.5 (1) $x=6,\ y=-3,\ z=2$ (2) $x=\dfrac{2}{3},\ y=-\dfrac{4}{3},\ z=1$

3.6 $\triangle$ABC の面積は $\overrightarrow{\mathrm{AB}}=\begin{pmatrix}2\\-3\\3\end{pmatrix},\ \overrightarrow{\mathrm{AC}}=\begin{pmatrix}1\\0\\1\end{pmatrix}$ の作る平行四辺形の面積の半分である．

$\overrightarrow{\mathrm{AB}}\times\overrightarrow{\mathrm{AC}}=\begin{pmatrix}-3\\1\\3\end{pmatrix}$ より $\dfrac{1}{2}\left|\overrightarrow{\mathrm{AB}}\times\overrightarrow{\mathrm{AC}}\right|=\dfrac{\sqrt{19}}{2}$

3.7 第 1 列について展開すると

$$\begin{vmatrix}a_{11}&a_{12}&c_{11}&c_{12}\\a_{21}&a_{22}&c_{21}&c_{22}\\0&0&b_{11}&b_{12}\\0&0&b_{21}&b_{22}\end{vmatrix}=a_{11}\begin{vmatrix}a_{22}&c_{21}&c_{22}\\0&b_{11}&b_{12}\\0&b_{21}&b_{22}\end{vmatrix}-a_{21}\begin{vmatrix}a_{12}&c_{11}&c_{12}\\0&b_{11}&b_{12}\\0&b_{21}&b_{22}\end{vmatrix}$$

$$=(a_{11}a_{22}-a_{12}a_{21})\begin{vmatrix}b_{11}&b_{12}\\b_{21}&b_{22}\end{vmatrix}$$

3.8 各列から 1 列を引いて，1 行について展開し，共通因数を括り出すと

$$V_4=\begin{vmatrix}x_2-x_1&x_3-x_1&x_4-x_1\\{x_2}^2-{x_1}^2&{x_3}^2-{x_1}^2&{x_4}^2-{x_1}^2\\{x_2}^3-{x_1}^3&{x_3}^3-{x_1}^3&{x_4}^3-{x_1}^3\end{vmatrix}$$

$$=(x_2-x_1)(x_3-x_1)(x_4-x_1)\begin{vmatrix}1&1&1\\x_2+x_1&x_3+x_1&x_4+x_1\\{x_2}^2+x_2x_1+{x_1}^2&{x_3}^2+x_3x_1+{x_1}^2&{x_4}^2+x_4x_1+{x_1}^2\end{vmatrix}$$

以下，同様に計算せよ．

3.9 (1) $2\leqq i\leqq n$ について，i 行から $\dfrac{1}{a_{11}}$ を括り出してから，i 行から 1 行の a_{i1} 倍を引くと

$$|A|=\frac{1}{{a_{11}}^{n-1}}\begin{vmatrix}a_{11}&a_{12}&a_{13}&\cdots&a_{1n}\\0&c_{22}&c_{23}&\cdots&c_{2n}\\0&c_{32}&c_{33}&\cdots&c_{3n}\\\vdots&\vdots&\vdots&\ddots&\vdots\\0&c_{n2}&c_{n3}&\cdots&c_{nn}\end{vmatrix}=\frac{1}{{a_{11}}^{n-2}}\begin{vmatrix}c_{22}&c_{23}&\cdots&c_{2n}\\c_{32}&c_{33}&\cdots&c_{3n}\\\vdots&\vdots&\ddots&\vdots\\c_{n2}&c_{n3}&\cdots&c_{nn}\end{vmatrix}$$

(2) $$\begin{vmatrix} 3 & 0 & 1 & 1 \\ 1 & 2 & 0 & 1 \\ 2 & -1 & 0 & 3 \\ 1 & 0 & 0 & 1 \end{vmatrix} = \frac{1}{3^2}\begin{vmatrix} \begin{vmatrix} 3 & 0 \\ 1 & 2 \end{vmatrix} & \begin{vmatrix} 3 & 1 \\ 1 & 0 \end{vmatrix} & \begin{vmatrix} 3 & 1 \\ 1 & 1 \end{vmatrix} \\ \begin{vmatrix} 3 & 0 \\ 2 & -1 \end{vmatrix} & \begin{vmatrix} 3 & 1 \\ 2 & 0 \end{vmatrix} & \begin{vmatrix} 3 & 1 \\ 2 & 3 \end{vmatrix} \\ \begin{vmatrix} 3 & 0 \\ 1 & 0 \end{vmatrix} & \begin{vmatrix} 3 & 1 \\ 1 & 0 \end{vmatrix} & \begin{vmatrix} 3 & 1 \\ 1 & 1 \end{vmatrix} \end{vmatrix} = \frac{1}{3^2}\begin{vmatrix} 6 & -1 & 2 \\ -3 & -2 & 7 \\ 0 & -1 & 2 \end{vmatrix}$$

$$= \frac{1}{3^2}\cdot\frac{1}{6}\begin{vmatrix} \begin{vmatrix} 6 & -1 \\ -3 & -2 \end{vmatrix} & \begin{vmatrix} 6 & 2 \\ -3 & 7 \end{vmatrix} \\ \begin{vmatrix} 6 & -1 \\ 0 & -1 \end{vmatrix} & \begin{vmatrix} 6 & 2 \\ 0 & 2 \end{vmatrix} \end{vmatrix} = \frac{1}{2\cdot 3^3}\begin{vmatrix} -15 & 48 \\ -6 & 12 \end{vmatrix} = 2$$

4 章　線形変換と線形写像

問 4.1　$f : \begin{pmatrix} x_1 \\ x_2 \end{pmatrix} \longmapsto \begin{pmatrix} -x_1 \\ -x_2 \end{pmatrix}$

問 4.2　線形変換である.

問 4.3　$\boldsymbol{o}$

問 4.4　11 ページの線形独立の定義式を用いよ.

問 4.5　$\lambda = \mu = 1$ とすれば第 1 式，$\mu = 0$ とすれば第 2 式が得られる.

問 4.6　64 ページの (4.3) を確認せよ．点 P は，P から x 軸に下ろした垂線と x 軸との交点に写される.

問 4.7　(1) $\begin{pmatrix} a & 0 \\ 0 & b \end{pmatrix}$　　(2) $\begin{pmatrix} 0 & 1 \\ 1 & 0 \end{pmatrix}$

問 4.8　$f \circ g$ の表現行列は $\begin{pmatrix} 6 & -5 \\ 0 & -1 \end{pmatrix}$，$g \circ f$ の表現行列は $\begin{pmatrix} -1 & 0 \\ 1 & 6 \end{pmatrix}$

問 4.9　例題 4.1 の表現行列 A について $|A| \neq 0$ を確かめよ．f^{-1} の表現行列は　$A^{-1} = \begin{pmatrix} 1 & 0 \\ 0 & -1 \end{pmatrix}$

f^{-1} は f と同じ変換である.

問 4.10　$(f^{-1} \circ f)(\boldsymbol{x}) = \boldsymbol{x}$ を用いよ.

問 4.11　円 $x^2 + (y+1)^2 = 1$

問 4.12　(1) 直線 $y = \dfrac{x}{3}$　　(2) 円 $x^2 + y^2 = 36$

問 4.13　(1) $\begin{pmatrix} \frac{\sqrt{2}}{2} & -\frac{\sqrt{2}}{2} \\ \frac{\sqrt{2}}{2} & \frac{\sqrt{2}}{2} \end{pmatrix}$　　(2) $\begin{pmatrix} \frac{1}{2} & -\frac{\sqrt{3}}{2} \\ \frac{\sqrt{3}}{2} & \frac{1}{2} \end{pmatrix}$　　(3) $\begin{pmatrix} 0 & -1 \\ 1 & 0 \end{pmatrix}$　　(4) $\begin{pmatrix} -1 & 0 \\ 0 & -1 \end{pmatrix}$

問 4.14　$f_\theta \circ f_{-\theta}$ は恒等変換で，表現行列は　$f_\theta{}^{-1} = f_{-\theta} = \begin{pmatrix} \cos\theta & \sin\theta \\ -\sin\theta & \cos\theta \end{pmatrix}$

問 4.15　$\begin{pmatrix} 0 & 1 \\ 1 & 0 \end{pmatrix}$　平面上の点を直線 $y = x$ に関して対称な点に写す変換.

問 4.16　g による $\boldsymbol{x}$ の像は $\boldsymbol{x}' = -\boldsymbol{x}$ であることを用いよ.

問 4.17　公式 4.4 または式 (4.11) を用いよ.

問 4.18　${}^tA = \begin{pmatrix} \frac{4}{5} & \frac{3}{5} \\ \frac{3}{5} & -\frac{4}{5} \end{pmatrix}$

問 4.19 (1) $\begin{pmatrix} a & 0 & 0 \\ 0 & b & 0 \\ 0 & 0 & c \end{pmatrix}$ (2) $\begin{pmatrix} -1 & 0 & 0 \\ 0 & 1 & 0 \\ 0 & 0 & 1 \end{pmatrix}$ (3) $\begin{pmatrix} 0 & 1 & 0 \\ 1 & 0 & 0 \\ 0 & 0 & 1 \end{pmatrix}$

問 4.20 (1) $abc \neq 0$ のとき $\begin{pmatrix} \frac{1}{a} & 0 & 0 \\ 0 & \frac{1}{b} & 0 \\ 0 & 0 & \frac{1}{c} \end{pmatrix}$ (2) $\begin{pmatrix} -1 & 0 & 0 \\ 0 & 1 & 0 \\ 0 & 0 & 1 \end{pmatrix}$ (3) $\begin{pmatrix} 0 & 1 & 0 \\ 1 & 0 & 0 \\ 0 & 0 & 1 \end{pmatrix}$

問 4.21 公式 4.4 または式 (4.11) を用いよ.

問 4.22 $\begin{pmatrix} \frac{1}{2} & \frac{1}{\sqrt{2}} & \frac{1}{2} \\ -\frac{1}{\sqrt{2}} & 0 & \frac{1}{\sqrt{2}} \\ \frac{1}{2} & -\frac{1}{\sqrt{2}} & \frac{1}{2} \end{pmatrix}$

問 4.23 $\begin{pmatrix} 0 & 1 & 1 \\ 1 & 0 & 1 \end{pmatrix}$

問 4.24 $t\begin{pmatrix} -1 \\ -1 \\ 1 \end{pmatrix}$ (t は任意の実数) と表されるベクトルの全体

問 4.25 (1) $\{\boldsymbol{o}\}$ (2) $t\begin{pmatrix} -3 \\ 1 \end{pmatrix}$ (t は任意の実数) と表されるベクトルの全体

問 4.26 Image f は $t\begin{pmatrix} 3 \\ 0 \\ -8 \end{pmatrix} + s\begin{pmatrix} 0 \\ 3 \\ 1 \end{pmatrix}$ (t, s は任意の実数) と表されるベクトルの全体

Image g は $t\begin{pmatrix} 1 \\ 2 \\ -3 \end{pmatrix}$ (t は任意の実数) と表されるベクトルの全体

章末問題 4

4.1 (1) 線形変換である. (2) 線形変換ではない.

4.2 (1) 平面上の任意の点を, x 軸方向に 3 倍, y 軸方向に 2 倍拡大した座標に写す.

(2) 平面上の点を原点を中心として $-\frac{\pi}{3}$ 回転する.

(3) 空間上の点を z 軸回りに $\frac{\pi}{6}$ 回転する.

4.3 (1) $\begin{pmatrix} 0 & 0 \\ 0 & 1 \end{pmatrix}$ (2) $\begin{pmatrix} 2\sqrt{2} & -\sqrt{2} \\ 2\sqrt{2} & \sqrt{2} \end{pmatrix}$ (3) $\begin{pmatrix} 0 & 0 & 0 \\ 0 & 1 & 0 \\ 0 & 0 & 1 \end{pmatrix}$ (4) $\begin{pmatrix} \frac{\sqrt{3}}{2} & 0 & \frac{1}{2} \\ 0 & -1 & 0 \\ -\frac{1}{2} & 0 & \frac{\sqrt{3}}{2} \end{pmatrix}$

4.4 (1) 円 $x^2+y^2=4$ (2) 直線 $y=-x$

4.5 (1) $\begin{pmatrix} 0 & 1 \\ 1 & 2 \\ 1 & 0 \end{pmatrix}$ (2) $\begin{pmatrix} 3 & -2 & 0 \\ 1 & -1 & 2 \end{pmatrix}$

4.6 Image f は $t\begin{pmatrix} 1 \\ 0 \\ -2 \end{pmatrix} + s\begin{pmatrix} 0 \\ 1 \\ 1 \end{pmatrix}$ (t, s は任意の実数) と表されるベクトルの全体

$\mathrm{Ker}\, g$ は $t\begin{pmatrix} 4 \\ 6 \\ 1 \end{pmatrix}$ (t は任意の実数) と表されるベクトルの全体

4.7 z 軸の回りの $-\dfrac{\pi}{6}$ 回転を f_1，x 軸の回りの $\dfrac{\pi}{2}$ 回転を f_2 とおくと，$f = f_1^{-1} \circ f_2 \circ f_1$ となることを用いよ．

$$\begin{pmatrix} \dfrac{3}{4} & \dfrac{\sqrt{3}}{4} & \dfrac{1}{2} \\ \dfrac{\sqrt{3}}{4} & \dfrac{1}{4} & -\dfrac{\sqrt{3}}{2} \\ -\dfrac{1}{2} & \dfrac{\sqrt{3}}{2} & 0 \end{pmatrix}$$

4.8 (1) $\boldsymbol{a} = \begin{pmatrix} a_1 \\ a_2 \end{pmatrix}$ とおくとき，$f : \boldsymbol{x} \longmapsto \dfrac{\boldsymbol{x} \cdot \boldsymbol{a}}{|\boldsymbol{a}|^2}\, \boldsymbol{a}$ となることを用いよ．

(2) $f(f(\boldsymbol{x})) = f(\boldsymbol{x})$ を確認せよ．また，$g(g(\boldsymbol{x})) = \boldsymbol{x} - f(\boldsymbol{x}) - f(\boldsymbol{x} - f(\boldsymbol{x}))$ を用いよ．

(3) $h(h(\boldsymbol{x})) = (\boldsymbol{x} - 2g(\boldsymbol{x})) - 2g(\boldsymbol{x} - 2g(\boldsymbol{x}))$ を用いよ．

(4) $\begin{pmatrix} \dfrac{{a_1}^2}{a_1^2 + {a_2}^2} & \dfrac{a_1 a_2}{{a_1}^2 + {a_2}^2} \\ \dfrac{a_1 a_2}{{a_1}^2 + {a_2}^2} & \dfrac{{a_2}^2}{{a_1}^2 + {a_2}^2} \end{pmatrix}$

5 章 固有値と固有ベクトル

問 5.1 $\begin{pmatrix} \dfrac{11}{5} \\ -\dfrac{3}{5} \end{pmatrix}$

問 5.2 $|\boldsymbol{p}_1| = |\boldsymbol{p}_2| = 1,\ \boldsymbol{p}_1 \cdot \boldsymbol{p}_2 = 0$ を確認せよ．座標系 O-$x'y'$ に関する点 P の座標は $\begin{pmatrix} 2 + 3\sqrt{3} \\ 3 - 2\sqrt{3} \end{pmatrix}$

問 5.3 $\begin{pmatrix} -5 & -6 \\ 4 & 5 \end{pmatrix}$

問 5.4 $\begin{pmatrix} \dfrac{5}{2} & -\dfrac{1}{2} \\ -\dfrac{1}{2} & \dfrac{5}{2} \end{pmatrix}$

問 5.5 (1) $\lambda = 2,\ \boldsymbol{x}_1 = t\begin{pmatrix} 2 \\ 1 \end{pmatrix},\quad \lambda = -1,\ \boldsymbol{x}_2 = s\begin{pmatrix} 1 \\ 2 \end{pmatrix}\quad (t,\ s \fallingdotseq 0)$

(2) $\lambda = 3,\ \boldsymbol{x}_1 = t\begin{pmatrix} 0 \\ 1 \end{pmatrix},\quad \lambda = 1,\ \boldsymbol{x}_2 = s\begin{pmatrix} 1 \\ -1 \end{pmatrix}\quad (t,\ s \fallingdotseq 0)$

問 5.6 直線 $y = x$ に平行なベクトルを 3 倍されたベクトルに写し，直線 $y = -4x$ に平行なベクトルを (-2) 倍されたベクトルに写す変換

問 5.7 (1) $P = \begin{pmatrix} 1 & 2 \\ 1 & 3 \end{pmatrix}$ とすれば　$P^{-1}AP = \begin{pmatrix} 2 & 0 \\ 0 & 1 \end{pmatrix}$

(2) $P = \begin{pmatrix} -1 & 3 \\ 1 & 1 \end{pmatrix}$ とすれば　$P^{-1}AP = \begin{pmatrix} -3 & 0 \\ 0 & 1 \end{pmatrix}$

問 5.8 (1) $\begin{pmatrix} 3 \cdot 2^n - 2 & -2^{n+1} + 2 \\ 3 \cdot 2^n - 3 & -2^{n+1} + 3 \end{pmatrix}$　(2) $\dfrac{1}{4}\begin{pmatrix} (-3)^n + 3 & -3 \cdot (-3)^n + 3 \\ -(-3)^n + 1 & 3 \cdot (-3)^n + 1 \end{pmatrix}$

問 5.9 $P = \dfrac{1}{\sqrt{10}}\begin{pmatrix} -1 & 3 \\ 3 & 1 \end{pmatrix}$ とすれば　${}^tPAP = \begin{pmatrix} -5 & 0 \\ 0 & 5 \end{pmatrix}$

問 5.10 $\lambda=-2,\ \boldsymbol{x}_1=t_1\begin{pmatrix}-1\\1\\2\end{pmatrix},\quad \lambda=2,\ \boldsymbol{x}_2=t_2\begin{pmatrix}-1\\-1\\1\end{pmatrix},\quad \lambda=-1,\ \boldsymbol{x}_3=t_3\begin{pmatrix}-2\\1\\2\end{pmatrix}\quad (t_1,\ t_2,\ t_3\neq 0)$

問 5.11 $\lambda=1$ (重解), $\boldsymbol{x}_1=t_1\begin{pmatrix}-2\\0\\1\end{pmatrix},\quad \lambda=-3,\ \boldsymbol{x}_2=t_2\begin{pmatrix}2\\4\\3\end{pmatrix}\quad (t_1,\ t_2\neq 0)$

問 5.12 $\lambda=1$ (重解), $\boldsymbol{x}_1=t_1\begin{pmatrix}1\\0\\0\end{pmatrix}+t_2\begin{pmatrix}0\\-1\\1\end{pmatrix}$ ($t_1\neq 0$ または $t_2\neq 0$), $\lambda=-3,\ \boldsymbol{x}_2=t_3\begin{pmatrix}0\\1\\1\end{pmatrix}\quad (t_3\neq 0)$

問 5.13 A については, $P=\begin{pmatrix}-1&-1&-2\\1&-1&1\\2&1&2\end{pmatrix}$ とすれば $P^{-1}AP=\begin{pmatrix}-2&0&0\\0&2&0\\0&0&-1\end{pmatrix}$

B は対角化できない.

問 5.14 $P=\begin{pmatrix}1&0&0\\0&-\frac{1}{\sqrt{2}}&\frac{1}{\sqrt{2}}\\0&\frac{1}{\sqrt{2}}&\frac{1}{\sqrt{2}}\end{pmatrix}$ とすれば ${}^tPCP=\begin{pmatrix}1&0&0\\0&1&0\\0&0&-3\end{pmatrix}$

問 5.15 $5^{n-1}\begin{pmatrix}1&2\\2&4\end{pmatrix}$

章末問題 5

5.1 (1) $\begin{pmatrix}-\frac{5}{2}\\\frac{3}{2}\end{pmatrix}$ (2) $\begin{pmatrix}3\\4\\-5\end{pmatrix}$

5.2 $a=\dfrac{1}{\sqrt{3}},\quad b=-\dfrac{2}{\sqrt{6}},\quad c=\dfrac{1}{\sqrt{6}},\quad d=-\dfrac{1}{\sqrt{2}}$

5.3 $\begin{pmatrix}-2&-1&-2\\1&0&3\\0&-1&3\end{pmatrix}$

5.4 (1) $\begin{pmatrix}-1&8\\0&1\end{pmatrix}$ (2) $\begin{pmatrix}-6&-17&-6\\3&8&2\\-1&-3&-1\end{pmatrix}$

5.5 以下, 設問で与えられた行列を A とする.

(1) $\lambda=-1$ (重解), $\boldsymbol{x}_1=t\begin{pmatrix}1\\2\end{pmatrix}\quad (t\neq 0)$ 対角化はできない.

(2) $\lambda=3,\ \boldsymbol{x}_1=t_1\begin{pmatrix}-1\\1\end{pmatrix}\quad (t_1\neq 0),\quad \lambda=1,\ \boldsymbol{x}_2=t_1\begin{pmatrix}1\\1\end{pmatrix}\quad (t_1\neq 0)$

$P=\dfrac{1}{\sqrt{2}}\begin{pmatrix}-1&1\\1&1\end{pmatrix}$ とすれば ${}^tPAP=\begin{pmatrix}3&0\\0&1\end{pmatrix}$

(3) $\lambda=3,\ \boldsymbol{x}_1=t_1\begin{pmatrix}1\\3\\2\end{pmatrix},\quad \lambda=-2,\ \boldsymbol{x}_2=t_2\begin{pmatrix}-1\\2\\3\end{pmatrix},\quad \lambda=1,\ \boldsymbol{x}_3=t_3\begin{pmatrix}-2\\1\\0\end{pmatrix}\quad (t_1,\ t_2,\ t_3\neq 0)$

$P=\begin{pmatrix}1&-1&-2\\3&2&1\\2&3&0\end{pmatrix}$ とすれば $P^{-1}AP=\begin{pmatrix}3&0&0\\0&-2&0\\0&0&1\end{pmatrix}$

(4) $\lambda=7,\ \boldsymbol{x}_1=t_1\begin{pmatrix}1\\1\\1\end{pmatrix}\quad(t_1\neq 0),$

$\lambda=1$ (重解), $\boldsymbol{x}_2=t_2\begin{pmatrix}-1\\0\\1\end{pmatrix}+t_3\begin{pmatrix}1\\-2\\1\end{pmatrix}\quad(t_2\neq 0$ または $t_3\neq 0)$

$$P=\begin{pmatrix}\frac{1}{\sqrt{3}} & -\frac{1}{\sqrt{2}} & \frac{1}{\sqrt{6}}\\ \frac{1}{\sqrt{3}} & 0 & -\sqrt{\frac{2}{3}}\\ \frac{1}{\sqrt{3}} & \frac{1}{\sqrt{2}} & \frac{1}{\sqrt{6}}\end{pmatrix}\ \text{とすれば}\quad {}^tPAP=\begin{pmatrix}7&0&0\\0&1&0\\0&0&1\end{pmatrix}$$

5.6 この変換によって平面上の点は動かさず，法線ベクトルは -1 を掛けたベクトルになることを用いよ．

$$\frac{1}{3}\begin{pmatrix}1&-2&-2\\-2&1&-2\\-2&-2&1\end{pmatrix}$$

5.7 (1) $B^n=\underbrace{(P^{-1}AP)(P^{-1}AP)\cdots(P^{-1}AP)}_{n\text{ 個}}$ を用いよ．

(2) 積の行列式は，行列式の積となることを用いよ．

(3) $B-\lambda E=P^{-1}AP-P^{-1}(\lambda E)P$ となることを用いよ．

(4) A を m 次正方行列のとき，$|A-\lambda E|$ の λ^{m-1} の係数が $(-1)^{m-1}\operatorname{tr}A$ であることを用いよ．

5.8 A の対角化を $P^{-1}AP=D$ とすると，$A^n=PD^nP^{-1}$ であることを用いよ．$P=\begin{pmatrix}1&1\\1&4\end{pmatrix}$ とすれば

$$A^n=P\begin{pmatrix}2^n&0\\0&(-1)^n\end{pmatrix}P^{-1}=\frac{1}{3}\begin{pmatrix}2^{n+2}+(-1)^{n+1} & -2^n+(-1)^n\\ 2^{n+2}-4(-1)^n & -2^n+4(-1)^n\end{pmatrix}$$

6 章　ベクトル空間

問 6.1 例えば $\begin{pmatrix}3\\5\\1\\-2\\4\end{pmatrix}$

問 6.2 $\boldsymbol{o}=\begin{pmatrix}0\\0\\0\\0\end{pmatrix},\ -\boldsymbol{x}=\begin{pmatrix}-1\\-\sqrt{2}\\2\\-5\end{pmatrix}$

問 6.3 (1) $\begin{pmatrix}8\\-13\\3\\-16\end{pmatrix}$ (2) $\begin{pmatrix}12\\-19\\1\\-24\end{pmatrix}$

問 6.4 線形独立

問 6.5 $|A|=-1,\ A^{-1}=\begin{pmatrix}30&-16&-3\\-9&5&1\\-11&6&1\end{pmatrix}$ を用いよ．$\boldsymbol{x}$ の成分は $4,\ -1,\ -1$

問 6.6　W のベクトル $\boldsymbol{x}$, $\boldsymbol{y}$ は, $\begin{pmatrix} x \\ x \\ x \end{pmatrix}$, $\begin{pmatrix} y \\ y \\ y \end{pmatrix}$ と表されることを用いよ.

問 6.7　$\boldsymbol{o}$ は U のベクトルでないことを用いよ.

問 6.8　$\boldsymbol{o}+\boldsymbol{o}=\boldsymbol{o}$, $\lambda\boldsymbol{o}=\boldsymbol{o}$ を用いよ.

問 6.9　$W=\left\{ t\begin{pmatrix} 1 \\ 1 \\ 1 \end{pmatrix} \middle| \, t \text{ は実数} \right\}$ を用いよ. 次元は 1

問 6.10　基の 1 つは $\boldsymbol{a}_1$, $\boldsymbol{a}_2$ で, 次元は 2

問 6.11　$g(\boldsymbol{a}_1)$, $g(\boldsymbol{a}_2)$ を $\boldsymbol{a}_1$, $\boldsymbol{a}_2$ で表せ. $\begin{pmatrix} -2 & 4 \\ 5 & -6 \end{pmatrix}$

問 6.12　$\mathrm{Ker}\, f=\left\{ t\begin{pmatrix} -3 \\ 1 \\ 0 \end{pmatrix}+s\begin{pmatrix} -2 \\ 0 \\ 1 \end{pmatrix} \middle| \, t,\ s \text{ は実数} \right\}$, $\mathrm{Image}\, f=\left\{ t\begin{pmatrix} 1 \\ 2 \\ 3 \end{pmatrix} \middle| \, t \text{ は実数} \right\}$

問 6.13　(1) $\begin{pmatrix} 13 \\ 18 \end{pmatrix}$　(2) $\begin{pmatrix} 0 \\ 1 \end{pmatrix}$

問 6.14　$\begin{pmatrix} 57 & -154 \\ 20 & -54 \end{pmatrix}$

問 6.15　$\dfrac{1}{\sqrt{5}}\begin{pmatrix} 1 \\ 0 \\ 2 \end{pmatrix}$, $\dfrac{1}{\sqrt{6}}\begin{pmatrix} -2 \\ 1 \\ 1 \end{pmatrix}$, $\dfrac{1}{\sqrt{30}}\begin{pmatrix} -2 \\ -5 \\ 1 \end{pmatrix}$

問 6.16　$\mathrm{Ker}(f-1)=\left\{ s\begin{pmatrix} -1 \\ 1 \\ 0 \end{pmatrix}+t\begin{pmatrix} 1 \\ 0 \\ 1 \end{pmatrix} \middle| \, s,\ t \text{ は実数} \right\}$ で, 次元は 2

$\mathrm{Ker}(f+2)=\left\{ t\begin{pmatrix} 1 \\ 0 \\ 2 \end{pmatrix} \middle| \, t \text{ は実数} \right\}$ で, 次元は 1

問 6.17　対角化できる.

章末問題 6

6.1　(1) 原点を通る直線上の点の位置ベクトル全体
(2) 原点を通る平面上の点の位置ベクトル全体

6.2　(1) 基 $\boldsymbol{a}_1$, $\boldsymbol{a}_2$, $\dim V=2$　(2) $\dfrac{1}{\sqrt{22}}\begin{pmatrix} 1 \\ 2 \\ 4 \\ 1 \end{pmatrix}$, $\dfrac{1}{2\sqrt{5}}\begin{pmatrix} 1 \\ 3 \\ -1 \\ -3 \end{pmatrix}$

6.3　$\boldsymbol{x}$, $\boldsymbol{y}$ がともに V, W に属するとき, $\boldsymbol{x}+\boldsymbol{y}$, $\lambda\boldsymbol{x}$ (λ は実数) もともに V, W に属することを示せ.

6.4　(1) 変換行列を用いよ.　(2) (1) を用いよ.　(3) $|\boldsymbol{p}_i|=1$, $\boldsymbol{p}_i\cdot\boldsymbol{p}_j=0$ $(i\neq j)$ を示せ.

6.5　固有値は 1 で固有空間の次元は 1

6.6　(1) $\boldsymbol{z}=\lambda\boldsymbol{x}+\mu\boldsymbol{y}$, $\boldsymbol{z}'=\lambda'\boldsymbol{x}'+\mu'\boldsymbol{y}'$ とおいて, $\boldsymbol{z}+\boldsymbol{z}'$, $k\boldsymbol{z}$ (k は実数) が $V+W$ に属することを示せ.
(2) 線形独立性と $V+W$ の任意のベクトルがそれらの線形結合で表されることを示せ.

6.7　$|t\,\boldsymbol{a}-\boldsymbol{b}|^2=t^2|\boldsymbol{a}|^2-2t\,\boldsymbol{a}\cdot\boldsymbol{b}+|\boldsymbol{b}|^2$ が常に正である条件を用いよ.

7章 付録

問 7.1 (1) $P=\begin{pmatrix} i & 1 \\ 1 & i \end{pmatrix}$ とすれば $P^{-1}AP=\begin{pmatrix} i & 0 \\ 0 & -i \end{pmatrix}$

(2) $P=\begin{pmatrix} i & 1 \\ 1 & i \end{pmatrix}$ とすれば $P^{-1}AP=\begin{pmatrix} -1 & 0 \\ 0 & 3 \end{pmatrix}$

(3) $P=\begin{pmatrix} -1+3i & -1-3i & 2 \\ 1+3i & 1-3i & -2 \\ 4 & 4 & 1 \end{pmatrix}$ とすれば $P^{-1}AP=\begin{pmatrix} 3i & 0 & 0 \\ 0 & -3i & 0 \\ 0 & 0 & 0 \end{pmatrix}$

問 7.2 (1) $U=\begin{pmatrix} \dfrac{1+i}{\sqrt{6}} & -\dfrac{1+i}{\sqrt{3}} \\ \dfrac{2}{\sqrt{6}} & \dfrac{1}{\sqrt{3}} \end{pmatrix}$ とすれば $U^*AU=\begin{pmatrix} 3 & 0 \\ 0 & 0 \end{pmatrix}$

(2) $U=\begin{pmatrix} -\dfrac{1}{\sqrt{3}} & \dfrac{1}{\sqrt{2}} & \dfrac{i}{\sqrt{6}} \\ -\dfrac{i}{\sqrt{3}} & 0 & \dfrac{2}{\sqrt{6}} \\ \dfrac{1}{\sqrt{3}} & \dfrac{1}{\sqrt{2}} & -\dfrac{i}{\sqrt{6}} \end{pmatrix}$ とすれば $U^*AU=\begin{pmatrix} 2 & 0 & 0 \\ 0 & 1 & 0 \\ 0 & 0 & -1 \end{pmatrix}$

問 7.3 (1) $P=\begin{pmatrix} -1 & -1 \\ 1 & 0 \end{pmatrix}$ とすれば $P^{-1}AP=\begin{pmatrix} 2 & 1 \\ 0 & 2 \end{pmatrix}$

(2) $P=\begin{pmatrix} 0 & 1 & 0 \\ 1 & 2 & 0 \\ 1 & 0 & 1 \end{pmatrix}$ とすれば $P^{-1}AP=\begin{pmatrix} 0 & 1 & 0 \\ 0 & 0 & 1 \\ 0 & 0 & 0 \end{pmatrix}$

(3) 固有値 -1 (3 重解) に属する固有ベクトルは $\begin{pmatrix} x \\ y \\ z \end{pmatrix}=t_1\begin{pmatrix} 1 \\ 1 \\ 0 \end{pmatrix}+t_2\begin{pmatrix} -1 \\ 0 \\ 3 \end{pmatrix}$

$\boldsymbol{p}_2=t_1\begin{pmatrix} 1 \\ 1 \\ 0 \end{pmatrix}+t_2\begin{pmatrix} -1 \\ 0 \\ 3 \end{pmatrix}$ とおき，$(A+E)\boldsymbol{p}_3=\boldsymbol{p}_2$ が解をもつように t_1，t_2 を定めよ．

$P=\begin{pmatrix} 1 & 1 & 0 \\ 1 & 2 & 0 \\ 0 & 3 & -1 \end{pmatrix}$ とすれば $P^{-1}AP=\begin{pmatrix} -1 & 0 & 0 \\ 0 & -1 & 1 \\ 0 & 0 & -1 \end{pmatrix}$

索　引

著者略歴

高遠節夫（たかとお せつお）

1973年 東京大学理学部数学科卒業
1975年 東京教育大学大学院理学研究科数学専攻修士課程修了
現　在 東邦大学理学部訪問教授

石村隆一（いしむら りゅういち）

1978年 九州大学大学院理学研究科数学専攻修士課程修了
現　在 千葉大学大学院理学研究科教授，理学博士

野田健夫（のだ たけお）

1996年 東京大学理学部数学科卒業
2001年 東京大学大学院数理科学研究科博士課程修了
現　在 東邦大学理学部准教授，博士（数理科学）

前田多恵（まえだ たえ）

2004年 お茶の水女子大学理学部数学科卒業
2009年 岡山大学大学院自然科学研究科博士後期課程修了
現　在 津田塾大学数学・計算機科学研究所研究員，博士（理学）

三橋秀生（みつはし ひでお）

1990年 早稲田大学理工学部数学科卒業
1992年 早稲田大学大学院理工学研究科数学専攻修士課程修了
現　在 法政大学理工学部教授，博士（理学）

安冨真一（やすとみ しんいち）

1982年 神戸大学理学部数学科卒業
1987年 名古屋大学大学院理学研究科数学専攻博士後期課程単位取得退学
現　在 東邦大学理学部教授，博士（数理学）

山方竜二（やまがた りゅうじ）

1994年 慶應義塾大学経済学部経済学科卒業
2000年 慶應義塾大学大学院経済学研究科博士後期課程単位取得退学
現　在 東邦大学理学部准教授

山下　哲（やました さとし）

1988年 早稲田大学教育学部理学科卒業
1992年 早稲田大学大学院理工学研究科数学専攻博士後期課程修了
現　在 木更津工業高等専門学校教授，博士（理学）

2015年1月21日　初版発行
2024年4月10日　初版第5刷発行

理科系の基礎　線形代数

著　者　高遠節夫
　　　　石村隆一
　　　　野田健夫
　　　　前田多恵
　　　　三橋秀生
　　　　安冨真一
　　　　山方竜二
　　　　山下　哲
発行者　山本　格

発行所　株式会社　培風館
東京都千代田区九段南4-3-12・郵便番号102-8260
電話(03)3262-5256(代表)・振替00140-7-44725

D.T.P.アベリー・平文社印刷・牧製本

PRINTED IN JAPAN

ISBN 978-4-563-00489-7 C3041